圖解

五南圖書出版公司 印行

通路經營與管理

第三版

戴國良 博士 著

閱讀文字

理解內容

觀看圖表

圖解讓
通路經營
與管理
更簡單

作者序

　　「通路經營與管理」是「行銷學」教科書中的4P之一。不管是產品管理、定價管理、促銷管理或是作者這本「通路經營與管理」，這4P都是同等重要，它們是一個組合、是一個連貫，唯有同步同時做好、加強行銷4P，公司才能自市場上持續領先，才能成為第一品牌。

　　然而作者逛了不少書局，也上網查過資料，有關於「通路經營與管理」的教科書或一般商業書籍，確實少得可憐。再進一步翻閱一下，大部分都是國外的翻譯書，連自己閱讀起來都感到艱深難讀，不易消化及了解，而且都是美國的趨勢，與台灣本土案例，好像差距很遙遠。在國內很多大學或技術學院的「行銷流通學」是必修課，在很多企管系裡也有選修課，過去由於此類本土中文書很少，因此，開課的老師可能也會少些，如今，作者希望有更多的行銷或流通專長的老師們，能夠盡量開這門課，讓更多的大學生們，能夠多認識及多了解通路管理方面的必備知識與常識。這是作者本人衷心的期待。另外，這本書也很適合企業界負責通路拓展及通路經營管理的業務人員上班族作為參考工具書之用。

本書三點特色

　　本書大致有以下三點特色：

一、以「本土零售通路品牌」為主軸及資料最新

　　本書全篇絕大部分內容、講的、讀的、舉的例子等，都是本土企業或本土的外商企業，與我們日常消費生活高度相關，這會帶給同學們一份熟悉感與貼近感，如此可以提高學習的興趣。另外，本書有關國內各種零售業發展，都是最新趨勢與最新數據、資料，能夠與時代同進步。

二、以「企業實戰」與「實務面」為核心

　　本書全篇的通路理論部分，只有在少數章節裡才讀到，頁數篇幅占全書約僅10%，其餘90%作者的取材來源或撰寫，均從企業實戰與實務面向為核心點。通路理論固然重要，但如果只會背誦這些單調的理論名詞，卻不知如何靈活、彈性及融會貫通地應用在通路每天變化的工作上，那麼就是死讀書，這種死知識與死理論，在企業界實務工作上，一點也不需要。

　　因此，作者個人認為應該從更多的實務精神與認知上，來學習這門課。

三、強化「通路管理」＋「通路行銷」＋「通路經營」的三合一結合

　　過去此類書只重視通路管理，其實，在企業真正工作實務，哪一個階層的通路

不需要「通路行銷」的工作呢？而且其占比愈來愈重了。因為通路到了某種發展程度之後，就不太需要管理了，反而如何有效的協助它們行銷與銷售促進的工作，變得較為重要，以符合企業界及通路界當前的實際狀況。

最後，希望以上三點特色，能夠對各位授課老師及聽課的同學們帶來學習上的顯著助益，也希望將來對台灣本土的通路經營策略、通路行銷及通路經營管理帶來更大的升級助益。

祝福與感恩

衷心感謝各位讀者購買、並且閱讀本書。本書如果能夠使各位讀完後得到一些價值，這是我感到最欣慰的。因為，我把所學轉化為知識訊息，傳達給各位後進有為的大學生們及上班族朋友。能為年輕大眾種下這一福田，是我最大的快樂來源。

祝福各位讀者能走一趟快樂、幸福、進步、滿足、平安、健康、平凡但美麗的人生旅途。沒有各位的鼓勵支持，就沒有這本書的誕生。在這歡喜收割的日子，榮耀歸於大家的無私奉獻。再次，由衷感謝大家，深深感恩，再感恩。

戴 國 良 敬上

taikuo@mail.shu.edu.tw

本書目錄

作者序

第 ① 章　必讀重點！國內零售業公司長期永續經營成功的31個全方位必勝要點　001

第 ② 章　通路的定義、性質、功能、結構、趨勢發展與策略

Unit 2-1　通路的定義、價值性及與企業策略相結合　018

Unit 2-2　通路公司加速拓展通路據點數量之原因與影響通路決策的力量因素　020

Unit 2-3　多元化通路成長的趨勢與原因　022

Unit 2-4　通路4個階層種類　024

Unit 2-5　通路階層的案例（Part I）　028

Unit 2-6　通路階層的案例（Part II）　029

Unit 2-7　國內實體零售10大型態暨虛擬通路6大型態　030

Unit 2-8　國內零售前10大公司最新年營收額排名　032

Unit 2-9　零售通路大者恆大、集中化成趨勢　033

Unit 2-10　實體零售5巨頭比較分析表　034

Unit 2-11　各種零售通路型態比較　035

Unit 2-12　零售通路集中化對供應商之影響　036

Unit 2-13　大型零售通路商對商品供應商收取各項費用名目愈來愈多　037

Unit 2-14　統一企業集團收購台灣家樂福量販店　038

Unit 2-15　台灣電視購物公司介紹（Part I）　039

Unit 2-16　台灣電視購物公司介紹（Part II）　041

Unit 2-17　台灣電視購物公司介紹（Part III）　043

Unit 2-18　國內行銷通路最新11大趨勢與通路全面上架趨勢　045

I

本書目錄

Unit 2-19	國內量販店通路與賣場促銷活動舉辦現況	047
Unit 2-20	行銷通路存在的價值及功能	049
Unit 2-21	零售商自有品牌的意義、區別及好賣商品	051
Unit 2-22	零售商自有品牌的利益點及廠商變成代工夥伴	053
Unit 2-23	零售通路商積極開發自有品牌商品的3大原因	055
Unit 2-24	國內各大零售通路商發展自有品牌現況	057
Unit 2-25	日本PB（零售商自有品牌）領航時代來臨	059
Unit 2-26	零售通路PB時代來臨	061
Unit 2-27	建立「直營門市連鎖店」通路已成趨勢	063
Unit 2-28	建立直營門市連鎖店應準備事項及店址選擇評估要點	065
Unit 2-29	旗艦店行銷通路	067
Unit 2-30	通路定價介紹	069
Unit 2-31	庫存數控制與處理問題	071
Unit 2-32	通路業務組織架構	073
Unit 2-33	營業單位與行銷企劃單位的不同分工與合作	075
Unit 2-34	通路業務人員與行銷人員應共同蒐集哪些外部資訊情報	077
Unit 2-35	通路業務人員應該具備的知識與能力	079
Unit 2-36	「通路拓展策略規劃報告」撰寫大綱	081
Unit 2-37	零售通路複合店日益增多	083

第3章　批發商、經銷商與零售商綜述

Unit 3-1	批發商或中盤商的意義、趨勢與功能	088
Unit 3-2	製造商不願採用批發商之原因	090
Unit 3-3	經銷商2種類型	094
Unit 3-4	經銷商面對的不利問題及因應對策	096
Unit 3-5	如何激勵及考核經銷商	098

Unit 3-6	全台（全球）經銷商年度大會的目的及議程內容	100
Unit 3-7	經銷商在乎品牌廠商、進口代理商什麼	103
Unit 3-8	品牌廠商應如何做好經銷商的13個問題	104
Unit 3-9	品牌廠商對經銷商整體營運暨管理制度	106
Unit 3-10	如何做好全台經銷商經營的4大面向	107
Unit 3-11	零售商的意義與功能	108
Unit 3-12	便利商店概述	110
Unit 3-13	便利商店不斷成長8大原因	113
Unit 3-14	統一超商持續第一名的關鍵成功因素	115
Unit 3-15	統一超商年營收創新高分析	117
Unit 3-16	統一超商：率先投入ESG永續經營模範生	118
Unit 3-17	超商與超市的跨界大戰	120
Unit 3-18	量販店概述	121
Unit 3-19	台灣大賣場購物，調查呈現7大趨勢：賣場化、週末化、全家化、休閒化、省錢化、M型化及會員化	123
Unit 3-20	好市多（COSTCO）快速崛起	125
Unit 3-21	亞太區總裁張嗣漢：談台灣COSTCO的成功策略及經營管理	127
Unit 3-22	超市概述	130
Unit 3-23	全聯超市快速成長為國內第一大超市的原因	132
Unit 3-24	百貨公司概述	135
Unit 3-25	新光三越：2022年營收達886億元，創下史上新高之分析及未來展望	137
Unit 3-26	遠東SOGO百貨：ESG永續經營模範生	140
Unit 3-27	台北市信義區最密集、最競爭、最精華13家百貨公司	141
Unit 3-28	百貨公司的改革方向及面對的挑戰問題	142
Unit 3-29	百貨公司設立專櫃必知事項解析實務	144

本書目錄

Unit 3-30	微風、新光三越：改造全球最密百貨圈	148
Unit 3-31	未來百貨公司5樣貌	151
Unit 3-32	SOGO百貨日本美食展經營成功的祕訣	153
Unit 3-33	大型購物中心概述	155
Unit 3-34	美妝、藥妝連鎖店	157
Unit 3-35	最快崛起的美妝連鎖店：寶雅	159
Unit 3-36	台灣OUTLET最新發展概述	161
Unit 3-37	藥局連鎖店：近年來快速崛起	164
Unit 3-38	五金百貨及居家用品連鎖店	167
Unit 3-39	生機（有機）連鎖店	170
Unit 3-40	眼鏡連鎖店及書店連鎖店	172
Unit 3-41	生活雜貨品連鎖店	174
Unit 3-42	運動用品連鎖店	176
Unit 3-43	服飾連鎖店	177
Unit 3-44	書店連鎖店	179
Unit 3-45	咖啡連鎖店	180
Unit 3-46	無店鋪販賣類型	182
Unit 3-47	連鎖店之經營概述（Part I）	184
Unit 3-48	連鎖店之經營概述（Part II）	186
Unit 3-49	電子商務之定義及類別	188
Unit 3-50	網購商品價格較低的原因及毛利率與營業淨利率	190
Unit 3-51	電子商務（網購）快速崛起原因	192
Unit 3-52	電子商務（網購）通路重要性日增	194
Unit 3-53	全台第一大電商（momo網購公司概述）	196
Unit 3-54	富邦momo電商：2022年度營收突破1,038億元，創歷史新高之分析	198

Unit 3-55	全台百貨商場最新發展趨勢分析專題	200
Unit 3-56	2023〜2024年多家新商場、新購物中心加入開幕營運	204
Unit 3-57	2020〜2024年外部大環境5項變化對零售百貨業的影響與衝擊	205
Unit 3-58	SOGO百貨：如何開展新局再創顛峰	206
Unit 3-59	大樹：藥局連鎖通路王國經營成功之道	208
Unit 3-60	日本「全家超商」的最近創新作為及觀察評論	212

第 ❹ 章　製造商對旗下經銷商的整合性管理與促進銷售

Unit 4-1	經銷商可能的因應對策與方向	216
Unit 4-2	製造商大小與經銷商的關係	218
Unit 4-3	品牌廠商業務人員應具備技能，以及對旗下經銷商提出年度計畫報告	220
Unit 4-4	大型經銷商應對原廠（品牌大廠）提出他們的年度經銷計畫報告	222
Unit 4-5	品牌大廠對經銷商的教育訓練概述	224
Unit 4-6	理想經銷商的條件與激勵通路成員	226
Unit 4-7	對經銷商績效的追蹤考核	228
Unit 4-8	安排各種活動，讓經銷商對製造商有信心	230
Unit 4-9	廠商對經銷商誘因承諾及爭取，以及經銷商合約內容項目	232
Unit 4-10	代理商合約案例全文介紹	234

第 ❺ 章　台商進入海外市場通路研究

| Unit 5-1 | 台商進入海外市場運用代理商策略之優點 | 242 |
| Unit 5-2 | 台商找尋海外潛在代理商的方法 | 244 |

本書目錄

Unit 5-3	台商對海外潛在代理商的評估重點	246
Unit 5-4	少數台商的海外自設行銷通路據點之優點	248
Unit 5-5	台商拓展海外市場國際行銷通路全方位架構	250
Unit 5-6	供貨廠商營業人員對大型零售商通路的往來工作	252

第6章　消費品供貨廠商的通路策略

Unit 6-1	供貨廠商對零售商的策略	256
Unit 6-2	P&G（台灣寶僑）公司如何深耕經營零售通路	258
Unit 6-3	P&G公司為拉攏大型連鎖零售商，所做的7項努力工作	260
Unit 6-4	P&G公司的CBD部門為市場競爭力加分	262

第7章　日本廠商成功掌握末端零售通路情報案例介紹

Unit 7-1	日本花王販賣公司如何情報共有，使營業力強化（Part I）	266
Unit 7-2	日本花王販賣公司如何情報共有，使營業力強化（Part II）	268
Unit 7-3	日本萬代玩具公司如何運用IT情報力，根植營業力	270
Unit 7-4	日本企業運用IT系統，提升營業戰力案例（Part I）	272
Unit 7-5	日本企業運用IT系統，提升營業戰力案例（Part II）	274
Unit 7-6	日本企業運用IT系統，提升營業戰力案例（Part III）	276

第8章　整合型店頭行銷及促銷

Unit 8-1	整合式店頭行銷策略	280
Unit 8-2	日本企業店頭行銷案例（Part I）	282
Unit 8-3	日本企業店頭行銷案例（Part II）	284
Unit 8-4	最後一哩的4.3秒，是行銷成敗的決戰點	286
Unit 8-5	店頭行銷公司的服務項目	288

Unit 8-6	整合型店頭行銷案例：立點效應媒體公司服務 項目簡介	290
Unit 8-7	通路促銷方式概述	293
Unit 8-8	「滿千送百」及「滿萬送千」促銷	296
Unit 8-9	「無息分期付款」及「贈品」促銷	298
Unit 8-10	「包裝附贈品」及「特賣會」促銷	300
Unit 8-11	紅利集點折抵現金或折換贈品促銷	302
Unit 8-12	「折價券」及「抽獎」促銷	304
Unit 8-13	「來店禮」、「刷卡禮」及「試吃」促銷	306
Unit 8-14	「買一送一」、「均一價」及「集點贈」促銷	308
Unit 8-15	「刮刮樂」及「展示會」促銷	310
Unit 8-16	促銷活動的效益如何評估	312
Unit 8-17	促銷活動成功要素	316
Unit 8-18	促銷活動應注意事項及年度大型促銷活動準備工作	318

第 9 章　業務（營業）常識與損益知識

Unit 9-1	POS銷售分析與銷售業績的比較分析	322
Unit 9-2	分析業績成長與衰退可能原因及來源	324
Unit 9-3	業務人員及行銷人員應該掌握好哪些數據管理	326
Unit 9-4	了解及分析公司是否賺錢：認識損益表	328
Unit 9-5	從損益表上看，分析公司為何虧錢及賺錢	330

第 1 章

必讀重點！國內零售業公司長期永續經營成功的31個全方位必勝要點

●●●●●●●●●●●●●●●●●●●● 章節體系架構 ▼

〈要點1〉快速、持續展店，擴大經濟規模競爭優勢及保持營收成長

〈要點2〉持續優化、多元化產品組合、品牌組合及專櫃組合

〈要點3〉朝向賣場大店化／大規模化／一站購足化的正確方向走

〈要點4〉領先創新、提早一步創新、永遠推陳出新，帶給顧客驚喜感及高滿意度

〈要點5〉全面強化會員深耕、全力鞏固主顧客群，及有效提高回購率與回流率，做好會員經濟及點數生態學

〈要點6〉申請上市櫃，強化財務資金實力，以備中長期擴大經營

〈要點7〉強化顧客更美好體驗，打造高EP值（體驗值）感受

〈要點8〉持續擴大各種節慶、節令促銷檔期活動，以有效集客及提振業績

〈要點9〉打造OMO，強化線下＋線上全通路行銷

〈要點10〉提供顧客「高CP值感」＋「價值經營」的雙重好感度

〈要點11〉投放必要廣告預算，以維繫主顧客群對零售公司的高心占率、高信賴度及高品牌資產價值

〈要點12〉有效擴增新的年輕客群，以替代主顧客群逐漸老化危機

〈要點13〉積極建設全台物流中心，做好物流配送後勤支援能力，達成第一線門市店營運需求

〈要點14〉發展新經營模式，打造中長期（5～10年）營收成長新動能

〈要點15〉積極開展零售商自有品牌（PB商品），創造差異化及提高獲利率

〈要點16〉確保現場人員服務高品質，打造好口碑及提高顧客滿意度

〈要點17〉做好VIP貴客的尊榮／尊寵行銷

〈要點18〉與產品供應商維繫好良好與進步的合作關係，才能互利互榮

〈要點19〉善用KOL／KOC網紅行銷，帶來粉絲新客群，擴增顧客人數

〈要點20〉做好自媒體／社群媒體粉絲團經營，擴大「鐵粉群」

〈要點21〉加強員工改變傳統僵化、保守的做事思維，導入求新、求變、求進步的新思維，才能成功步向新零售時代環境

〈要點22〉面對大環境瞬息萬變，公司全員必須能快速應變，而且平時就要做好因應對策備案，要有備無患，一切提前做好準備

〈要點23〉持續強化內部人才團隊及組織能力，打造一支能夠動態作戰組織體

〈要點24〉永遠抱持危機意識，居安思危，布局未來成長新動能及永遠要超前部署

〈要點25〉必須保持正面的新聞媒體報導露出度，以提高優良企業形象，並帶給顧客對公司的高信任度

〈要點26〉大型零售公司必須善盡企業社會責任（CSR）及做好ESG最新要求

〈要點27〉加強跨界聯名行銷活動，創造話題及增加業績

〈要點28〉堅定顧客導向、以顧客為核心，帶給顧客更多需求滿足與更多價值感受，使顧客邁向未來更美好生活願景

〈要點29〉若公司有賺錢，就要及時加薪及加發獎金，以留住優秀好人才，並成為員工心中的幸福企業

〈要點30〉從「分眾經營」邁向「全客層經營」，以拓展全方位業績成長

〈要點31〉持續「大者恆大」優勢，建立競爭高門檻，保持市場領先地位，確保不被跟隨者超越

〈要點1〉快速、持續展店，擴大經濟規模競爭優勢及保持營收成長

零售業成功經營的首個要點，就是要保持快速、持續性展店，以擴大經濟規模的競爭優勢。例如：統一超商（7-11）、全家超商、寶雅、全聯超市、大樹藥局、SOGO百貨、遠東百貨、新光三越百貨、日本三井購物中心等，雖然連鎖店數已很多，但仍不停止持續展店，主要就是要擴大經濟規模優勢，以及保持營收成長，這是零售業者非常重要的成功關鍵之一。所謂「通路為王」，就是指占據更多、更密集零售通路據點，就可以成為「通路為王」的長期優勢，以及提高同業進入的門檻。

〈要點2〉持續優化、多元化產品組合、品牌組合及專櫃組合

第2個成功因素，就是要針對賣場內、門市店內的商品組合或專櫃組合，持續加以「優化」及「多元化／多樣化」；把好賣的產品留下來，不好賣的產品淘汰出去，就是汰劣留優，有效提高每個店的坪效好業績。另外，產品組合、品牌組合及專櫃組合的多元化、多樣化、新鮮化，也會為顧客帶來更多的選購方便性／便利性／完整性之好處，提高顧客的滿意度。

〈要點3〉朝向賣場大店化／大規模化／一站購足化的正確方向走

第3個成功因素，就是現在的賣場、門市店等，都朝向大店化／大規模化／一站購足化正確方向走。

比如超商門市店朝向大店化，淘汰小店。新成立購物中心，也愈做愈大規模，例如：日本三井來台的LaLaport購物中心愈開愈大；SOGO百貨公司取得台北大巨蛋館經營權，面積也很大（3.8萬坪），比傳統百貨公司多出3倍大；新竹遠東巨城購物中心及新北市新店裕隆誠品商城購物中心等，坪數規模也都很大，經營很成功。

因為大店化／坪數大規模化比較符合顧客需求及需要性，也受到顧客歡迎，所以生意會更好。

〈要點4〉領先創新、提早一步創新、永遠推陳出新，帶給顧客驚喜感及高滿意度

例如：統一超商十多年前領先推出平價CITY CAFE，現在每年賣3億杯，每年創造130億元營收及26億元咖啡獲利；全家超商率先推出賣現烤蕃薯及霜淇淋很受顧客喜歡，另外推出複合店、店中店也很成功；還有百貨公司近幾年引進不少歐洲產品新專櫃及國內餐廳／美食店，也都很成功。

所以，各種零售業種，都必須永遠保持：推陳出新、與時俱進、帶給顧客更多驚喜／驚豔感，才能吸引顧客持續的回流及再購。

〈要點5〉全面強化會員深耕、全力鞏固主顧客群，及有效提高回購率與回流率，做好會員經濟及點數生態學

「會員深耕」、「會員經營」，已成為近幾年來在零售業、餐飲業及服務業最重要的行銷作法之一。現在各行各業都會發行「會員卡」、「紅利集點卡」、「貴賓

卡」、或「行動APP」等，主要就是在做會員經營及會員深耕。希望透過紅利積點的回饋優惠或持卡的商品折扣優惠等，來強化及鞏固會員們的忠誠度、回購率及回流率。而且，會員們的業績額都已占整體業績額的60～80%之高，顯見全力強化會員經營、會員深耕，是各行各業的行銷重心所在。

目前各零售業者的會員卡人數如下：

1. 全聯超市：1,100萬人會員。
2. **momo**電商：1,000萬人會員。
3. 誠品書店：250萬人會員。
4. 屈臣氏：600萬人會員。
5. 寶雅：600萬人會員。
6. 家樂福：800萬人會員。
7. 台灣**COSTCO**：300萬人會員（唯一付費會員）。
8. 新光三越：300萬人會員。
9. **SOGO**百貨：500萬人會員。
10. 統一超商：1,600萬人會員。
11. 全家超商：1,500萬人會員。
12. 大樹藥局：350萬人會員。
13. 三井**OUTLET**及**LaLaport**購物中心：400萬人會員。

〈要點6〉申請上市櫃，強化財務資金實力，以備中長期擴大經營

現在，不少零售業都朝向申請上市櫃，以強化財務資金實力，備妥中長期擴大經營子彈。例如：近幾年上市櫃的寶雅、大樹藥局、杏一藥局、美廉社或即將申請的新光三越百貨，或是多年前早已經上市櫃的遠東百貨、統一超商、全家超商、燦坤3C、誠品生活、全國電子、富邦momo電商、PChome網家等。全聯超市由於林敏雄董事長個人財力雄厚，故仍不打算申請上市櫃。台灣好市多由於是美商公司，所以也不會上市櫃。

總之，成為上市櫃公司的更多好處如下：

1. 取得中長期資金能力。
2. 有利企業知名度及形象力提高。
3. 有利吸引優秀人才到公司來。
4. 有利公司業績成長。
5. 有利公司正派、永續、公正、公開經營。
6. 有利新聞媒體常見報導露出度。

〈要點7〉強化顧客更美好體驗，打造高EP值（體驗值）感受

做零售業就必須更加重視顧客們對我們所提供的營運場所，有更美好、更有好口碑的體驗感及高EP值。包括：門市店內、超市內的、賣場內、百貨公司內、購物中心內的及OUTLET內的裝潢、空間感、視覺感、現代化感、進步感、設計美感及人員服務水準等，都要使顧客感到美好的購物、逛街、娛樂及餐飲等感受知覺。

國內零售業者近幾年在體驗感方面，都有很大的進步及成長，所以，國內零售業的產值及營收規模，都有很好的成長率，目前，每年已高達4兆5,000億元產值規模，這就是一種數字證明。

〈要點8〉持續擴大各種節慶、節令促銷檔期活動，以有效集客及提振業績

現在，零售業（包括：全球及台灣）要創造出好業績及有效吸客／集客／吸出消費力，最重要且最有效的方法，就是全力做好「促銷檔期」了。

目前，對百貨公司而言，最重要的年底「週年慶」，可以創造出占公司全年營收額的25～30%之高；如果，再加上「母親節」、「春節過年」及「年中慶」三大節慶促銷檔期，合計四者，可占到百貨公司全年60～70%的業績來源。

目前對零售業而言，每個年度比較重要的節慶促銷檔期，大致如下：
1.週年慶（10～12月）。
2.春節過年慶（1～2月）。
3.母親節（5月）。
4.父親節（8月）。
5.聖誕節（12月）。
6.情人節（2月）。
7.雙11節（11月）（電商行業）。
8.雙12節（12月）（電商行業）。
9.中元節（8月）。
10.中秋節（9月）。
11.元旦慶（1月）。
12.元宵節（2月）。
13.端午節（6月）。
14.年中慶（6月）。
15.春季購物節（4月）。
16.女人節（3月）。
17.夏季購物節（7月）。
18.秋季購物節（9月）。
19.日本特色產品節（6月）。
20.開學季（9月）。

〈要點9〉打造OMO，強化線下＋線上全通路行銷

現在，電商（網購）發展已是必需，如果少了，就像是斷了一半通路實力。所以，現在不管是消費品業、耐久性商品業、科技品業，以及零售業等，都已走向打造OMO（Online Merge Offline），全方位建構「線下＋線上全通路」的必然方向。

例如：家樂福量販店、全聯超市、新光三越百貨、寶雅、統一超商……等實體零售業者，在官方線上商城的業績，也發展得很好。

〈要點10〉提供顧客「高CP值感」＋「價值經營」的雙重好感度

第10個要點就是零售業要面對兩大客群的不同需求感受，如下：

1.高CP值感庶民客群：這是一群數量將近至1,000萬人，含括庶民消費者及低薪年輕人的廣大客群，他們的月薪大概只在2.2～3.9萬元之間。這一群人要的是低價、平價、高CP值、親民價格的產品需求。

2.高價值感客群：另外，則是一群極高所得及高所得的客群，他們要的是有高質感、名牌的、奢華的、榮耀的、高附加價值的產品需求。

所以，零售業各行業必須依照自己公司的「定位」，以及「鎖定自己的TA客群」，提供「高CP值感」或是「高價值感」的不同經營模式。或是提供能夠「兼具這兩種模式」的經營給顧客，那就是最好、最棒、最成功的一家優質好零售業者了。

〈要點11〉投放必要廣告預算，以維繫主顧客群對零售公司的高心占率、高信賴度及高品牌資產價值

零售業公司也必須像消費品公司一樣，應該每年提撥定額的廣告預算，以維繫廣大主顧客群對零售業公司的高心占率、高信賴度及高品牌資產價值；絕對不要認為自己公司已很有知名度了，就不再投放廣告預算了，如此長久下去，該零售公司的品牌會被顧客遺忘及不再列為優先的零售場所了。

目前以全聯超市及統一超商二家公司，每年都投放至少2億元以上的電視廣告預算，來維繫它們的品牌力量。另外，SOGO百貨、新光三越百貨、遠東百貨、家樂福、屈臣氏、康是美也會在每年週年慶時，投放必要電視廣告預算。

〈要點12〉有效擴增新的年輕客群，以替代主顧客群逐漸老化危機

現在，各種零售業公司都非常重視如何有效吸引年輕新客群的增加，以替代及降低主顧客群逐漸老化的危機。例如：百貨公司、超市的主顧客群都有老化的一些危機感，雖然5年、10年內不會有太大不利影響，但20年、30年之後，就會有很大衝擊。

因此，近幾年來，這些部分零售業公司就積極從各方面、各作法、各項努力，積極加強吸引更多22～39歲的年輕族群進來消費，接替已經老化掉的60～75歲的中老年主顧客群，而且也已經有一些不錯的成效了。像是SOGO台北店及全聯超市等的客群，已有增加年輕客群的好成果出來。

〈要點13〉積極建設全台物流中心，做好物流配送後勤支援能力，達成第一線門市店營運需求

在超商業、超市業、量販店業、美妝連鎖店業、藥局連鎖店業及電商平台業等，他們的第一線營運都必須要有強大、及時、快速、準確的全台物流中心及車隊搭配才行，否則營運就會失敗、就會失去競爭力。因此，上述零售業種公司必須準備好足夠龐大的財務資金能力，支援做好全台各地物流中心及車隊的建置工作才行。所謂「工欲善其事，必先利其器」即是此意。

目前，像是全聯、統一超商、全家超商、家樂福、momo電商、大樹藥局、寶雅等，都有非常成功的物流中心後勤支援能力的打造。

〈要點14〉發展新經營模式，打造中長期（5～10年）營收成長新動能

零售業者必須思考發展新經營模式，才能打造出中長期營收成長新動能。以下是近幾年來成功的案例：

1.統一超商：轉投資子公司成功，包括：星巴克、康是美、菲律賓7-11、黑貓宅急便等。

2.全家超商：轉投資子公司成功，包括：麵包廠及餐飲業。

3.各大百貨公司：大幅引進各式餐飲，成為營收額第一名的業種。

4.SOGO百貨：承租台北大巨蛋館營運，面積高達4萬坪。

5.新光三越百貨：擴增高雄OUTLET及台北東區鑽石塔兩個新零售據點。

6.三井：全台設立各3個大型OUTLET及大型LaLaport購物中心。

7.康是美：從400家美妝店，又擴增到有100家藥局連鎖經營。

8.大樹藥局：從藥局連鎖擴增到寵物連鎖店經營。

9.各大超商：發展複合店、店中店、地區特色店等。

10.寶雅：全台350家寶雅店，又增加50家寶家五金百貨店，發展雙品牌營運。

11.全聯超市：成功併購大潤發量販店，發展「全聯」＋「大潤發」雙品牌營運。

12.統一企業：成功收購家樂福法國母公司的台灣所有股權，形成「統一超商」＋「家樂福」＋「統一時代百貨」＋「康是美」4大零售業種。

〈要點15〉積極開展零售商自有品牌（PB商品），創造差異化及提高獲利率

近幾年來，國內零售商都積極投入開發自有品牌（Private Brand, PB）產品，藉以創造差異化及提高獲利率。成功案例，如下：

1.全聯超市：

(1)美味堂：滷味、小菜、便當等。

(2)We Sweet：蛋糕、甜點。

(3)阪急麵包。

2.統一超商：

(1)CITY CAFE（平價咖啡）。

(2)CITY PRIMA（精品咖啡）。

(3)CITY TEA（茶飲料）。

(4)CITY PEARL（珍珠奶茶）。

(5)7-11鮮食便當。

(6)關東煮。

(7)iSelect品牌。

(8)UNIDESIGN品牌。

3.COSTCO（好市多）：Kirkland（科克蘭）自有品牌產品。

4.家樂福：「家樂福」高、中、低價PB產品。

5.屈臣氏：推出自有品牌

(1)活沛多。

(2)蒂芬妮亞。

(3)Watsons。

6.康是美、大潤發、寶雅、愛買、美廉社等，也都有推出自有品牌經營。

〈要點16〉確保現場人員服務高品質，打造好口碑及提高顧客滿意度

現場人員服務，對零售業來講也很重要。例如：

1.momo網購：全台24小時宅配必到，台北市12小時宅配必到，momo物流宅配速度服務甚佳。

2.SOGO百貨：電梯小姐及彩妝品專櫃小姐服務品質甚佳。

各大零售行業大都是人對人的接觸及服務；前述提及零售業要令人有高EP值（體驗）感受，才能展現出它們實體據點的價值性以及與電商平台的差異性所在。如果實體零售業連服務都做不好，那就會離顧客愈來愈遠，業績就會愈來愈差了。

而實體零售業的服務高品質，包括下列：

1.服務人員的高素質與高品質。

2.服務流程的SOP標準作業流程化及有溫度化。

3.服務人員的禮貌、親切、貼心、用心、認真、親和，以及能夠解決問題。

4.服務人員專業知識及銷售技能的提升。

〈要點17〉做好VIP貴客的尊榮／尊寵行銷

在高級百貨公司零售業中，還有一個必須重視的是：少數VIP貴客的尊榮／尊寵行銷。這些少數VIP貴客，每年每人帶給百貨公司幾百萬、幾千萬的業績貢獻，是值得好好對待的一群貴客。例如：

1.台北SOGO百貨：每年消費滿30萬元以上，計有2,000多人。

2.台北101百貨：每年消費滿101萬元以上，計有3,000多人。

3.台北BELLAVITA百貨：每年消費滿100萬元以上，計有1,000多人。

上述台北101百貨公司，以3,000人VIP × 101萬元業績＝30億元，一年就創造30億元營收業績，占台北101百貨全年100億元業績的3成之多，占比貢獻非常高。因此，公司必須認真、用心、投入、專人照顧好／接待好這一批金字塔頂端的貴客才行。

〈要點18〉與產品供應商維繫好良好與進步的合作關係，才能互利互榮

零售業者與上游產品供應商也應維繫好良好與進步的合作關係，並且達到互利互榮目標，也是一個經營重點。包括幾點作為：

1.縮短給付產品供應商銷貨貨款的支票期限或匯款期限，盡可能以30天期限為目標，勿拖到90天太久了。

2.百貨專櫃的抽成比例應該合理些，勿抽成太高。

3.對產品供應商、對各專櫃的各項名目贊助費，也應合理，勿太高、勿太頻繁。

4.對產品供應商、對各專櫃，應該嚴格要求高品質水準目標及高度注意食安問題，絕不能出食安及品質問題。

5.對產品供應商、對各專櫃，應持續不斷的要求：要創新、要求新求變、要進步，每年都做出最好、最棒、最驚喜的新產品、新品牌給廣大消費者，使顧客能感受到國內零售業者有在進步中。

6.零售業者與各供應商、各專櫃，應秉持互利互榮，以及把市場餅做大的正確觀念，對方真心／誠信合作，才能使國內零售業產業鏈成長、進步、茁壯。

〈要點19〉善用KOL／KOC網紅行銷，帶來粉絲新客群，擴增顧客人數

現在，已有愈來愈多的消費品／彩妝保養品牌廠商及零售業者，採取KOL／KOC網紅行銷方式，以為該公司帶來粉絲新客群以及增加新業績。例如：

1.統一超商／全家超商：都與KOL網紅聯名推出新款鮮食便當，且賣得不錯。

2.百貨公司：與KOL／KOC合作，帶他們的粉絲群到百貨公司的促銷折扣樓層去購物，又可以當面見這些KOL／KOC，有效吸引粉絲們到現場來。

3.此外，現在更流行與KOL／KOC合作：發團購優惠貼文以及現場直播導購、直播帶貨；這些都直接有效促進零售業者與產品供應商的業績成長。

〈要點20〉做好自媒體／社群媒體粉絲團經營，擴大「鐵粉群」

由於電視廣告及網路廣告投放成本較高，因此，很多零售業者開始重視在低成本的自媒體及社群媒體，經營他們的鐵粉，加強粉絲顧客對他們的黏著度及忠誠度。目前，包括：

1.官網（官方網站）經營。

2.官方線上商城經營。

3.官方FB／IG粉絲團經營。

4.官方YT影音頻道經營。

5.官方LINE群組、LINE好友經營。

6.短影音廣告宣傳片製作。

〈要點21〉加強員工改變傳統僵化、保守的做事思維，導入求新、求變、求進步的新思維，才能成功步向新零售時代環境

國內零售業者的從業人員，有些是比較保守及傳統的做事思維，但現在已進到2023～2030年的新變化及新時代中，因此必須大幅改變做事思維，導入求新、求變、求進步、求發展、求突破、求成長的最新思維及行動力、執行力，才可以有效面對外部大環境的巨變，以及面對日益激烈的同業／異業互相競爭求生存。

〈要點22〉面對大環境瞬息萬變，公司全員必須能快速應變，而且平時就要做好因應對策備案，要有備無患，一切提前做好準備

除了上述全員做事思維的改變之外，零售業者在面對外部大環境的瞬息萬變，必須做好的二件大事，包括：

1.打造能夠「快速應變」的組織能力及隨時作戰的組織機制能力。

2.平時就要建立好因應對策的備案計畫，預先提前做好準備，有準備好，就不會到時慌亂、不知所措或被動反應，要掌握主動權。

〈要點23〉持續強化內部人才團隊及組織能力，打造一支能夠動態作戰組織體

另外，零售業者平時就必須持續強化內部人才團隊及組織能力（organizational capability），打造一支強大且能夠隨時動態作戰的組織體。

包括下列部門的人才與組織能力：

1.商品企劃及新商品開發人才與能力。

2.門市店展店及開拓人才與能力。

3.商品採購人才與能力。

4.門市店營運店長人才與能力。

5.會員經營人才與能力。

6.行銷企劃、廣告宣傳與品牌打造人才與能力。

7.電商經營人才與能力。

8.專櫃／餐飲引進人才與能力。

9.現場營業人才與能力。

10.中高階領導主管人才與能力。

11.經營企劃人才與能力。

12.KOL／KOC網紅行銷人才與能力。

〈要點24〉永遠抱持危機意識，居安思危，布局未來成長新動能及永遠要超前部署

零售業者經營也必須跟其他行業公司一樣，做好下列5項非常重要的新時代經營理念：

1.千萬不能自滿，尤其當業績大好成功的時候。

2.必須永遠保持危機意識，永遠要居安思危。

3.必須布局未來，保持永遠的成長新動能。

4.對任何事，必須堅持超前部署、提前做好計畫準備。

5.切記：若一直停留在原地，那你就是退步了！要永遠向前進步。

〈要點25〉必須保持正面的新聞媒體報導露出度，以提高優良企業形象，並帶給顧客對公司的高信任度

　　零售業公司跟各行各業公司一樣，都不能只會默默做事，而不重視必要的各種媒體宣傳。只要是對公司形象、印象、品牌、信賴度發展及強化的各種媒體正面專訪及報導，都必須加以歡迎及接受。

　　例如，下列零售業公司的新聞媒體報導，都對該公司經營帶來正面效益，包括：

1.SOGO百貨（黃晴雯董事長）。

2.新光三越百貨（吳昕陽總經理）。

3.統一超商（羅智先董事長）。

4.全聯超市（林敏雄董事長）。

5.momo電商（蔡明忠董事長、谷元宏總經理）。

6.另外，還有寶雅、大樹藥局、全家、康是美……等零售業公司，均有較多的新聞報導露出。

〈要點26〉大型零售公司必須善盡企業社會責任（CSR）及做好ESG最新要求

　　近幾年來，全球各大型上市櫃公司，都被要求做好善盡企業社會責任（CSR），以及做好ESG（E：環境保護；S：社會關懷／社會回饋；G：公司治理）。國內大型零售公司，也努力朝這些方向努力，比較有成果的，包括：

1.統一超商。

2.SOGO百貨。

3.全聯超市。

4.家樂福量販店。

〈要點27〉加強跨界聯名行銷活動，創造話題及增加業績

　　近幾年，零售業公司也積極跟各行業、各品牌，展開跨界聯名行銷活動，可達到創造話題及增加商品銷售目的。例如：

　　1.統一超商：跟五星級大飯店「君悅」、「晶華」及米其林餐廳，聯名合作推出「星級饗宴」好吃的各式鮮食便當，銷量很好。

　　2.全家超商：跟知名KOL及鼎泰豐推出聯名便當，銷售成績不錯。

〈要點28〉堅定顧客導向、以顧客為核心，帶給顧客更多需求滿足與更多價值感受，使顧客邁向未來更美好生活願景

　　回到根本核心點，零售業公司最高領導者與全體幹部團隊，必須回到初心、回到任何企業的根本思路，如下：

1.堅定顧客導向為原則。

2.以顧客為核心，以顧客為念，把顧客放在利潤之前。

3.快速滿足顧客需求、期待及想要的。

4.為顧客創造更多附加價值的利益點（benefit）。

5.永遠走在顧客最前面，永遠提前洞悉出顧客的潛在內心需求。

6.為顧客邁向更美好生活為願景。

7.永遠堅持顧客至上、顧客第一，比顧客還了解顧客。

〈要點29〉若公司有賺錢，就要及時加薪及加發獎金，以留住優秀好人才，並成為員工心中的幸福企業

零售業在疫情解封後的2022年營收都有很大的成長，不少百貨公司、超市等，都紛紛加發年終獎金，以及2023年為員工調薪、加薪3～6%，這些都是很好、很正確的作法。畢竟，員工才是公司能夠賺錢的重要原因，也是公司重要的資產價值。唯有員工滿意、員工快樂，才會有廣大顧客的滿意。

零售業從每天早上八點到晚上九點，都要面對面接觸及服務顧客，這份辛苦及認真，公司董事長、總經理高階決策主管應該給予合理、能定期調薪，且具激勵性的月薪及獎金，以感謝全體員工每天辛苦與努力的付出。

〈要點30〉從「分眾經營」邁向「全客層經營」，以拓展全方位業績成長

過去，在消費品業、名牌精品業、耐久性品業等，都強調要分眾經營及分眾行銷才會贏。但現在零售業的發展趨勢，卻是強調要全客層、全方位經營，才能開拓更大的業績成長空間。例如：

1.大型購物中心：新竹遠東巨城、三井台中／台北LaLaport、SOGO百貨公司台北大巨蛋館、新北環球購物中心等，都強調是全客層經營。

2.超市：全聯超市過去主力客層為40～75歲客群，現在也在吸引25～39歲年輕客群，以邁向全客層型的第一大超市。

3.百貨公司：新光三越、SOGO、遠東三大百貨公司過去的客群，仍以較高所得、較高年齡的客群為主力，但現在也在大幅增加能夠吸引25～39歲年輕客群的餐飲櫃位及產品專櫃，逐步轉型到全客層的嶄新百貨公司。

4.量販店：家樂福、COSTCO、大潤發等量販店，早就是以全客層為經營，因為面積坪數大、商品品項多，能吸引老、中、青日常生活購物需求。

〈要點31〉持續「大者恆大」優勢，建立競爭高門檻，保持市場領先地位，確保不被跟隨者超越

經營連鎖零售業的重大特性之一，就是它具有「大者恆大優勢」，不易被後面中小型零售公司超越，只要大型零售公司能夠保持：

1.不斷求新、求變。

2.不斷與時俱進。

3.不斷創新、進步。

4.不斷保持領先、超前部署。

5.不斷布局未來成長。

6.不斷確實執行晴天要為雨天做好準備。

就能持續保有市場第一大、第二大的領導地位。

成功案例如下：

1.超商（前兩大）：

(1)統一超商（6,700店、本業年營收1,800億）。

(2)全家（4,100店、本業年營收700億）。

2.超市（第一大）：全聯（1,200店、本業年營收1,700億，全國第一大超市）。

3.百貨公司（前三大）：

(1)新光三越百貨（年營收886億）。

(2)遠東百貨（年營收470億）。

(3)SOGO百貨（年營收450億）。

4.量販店（前二大）：

(1)好市多／COSTCO（年營收1,500億）。

(2)家樂福（年營收900億）。

5.美妝店（前三大）：

(1)寶雅（年營收200億）。

(2)屈臣氏（年營收180億）。

(3)康是美（年營收130億）。

6.藥局（前二大）：

(1)大樹（年營收150億）。

(2)杏一（年營收100億）。

7.電商平台（第一大）：momo電商（年營收突破1,038億）。

上述都是國內主力零售業種的前三大、前二大市場領導公司，且具有「大者恆大」的保持優勢，後進者很難超越的，因為這些大型連鎖零售公司，每天也在追求進步、追求突破、追求成長、追求創新、追求永續經營。

國內零售業公司長期永續經營成功的31個全方位必勝要點

1 快速、持續展店，擴大經濟規模優勢及保持營收成長

2 持續優化、多元化產品組合、品牌組合及專櫃組合

3 朝向賣場大店化／大規模化／一站購足化的正確方向走

4 領先創新、提早一步創新、永遠要推陳出新，帶給顧客驚喜感及高滿意度

5 全面強化會員深耕、全力鞏固主顧客群，及有效提高回購率與回流率，做好會員經濟

6 申請IPO上市櫃，強化財務資金實力，以備中長期擴大經營

7 強化顧客更美好體驗，打造高EP值（體驗值）感受

8 持續擴大各種節慶／節令促銷檔期活動，以有效集客及提振業績

9 打造OMO，強化線下＋線上全通路行銷

10 提供顧客「高CP值感」＋「價值經營」的雙重好感度

11 投放必要廣告預算，以維繫主顧客群對零售公司的高心占率、高信賴度及高品牌資產價值

12 有效擴增新的年輕客群，以替補主顧客群逐漸老化危機

13 積極建設全台物流中心，做好物流配送後勤支援能力，達成第一線門市店營運需求

14 發展新經營模式，打造中長期（5～10年）營收成長新動能

15 積極開展零售商自有品牌（PB商品），創造差異化及提高獲利率

16 確保現場人員服務高品質，打造好口碑及提高顧客滿意度

17 做好VIP貴客的尊榮／尊寵行銷

18 與產品供應商維繫好良好與進步的合作關係，才能互利互榮

19 善用KOL／KOC網紅行銷，帶來粉絲新客群，擴增顧客人數

20 做好自媒體／社群媒體粉絲團經營，擴大鐵粉群

21 加強改變傳統僵化、保守做事思維，導入求新、求變、求進步的新思維

22 面對大環境瞬息萬變，公司全員必須能快速應變，而且平時就要做好因應對策備案

23 持續強化內部人才團隊及組織能力，打造一支能隨時動態作戰組織體

24 永遠抱持危機意識，居安思危，布局未來成長新動能及超前部署

014

25 必須保持正面的新聞報導露出度，以提高優良企業形象，並帶給顧客對公司的高信任度

26 大型零售公司必須善盡企業社會責任（CSR），及做好ESG最新要求

27 加強跨界聯名行銷活動，創造話題及增加業績

28 堅定顧客導向、以顧客為核心，帶給顧客更多需求滿足及更多價值感受，使顧客邁向未來更美好生活願景

29 若公司有賺錢，就要及時加薪及加發獎金，以留住優秀好人才，並成為員工心目中的幸福企業

30 從分眾經營邁向全客層經營，以拓展全方位業績成長

31 持續「大者恆大」優勢，建立競爭高門檻，保持市場領先地位，確保不被跟隨者超越

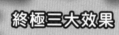

終極三大效果

（一）
必能深獲廣大顧客及會員們的支持、肯定、滿意、信任與高回購率！

（三）
必能長期／永續經營成功！

（二）
必能保持零售業界的領先地位！

第 2 章

通路的定義、性質、功能、結構、趨勢發展與策略

Unit 2-1　通路的定義、價值性及與企業策略相結合

Unit 2-2　通路公司加速拓展通路據點數量之原因與影響通路決策的力量因素

Unit 2-3　多元化通路成長的趨勢與原因

Unit 2-4　通路4個階層種類

Unit 2-5　通路階層的案例（Part I）

Unit 2-6　通路階層的案例（Part II）

Unit 2-7　國內實體零售10大型態暨虛擬通路6大型態

Unit 2-8　國內零售前10大公司最新年營收額排名

Unit 2-9　零售通路大者恆大、集中化成趨勢

Unit 2-10　實體零售5巨頭比較分析表

Unit 2-11　各種零售通路型態比較

Unit 2-12　零售通路集中化對供應商之影響

Unit 2-13　大型零售通路商對商品供應商收取各項費用名目愈來愈多

Unit 2-14　統一企業集團收購台灣家樂福量販店

Unit 2-15　台灣電視購物公司介紹（Part I）

Unit 2-16　台灣電視購物公司介紹（Part II）

Unit 2-17　台灣電視購物公司介紹（Part III）

Unit 2-18　國內行銷通路最新11大趨勢與通路全面上架趨勢

Unit 2-19　國內量販店通路與賣場促銷活動舉辦現況

Unit 2-20　行銷通路存在的價值及功能

章節體系架構 ▼

Unit 2-21　零售商自有品牌的意義、區別及好賣商品

Unit 2-22　零售商自有品牌的利益點及廠商變成代工夥伴

Unit 2-23　零售通路商積極開發自有品牌商品的3大原因

Unit 2-24　國內各大零售通路商發展自有品牌現況

Unit 2-25　日本PB（零售商自有品牌）領航時代來臨

Unit 2-26　零售通路PB時代來臨

Unit 2-27　建立「直營門市連鎖店」通路已成趨勢

Unit 2-28　建立直營門市連鎖店應準備事項及店址選擇評估要點

Unit 2-29　旗艦店行銷通路

Unit 2-30　通路定價介紹

Unit 2-31　庫存數控制與處理問題

Unit 2-32　通路業務組織架構

Unit 2-33　營業單位與行銷企劃單位的不同分工與合作

Unit 2-34　通路業務人員與行銷人員應共同蒐集哪些外部資訊情報

Unit 2-35　通路業務人員應該具備的知識與能力

Unit 2-36　「通路拓展策略規劃報告」撰寫大綱

Unit 2-37　零售通路複合店日益增多

Unit **2-1**
通路的定義、價值性及與企業策略相結合

一、通路的定義與價值產生

通路一般性的定義為：

「參與一個可以提供消費或使用的產品或服務之製造與流通過程，同時為一群互相依賴與互利、互相合作的組織體」。而這個過程可能包括了：

(一) 實體產品的移動及倉儲。

(二) 產品所有權的移轉。

(三) 售前、售中、交易及售後服務。

(四) 訂單處理與收款。

(五) 各種支援服務、技術服務或資金融通服務。

因此，行銷通路也被定義為：創造競爭優勢的垂直價值鏈（vertical value chains）如右圖所示。

二、「通路策略」應與「總體企業策略」相結合

公司最高的策略就叫做企業策略（business strategy），它的位階是高於通路策略的。我們可以如右圖來表達這兩者策略位階有何不同。

如右圖顯示，舉例來說：

第一、當企業策略採取向下游垂直整合策略時，即代表該企業要建立自己的行銷通路策略。例如：統一企業的統一超商及家樂福量販店、台灣大哥大的手機直營門市店、遠東企業集團的SOGO百貨、遠東百貨、愛買量販店、中華電信手機直營門市店等。此時，這些企業的產品銷售，必須與其通路策略的搭配協調有所連結。例如：統一飲料及產品，有很大比例是透過統一超商6,700多家的通路銷售出去，此種通路的助益很大。

第二、當企業採取虛實通路並進時，例如：雄獅旅遊網與燦星旅遊網亦開始旅遊實體店面的經營，此刻，雄獅與燦星公司的通路策略也必須做相應的改變。

從上述來看，通路策略必須配合、跟隨總公司經營策略的改變而改變，這樣有利的連貫，企業才會發揮競爭力。因此，二者間的配適（fit）很重要。

018

通路商各種型態及名稱

- 國內製造商
- OEM委託代工廠
- 國外製造廠

(生產價值)
價值產生

各層次通路商的流動

・代理商	・批發商	・專賣店
・經銷商	・連鎖店	・門市店
・中盤商	・零售店	
・交易商	・大賣場	

(通路價值)
價值產生

消費者

註： ・經銷商（distributor）
・代理商（agent）
・總代理商（master distributor）
・批發商（wholesaler）
・OEM（Original Equipment Manufacture）

・交易商（dealer）
・零售店（retailer）
・通路（channel）
・垂直價值鏈（vertical value chain）
・直營門市店（company-own-store）

「通路策略」應與「總體企業策略」相結合

戰略面　　　　　　　　　　　　　戰術面

（一）企業策略

（二）4P行銷策略

1. 低成本策略
2. 差異化策略
3. 聚焦策略、集中策略
4. 收購策略、併購策略
5. 合併策略
6. 多角化策略、多樣化策略
7. 虛實通路並進策略
8. 異業結盟合作策略
9. 多品牌策略、代理品牌策略
10. 垂直整合策略
11. 水平整合策略
12. 自有品牌策略
13. 規模經濟策略
14. 海外市場策略

1. 產品策略
2. 通路策略
3. 定價策略
4. 推廣策略
5. 促銷策略
6. 公關策略
7. 人員銷售策略
8. 品牌策略

Unit **2-2**
通路公司加速拓展通路據點數量之原因與影響通路決策的力量因素

一、各行業加速拓展據點原因

近幾年來，零售通路幾乎都在加速拓展通路據點，包括全聯超市、新光三越百貨、COSTCO（好市多）、三井購物中心、SOGO百貨、家樂福、屈臣氏、康是美、統一超商、全家、美廉社、寶雅、大樹藥局、杏一藥局……，均不斷的加速拓店，衝上新高點，其原因有以下幾點：

(一) 規模經濟效益化（scale of economy）：為追求經濟規模效益化，之後在各項採購成本、管理成本及廣宣成本就可以得到有效的降低，進而提高競爭力。

(二) 超越損益平衡點（break-even point）：達到經濟規模的突破點（critical point），公司才有可能轉虧為盈或損益平衡，如果通路店數一直太少，則必然不太可能獲利賺錢。

(三) 搶好店面：好店的空間機會已愈來愈少，一旦沒有搶到與簽約，那麼就不易再找到好店面，因此好地點的黃金店面有很多廠商在搶，必須先早一步下手搶到。

(四) 保持領先地位與第一品牌通路：店數如果一直保持領先，並且一直保持市場領先的地位，此種長期領先是具有強大有利的象徵意義。

(五) 追求成長：為了配合公司營收額及獲利額的不斷成長上升，自然也需要通路據點數的成長來配合才行。一旦店數停止成長，那麼全年營業額也不可能會成長，故會面臨停滯狀態。

(六) 人事新陳代謝：店數的持續拓展，此對公司店長、店員及總公司、區經理人事的新陳代謝，及向上晉升或外派等成長的管道，也都帶來助益。

(七) 競爭激烈，不加速展店就會落後：各行業競爭激烈，如果您不加速展店，必然使得競爭者趁機坐大，進而威脅您的市場領先地位，而被取代。

二、影響通路策略決策及改變的力量因素

影響一個公司通路策略的改變或決定，大概可有以下幾項力量因素，包括：

(一) 整體通路環境的改變與趨勢的變化。(二) 競爭對手強大的競爭壓力與逼迫力。(三) 總公司經營政策或經營策略的方針是否改變或調整，而有所對應。(四) 從滿足消費者的需求，及為消費者創造更多的附加價值面向來思考。(五) 通路角色對本公司銷售業績影響的主要程度如何？是很重要？或普通重要？(六) 異業（例如：電子商務、行動購物）加入與整合的狀況如何？對實體通路的影響又如何？(七) 為追求公司最大的財務效益而考量。(八) 外部通路科技加速進步與改良，使通路經營更加簡便。

行銷通路決策原則

加速拓展通路據點7大原因

1. 達到規模經濟效益化
2. 超越損益平衡點
3. 搶到好店面
4. 保持市場占有率
5. 追求業績營收，不斷成長
6. 促進人事新陳代謝
7. 面對競爭激烈，不進則退

通路策略決策及改變的6大力量

1. 整體通路環境的改變及巨大變化

2. 競爭對手強大的加速展店壓力顯著

3. 消費者端對通路需求的改變顯著

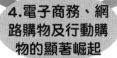
4. 電子商務、網路購物及行動購物的顯著崛起

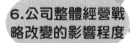
5. 科技因素帶給通路變化的顯著性

6. 公司整體經營戰略改變的影響程度

Unit **2-3**
多元化通路成長的趨勢與原因

一、多通路行銷系統的成長（growth of multichannel marketing system）

　　(一) 意義：所謂「多通路行銷系統」，係指透過多種以上的行銷通路在市場上運作。這多種以上的行銷通路，可能包括了百貨公司、門市店、專賣店、批發倉庫、經銷系統、連鎖店、總代理等模式。藉著更多樣的通路系統，以期將更多樣的產品，更快的銷售給消費者，並且提高市場占有率。此系統又可稱為雙重配銷，意指藉不同配銷管道，而服務不同層面客戶。另外，多重通路系統，亦是指生產或批發商同時採用兩種或兩種以上的通路，以供應同一市場或不同的市場，例如：桂格麥片公司就採取五重通路系統，如右圖所示。

　　(二) 桂格麥片公司一方面自行銷售產品給大型食品加工廠與餐廳，同時也直接對超級市場及量販店銷售。此外，為顧及多重通路，仍很重視小型購買者及零售商，所以會供給小食品加工廠和一般家庭用戶。最後，它還設置許多經銷商，專門發貨給零售店。

　　(三) 在案例2的統一鮮奶產品，其通路亦是相當的多元化，除了都會區大型連鎖的量販店、超市、便利商店外，在各縣市、各鄉鎮地區的一般零售店，也會透過統一各縣市的經銷商負責配送及推銷。

二、通路策略多元趨勢的原因

　　事實上，現今大部分公司及大部分產品的通路策略已經朝向多元化的趨勢走。除了少數像名牌精品LV、CHANEL、GUCCI……堅持他們在各國家的直營高級專賣店以外，大部分都走向了多元化的通路方向。其理由原因如下：

　　(一) 希望創造更高的營業額。

　　(二) 希望提供目標顧客群更大的接觸面及購買的便利性。

　　(三) 每一個通路都有其特色與優點及缺點，而將所有的優點結合在一起，就是最大的優勢，因此必須打造通路優勢。

　　(四) 通路本身之間的競爭也非常激烈，產品如果沒有掌握好機會，恐怕會失去某一種通路，也會影響銷售成績。

　　(五) 由於市場的分眾化，顧客也分眾化，因此通路也分眾化，但要抓住最多元的通路才能集合最多的分眾化顧客。

　　(六) 通路多元化可以避免產品的銷售太集中於某一種通路而面臨風險性的狀況，因此必須藉由多元化的通路，分散風險。

　　(七) 爭取年輕族群的市場：近年興盛起來的B2C網路購物，幾乎是20～40歲的年輕上班族及學生族群為主。這與家庭主婦型、婆婆媽媽型的傳統量販店及超市是很不一樣的族群。

　　(八) 克服既有業績的限制：零售業績均有飽和或衰退，例如：日本，現在百貨公司及超市就面臨衰退的現象，而大型購物中心卻逆勢上揚受到歡迎。在台灣，則不完

全一樣，例如：便利店很普及，量販店愈來愈多，大型購物中心及百貨公司也很多，發展都還算平順。

(九) 提高荷包占有率（share of wallet）：當廠商的產品全方位布滿在任何一個有店鋪或無店鋪零售通路時，自然他們的顧客荷包（錢包）市占率就會跟著高一些。這是一定的，因為何時何地都能看到您的產品，自然銷售占有率就會多一些，或者說公司總業績也會有些成長。

(十) 有利擴大更多元化的客層：不同的零售通路，自然有些不同的客層存在。例如：把統一商品如放在統一超商、放在全聯福利中心；放在家樂福量販店、放在SOGO百貨地下一樓附設超市；放在網路購物；放在宅配業務等，可能有不同的客層。

(十一) 掌握顧客的資料及購買行為：透過網路購物、電視購物及型錄購物均會蒐集到顧客的基本資料，這能取得一般傳統零售通路無法獲取的顧客資料庫及對購買行為做分析，是其優點及原因所在。

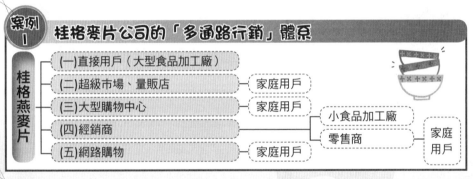

案例 1　桂格麥片公司的「多通路行銷」體系

桂格燕麥片
- (一)直接用戶（大型食品加工廠）
- (二)超級市場、量販店 — 家庭用戶
- (三)大型購物中心 — 家庭用戶
- (四)經銷商 — 小食品加工廠／零售商 — 家庭用戶
- (五)網路購物 — 家庭用戶

案例 2　統一鮮奶的「多通路行銷」體系

統一鮮奶
- (一)統一7-11（6,700家店）、萊爾富、全家、OK便利商店
- (二)量販店（家樂福、大潤發、愛買、COSTCO等）
- (三)超市（全聯、美廉社等）
- (四)百貨公司附設超市
- (五)全台各縣市經銷商→各縣市、鄉鎮的一般零售商店

案例 3　台灣啤酒的「多通路行銷」體系

台灣啤酒
- (一)一般零售 — 量販店、雜貨店、超市、便利商店
- (二)全國各縣市經銷商 — 各縣市餐飲店、小吃店、海鮮店、火鍋店
- (三)特販店 — 夜店、酒店、KTV店
- (四)網路購物

Unit **2-4**
通路4個階層種類

一、通路階層的種類

通路階層的種類，可包括以下幾種：

(一) 零階通路（zero-stage channel）

又稱直接行銷通路，例如：安麗、克緹、雅芳、如新、美樂家、葡眾等直銷公司或是電視購物、型錄購物、網路購物、手機購物等均是。

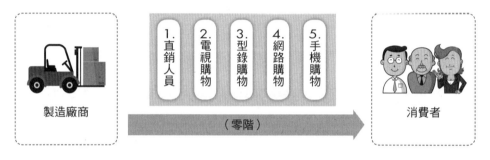

(二) 一階通路（one-stage channel）

例如：統一速食麵、鮮奶直接出貨到統一超商店面及家樂福量販店去銷售。

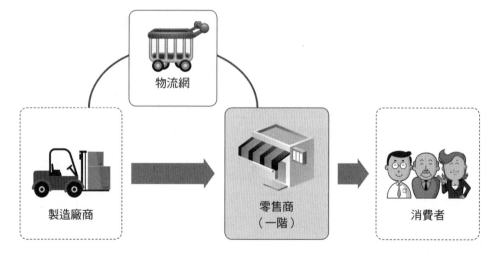

(三) 二階通路（two-stage channel）

例如：金蘭醬油、多芬洗髮精、味丹泡麵、金車飲料、可口可樂……經過各地區經銷商，然後送到各縣市零售據點去銷售。

圖解通路經營與管理

(四) 三階通路（three-stage channel）

例如：大宗物資、雜糧品、麵粉、玉米、水果……特殊產品的通路階層最長。

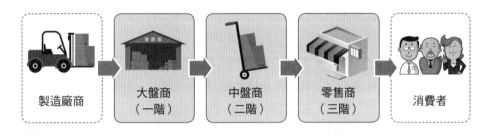

如下圖示：

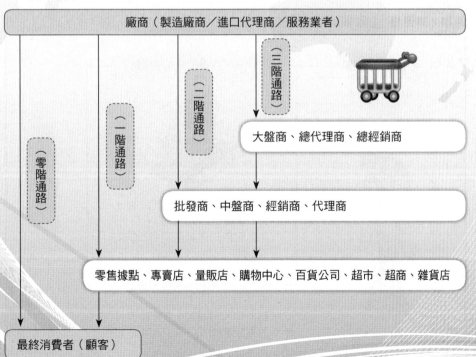

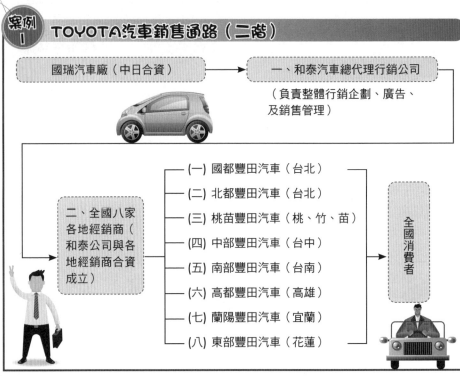

案例1　TOYOTA汽車銷售通路（二階）

國瑞汽車廠（中日合資）　→　一、和泰汽車總代理行銷公司

（負責整體行銷企劃、廣告、及銷售管理）

二、全國八家各地經銷商（和泰公司與各地經銷商合資成立）

- (一) 國都豐田汽車（台北）
- (二) 北都豐田汽車（台北）
- (三) 桃苗豐田汽車（桃、竹、苗）
- (四) 中部豐田汽車（台中）
- (五) 南部豐田汽車（台南）
- (六) 高都豐田汽車（高雄）
- (七) 蘭陽豐田汽車（宜蘭）
- (八) 東部豐田汽車（花蓮）

全國消費者

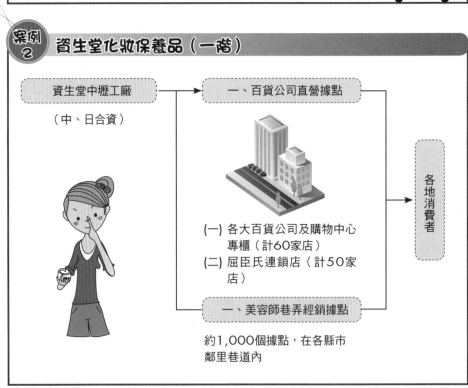

案例2　資生堂化妝保養品（一階）

資生堂中壢工廠（中、日合資）

一、百貨公司直營據點

- (一) 各大百貨公司及購物中心專櫃（計60家店）
- (二) 屈臣氏連鎖店（計50家店）

一、美容師巷弄經銷據點

約1,000個據點，在各縣市鄰里巷道內

各地消費者

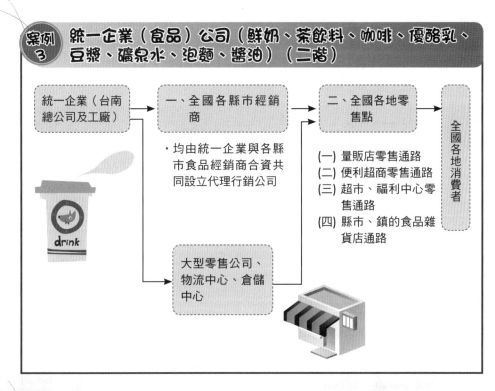

案例 3 統一企業（食品）公司（鮮奶、茶飲料、咖啡、優酪乳、豆漿、礦泉水、泡麵、醬油）（二階）

統一企業（台南總公司及工廠） → 一、全國各縣市經銷商 → 二、全國各地零售點 → 全國各地消費者

・均由統一企業與各縣市食品經銷商合資共同設立代理行銷公司

(一) 量販店零售通路
(二) 便利超商零售通路
(三) 超市、福利中心零售通路
(四) 縣市、鎮的食品雜貨店通路

大型零售公司、物流中心、倉儲中心

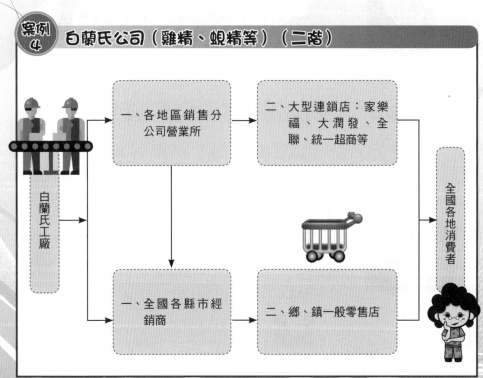

案例 4 白蘭氏公司（雞精、蜆精等）（二階）

白蘭氏工廠 → 一、各地區銷售分公司營業所 → 二、大型連鎖店：家樂福、大潤發、全聯、統一超商等 → 全國各地消費者

一、全國各縣市經銷商 → 二、鄉、鎮一般零售店

Unit **2-5**
通路階層的案例（Part I）

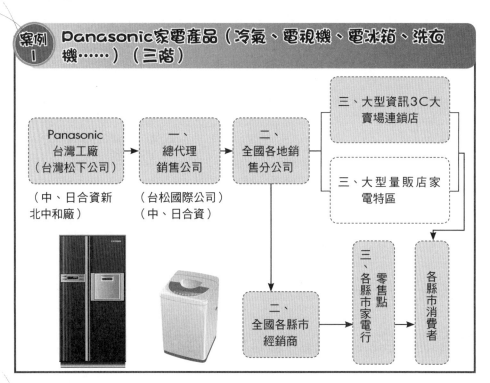

案例 1 Panasonic家電產品（冷氣、電視機、電冰箱、洗衣機……）（三階）

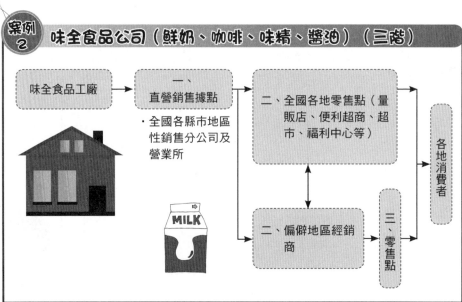

案例 2 味全食品公司（鮮奶、咖啡、味精、醬油）（三階）

Unit 2-6
通路階層的案例（Part II）

案例 3 香蕉（農產品）（三階）

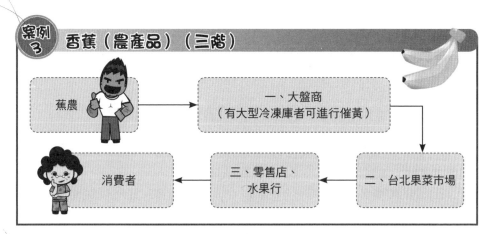

蕉農 → 一、大盤商（有大型冷凍庫者可進行催黃） → 二、台北果菜市場 → 三、零售店、水果行 → 消費者

案例 4 三星手機（二階）

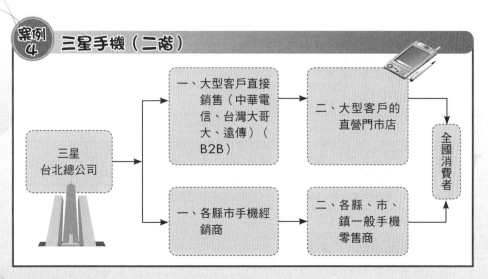

三星台北總公司 →
一、大型客戶直接銷售（中華電信、台灣大哥大、遠傳）（B2B）→ 二、大型客戶的直營門市店 → 全國消費者
一、各縣市手機經銷商 → 二、各縣、市、鎮一般手機零售商 → 全國消費者

案例 5 蘭蔻、迪奧、香奈兒、化妝保養品（進口品）（二階）

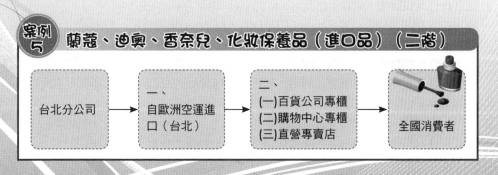

台北分公司 → 一、自歐洲空運進口（台北）→ 二、(一)百貨公司專櫃 (二)購物中心專櫃 (三)直營專賣店 → 全國消費者

Unit **2-7**
國內實體零售10大型態暨虛擬通路6大型態

一、目前實體零售通路主要的10大型態

如下圖所示，目前國內較具代表性與大型的實體零售連鎖公司，大致為以下公司及業態為主，包括：

(一) 百貨公司：新光三越、SOGO、遠東及微風居前4大通路。

(二) 便利商店：統一7-11、全家、萊爾富、OK居前4大通路。

(三) 量販店：家樂福、COSTCO、大潤發、愛買居前4大通路。

(四) 超市：全聯福利中心及美廉社居前2大通路。

(五) 資訊3C賣場：燦坤3C、全國電子、大同3C、順發3C居前4大通路。

(六) 美妝、藥妝、藥局連鎖店：屈臣氏、康是美、寶雅3大通路；大樹及杏一居前2大連鎖藥局。

(七) 大型購物中心：台北101、日本三井LaLaport、環球購物中心、高雄夢時代等。

(八) 書店及文具店連鎖：誠品、金石堂、墊腳石3大通路。

(九) 眼鏡鐘錶店：寶島、小林為前2大通路。

(十) 大型OUTLET：三井、桃園華泰名品城。

另外，目前各零售業別之產值規模，如下表：

業別	百貨公司及購物中心	便利商店	量販店	超市	藥妝店及藥局	資訊3C
每年產值	4,000億	3,800億	2,500億	2,500億	1,500億	600億

二、目前虛擬通路的6大型態

而在虛擬零售通路，目前也有異軍突起之勢，而主力公司，如右圖所示，包括：

(一) 電視購物：東森、富邦momo、viva、靖天等4家為主。

(二) 網路購物：以富邦momo居第一大，PChome網路家庭、蝦皮購物、雅虎奇摩、台灣樂天、博客來及東森購物網也為主力。

(三) 型錄購物：以東森、DHC、momo等3家為主力。

(四) 直銷購物：以安麗、雅芳、如新、USANA、克緹、葡眾（葡萄王子公司）等為主力。

(五) 預購：各大便利商店均有預購業務。

(六) 行動手機購物：富邦momo、PChome、雅虎、蝦皮等之行動購物。

實體零售通路10大型態

1.百貨公司
- 新光三越
- SOGO
- 遠東百貨
- 統一時代百貨
- 漢神百貨
- 微風百貨

2.便利商店
- 統一7-11
- 全家
- 萊爾富
- OK

3.量販店
- 家樂福
- 大潤發
- 愛買
- COSTCO

4.超市
- 全聯福利中心
- 美廉社
- city'super

5. 資訊3C連鎖
- 燦坤3C
- 全國電子
- 順發3C
- 大同3C

實體通路

6.美妝、藥妝、藥局連鎖店
- 屈臣氏
- 康是美
- 寶雅
- 大樹藥局、杏一藥局

7.大型購物中心
- 台北101
- 微風廣場
- 環球購物
- ATT 4 FUN
- 高雄夢時代
- 大直美麗華
- 京站時尚廣場
- 義大世界
- 新竹遠東巨城
- 日本三井LaLaport

8.書店、文具店連鎖
- 誠品
- 金石堂
- 墊腳石

9.眼鏡鐘錶店
- 寶島
- 小林

10.大型OUTLET
- 三井
- 華泰

第二章

通路的定義、性質、功能、結構、趨勢發展與策略

031

虛擬零售通路6大型態

1.電視購物
- 東森購物
- 富邦momo
- viva
- 靖天

2.網路購物
- momo
- YAHOO！奇摩
- PChome
- 博客來
- 蝦皮
- lativ
- 生活市集
- 東森購物網
- 酷澎（韓國）

3.型錄購物
- 東森購物
- DHC
- momo型錄

虛擬通路

4.直銷
- 安麗
- AVON（雅芳）
- USANA
- 如新
- 克緹
- 葡眾

5.預購
- 4大便利超商的各種節慶預購

6.行動手機購物
- momo購物
- 雅虎
- PChome
- 博客來
- 蝦皮

Unit 2-8
國內零售前10大公司最新年營收額排名

2022年度，國內零售業公司年營收額前10強的排名如下圖示：

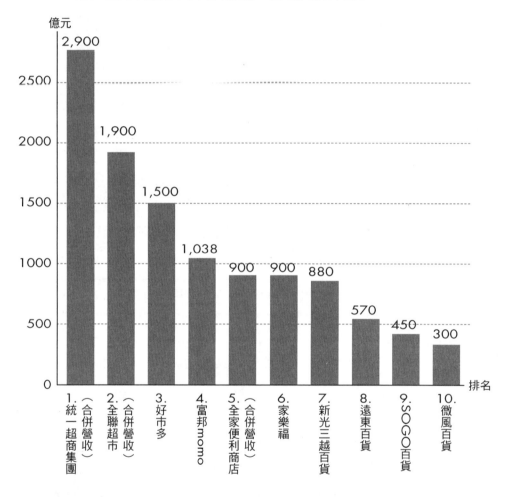

(1)上圖顯示，統一超商集團及全聯超市為國內第一大及第二大零售業。

(2)上圖數字為各公司2022年度合併營收額，包括旗下轉投資子公司營收額；或是單獨公司之營收額。

(3)統一超商合併營收額包括母公司統一超商，以及其他子公司：星巴克、康是美、菲律賓7-11、中國7-11、統一宅急便、聖娜麵包、多拿滋甜甜圈、博客來……等。

(4)全聯合併營收額包括母公司全聯超市，以及子公司大潤發量販店。

Unit 2-9
零售通路大者恆大、集中化成趨勢

一、二大零售集團比拼

近五年來，國內零售通路已成為大者恆大及集中化趨勢明顯，尤其透過併購、收購手段，加速零售業更加集中化，包括：

(一) 全聯超市集團

全聯超市透過收購及自我拓店加速，如今已成為超過1,200店的第一大連鎖超市公司，並在2021年又收購第二大的大潤發量販店，成為橫跨超市＋量販店的雙品牌零售業集團。

(二) 統一零售集團

統一企業擁有統一超商6,700店，成為國內第一大便利商店。又在2022年7月收購台灣家樂福的法商60%股權，成為台灣第一大零售集團，同時擁有第一大的便利商店＋第一大的量販店。

二、二大零售集團年營收額比較：統一集團仍領先

(一) 統一集團（2022年）
- 統一超商：1,800億元（本業營收額，非合併營收額）
- 家樂福：　　900億元
　　　　合計：2,700億元

(二) 全聯集團（2022年）
- 全聯超市：1,700億元
- 大潤發：　　200億元
　　　　合計：1,900億元

從上述數字看，統一集團的零售事業年營收額仍領先全聯集團。

全台二大零售集團：大者恆大

第一大：統一集團
- 統一7-11
- 家樂福
- 康是美
- 統一時代百貨

VS.

第二大：全聯集團
- 全聯超市
- 大潤發

Unit **2-10**
實體零售5巨頭比較分析表

茲將國內實體零售前5大公司列表比較，如下：

企業	2022年營收額	實體戰力	數位戰力
1.統一超商（單一公司）	1,800億（本業營收）（母公司營收）	・全台6,700家門市店，居全台第一大超商 ・有家樂福量販店、康是美藥妝店、統一百貨公司等關企資源	・數位會員近1,600萬人，有icash pay自有支付及open point紅利點數
2.全聯超市（單一公司）	1,700億	・全台1,200店，居全台第一大超市 ・有大潤發量販店關企資源 ・有建設公司作資金來源	・全聯會員超過1,100萬人，其中pxpay會員數超過800萬人 ・有全支付電子支付上線
3.好市多量販店	1,500億	・全台14家大店，量販店年營業額居全台第一名 ・純屬100%美資企業	・有好市多線上購物 ・全台付費會員300萬人，年付1,350元，全年會員費收入，淨賺40億元
4.全家超商	900億（合併年營收）	・全台4,150店，居第二名超商	・數位會員超過1,500萬人 ・有全盈支付電子支付上線
5.新光三越百貨	880億	・全台20個分館，居全台第一大百貨公司	・有350萬會員 ・有skm pay行動支付 ・有線上購物。

Unit 2-11
各種零售通路型態比較

茲列舉超商、超市、量販店三種消費品主力通路內容，比較如下表：

項目	(一)超商	(二)超市	(三)量販店
1.產品數	2,500種	1萬種	4～5萬種
2.平均客單價	70～150元	300～1,000元	2,000～3,000元
3.單店年營業額	1,000～3,000萬	1.4～1.5億	10～15億
4.代表企業	・統一超商 ・全家	全聯	・家樂福 ・大潤發 ・COSTCO ・愛買
5.全台總店數	1.2萬店	1,500店	110大店
6.全台年營業額（產值）	3,800億	2,500億	2,500億

Unit **2-12**
零售通路集中化對供應商之影響

國內零售通路日益集中化及大者恆大之後，對商品供應商產生很大影響，如下：

一、「通路宰制力」更強大

通路商集中化後，由於銷售管道更大比例集中在這些大型零售通路商手中，因此，它對商品供應商、商品製造商的宰制力、控制力，就更加強大。

二、商品供應商配合度必須更大

未來，商品供應商配合大型零售通路商的各項需求，就必須拉高更大的配合度。例如：大型零售商的各種節慶促銷折扣活動，雖然有損利潤率，但也必須高度配合。

圖解通路經營與管理

Unit 2-13
大型零售通路商對商品供應商收取各項費用名目愈來愈多

國內大型零售商對商品供應商收取各項附加費用名目，有愈來愈多趨勢，已形成商品供應商、製造商的無奈。這些附加費用的成本項目包括：

1. 商品上架費。
2. 新商品上市的系統設定費。
3. 商品刊登在促銷DM的廣告贊助費。
4. 從統倉物流中心運送到各零售店的物流費。
5. 新店開幕贊助費。
6. 週年慶行銷贊助費。
7. 缺貨罰款費。
8. 外送平台費用。
9. 暢銷商品的年度回饋費用。

大型零售通路商對產品供應商收取多項費用名目，使成本墊高

1. 商品上架費	2. 新商品上市的系統設定費	3. 商品刊登在促銷DM的廣告贊助費
4. 從統倉物流中心運送到各零售店的物流費	5. 新店開幕贊助費	6. 週年慶行銷贊助費
7. 缺貨罰款費	8. 外送平台費用	9. 暢銷商品的年度回饋費用

產品供應商獲利將減少，但是又何奈！

Unit **2-14**
統一企業集團收購台灣家樂福量販店

　　統一企業集團於2022年7月19日宣布以290億台幣收購台灣家樂福的法商60%股權，使台灣家樂福成為統一企業集團的100%旗下子公司。經此收購後，統一企業集團已成為國內最大零售業公司。

　　統一與全聯年營收額比較如下：

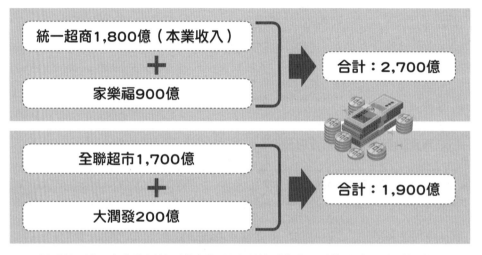

　　上圖顯示統一企業集團的零售額超過全聯的零售業，成為全台最大零售業。

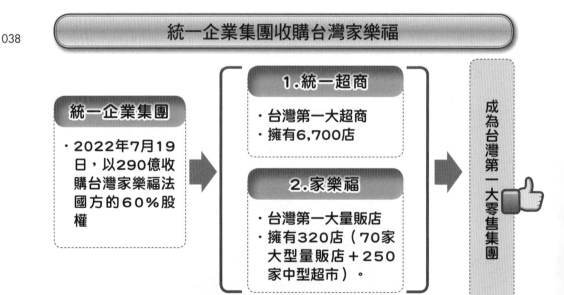

Unit 2-15
台灣電視購物公司介紹（Part I）

一、國內電視購物崛起的行銷意義

　　電視購物（TV-shopping）在美國已有50多年歷史，並且已成為美國零售業的要角之一，例如：美國第一大電視購物公司QVC，2022年營收額達90億美元（折合新台幣2,700億元）；而在韓國第一大電視購物公司LG（金星購物）年營收額亦達新台幣650億元。台灣地區的產值規模每年維持約在200億元左右，目前4大電視購物公司分別為：東森、momo、viva及靖天等4家，提供9個購物頻道。

二、台灣電視購物消費者輪廓

　　根據相關資料顯示，台灣電視購物消費者基本輪廓大致如下幾點：
　　(一) 性別：女性居多，占75%；男性約為25%。
　　(二) 年齡：以30～39歲居多，占33%，其次為40～49歲，占25%，再次為50～59歲，占25%。
　　(三) 職業：以家庭主婦占最高比例，約占35%，其次為白領上班族，約占23%，再次為藍領階級，約占18%。
　　(四) 教育：以高中職占最多，約為47%，其次為專科17%，再次為大學以上占14%。
　　(五) 婚姻：已婚者占絕大部分，占84%；未婚者占16%。
　　(六) 小孩：有9歲以下小孩占56%，沒有9歲以下小孩占44%。
　　(七) 地區分布：以北部地區居最多，約占53%，其次為中部地區占25%，再次為南部地區占16%，東部最少占5%。
　　從以上目前電視購物消費者輪廓來看，大概可以歸納出二大族群：
　　第一大族群是指女性、已婚、家庭主婦、中等教育程度、中等收入、以北中部為主。第二大族群則是指上班族、白領及藍領均有族群。

三、電視購物的商品、結構

　　根據美國、韓國及台灣的數據資料，顯示電視購物受到較多歡迎的商品群，大致有下列：
　　(一) 個人流行用品及服飾：占30%。
　　(二) 家居日常用品：占25%。
　　(三) 美容、保養品及保健用品：占22%。
　　(四) 3C資訊家電：占10%。
　　(五) 珠寶飾品：占7%。
　　(六) 旅遊產品及其他：占6%。

國內4大電視購物公司

1.東森購物台
（5個頻道）

4.靖天購物台
（1個頻道）

年產值200億
（每年維持固定，
未再成長了）

2.momo購物台
（2個頻道）

3.viva購物台
（1個頻道）

電視購物台各品類占比

1. 流行用品與服飾（30%）	2. 家居日常用品（25%）	3. 美妝、保養、保健品（22%）
4. 3C、家電（10%）	5. 珠寶、鑽石（7%）	6. 旅遊及其他（6%）

國外主要電視購物台

美國：QVC公司	日本：JSC公司	韓國： ・GS購物 ・LOTTE購物 ・CJ購物	中國大陸： ・上海東方購物 ・湖南快樂購

Unit 2-16
台灣電視購物公司介紹（Part II）

四、通路狀況

　　在通路方面，最主要是透過有線電視台（第四台）租用專屬頻道播出為主，並以每戶多少錢支付租金。例如：美國QVC電視購物頻道，全美大約有9,000萬戶可以看到，韓國LG購物頻道則有1,000萬戶可以收看到，台灣的東森購物、富邦momo及viva頻道等大約有470萬戶以上可以收看到。通路的普及率及戶數，是電視購物業者業績成長的一個重要基礎，當戶數愈普及，則業務的成長空間就相對大。因此，對通路掌握數成為此行業的要件之一。目前，頻道上架租金，每戶5元，則一個20萬戶的地方有線電視系統台，每月就可以收到100萬元，1年為1,200萬元的收入。

五、付款方式

　　在電視購物訂購付款方式上，台灣大概均已採用信用卡分期結帳占大多數，估計已達87%以上，其他則採貨到收現金方式或用匯款方式占7%，或用ATM轉帳。目前，這些業者也多提供分期付款方式，大大促進更多中產階級購買者的下訂意願，而這方面也是因為最近銀行轉而重視消費金融業務所致。

六、不斷挑戰行銷創新

　　從美國、韓國及台灣電視購物及媒體行銷的成功發展來觀察，可以總結出本節的結論：不斷挑戰行銷創新。

　　行銷創新的原始點，即在滿足不同時代、不同消費族群；不同社會文化與不同科技演變下的消費者需求。從此觀點來看，電視購物確實滿足了部分消費者的需求，當然，台灣電視購物與美國50年歷史來相比較，仍然還有很長的路要走。

七、型錄購物

　　型錄購物在這幾年，也不斷蓬勃發展。主要的業者包括：

　　(一) 第一大的momo型錄事業，每月平均寄發60萬份給所屬會員，2022年度的營收額為18億元；第二大為東森型錄，每月寄給30萬份會員，營收約10億元。

　　(二) 第三大的日本DHC化妝品型錄在台灣的事業，每月放在便利商店讓人免費取閱，同時台灣DHC也有50萬會員直接寄送到家。2022年該公司營收額約6億元。

　　(三) 此外，尚有各大便利超商所推出的預購便型錄免費拿取，然後填寫下單付款，過幾天再到店裡取貨。預購便利商品已涵蓋食、衣、住、行、育、樂，以及季節性、節慶性之商品在內，非常多元。這是便利商店的實體據點業務結合虛擬的型錄購物，以擴大營收成長。

042

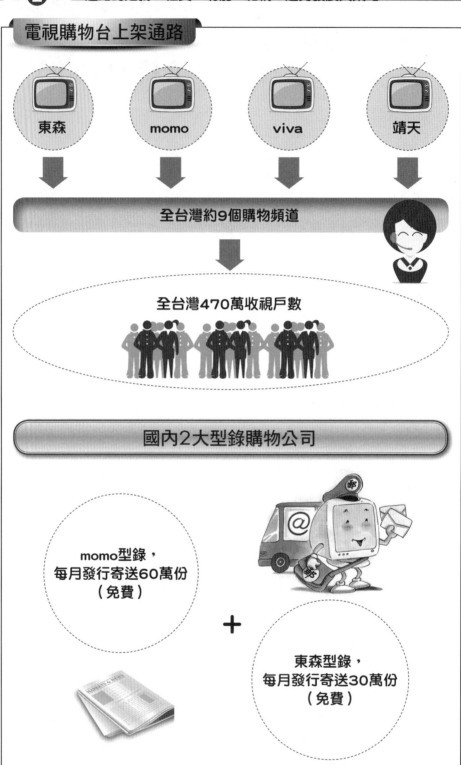

電視購物台上架通路

東森　　momo　　viva　　靖天

全台灣約9個購物頻道

全台灣470萬收視戶數

國內2大型錄購物公司

momo型錄，
每月發行寄送60萬份
（免費）

＋

東森型錄，
每月發行寄送30萬份
（免費）

Unit 2-17
台灣電視購物公司介紹（Part III）

八、25年前，電視購物崛起的行銷意義

從美國、韓國及台灣電視購物崛起，成為無店鋪販賣的主流趨勢，其所呈現出來的行銷意義，大致如下幾點：

(一) 市場是創造出來的：即美國QVC、韓國GS購物，以及台灣東森購物、momo、viva高速成長的事實來看，它們並沒有影響到百貨公司業者及量販店業者的業績成長。顯示，電視購物為某個特定區隔市場的目標消費群，創造出來新的購物通路模式。

(二) 市場餅應愈做愈大：從TV-shopping國內外發展實況來看，零售業者彼此激烈競爭，未必是零和遊戲，而應是站在擴大市場需求、帶動消費潛力，將消費者的存款發出來消費購買，其結果就是將市場餅愈做愈大。

(三) 衝動型購物者增加：電視購物消費者，有一部分是屬於衝動型購物者，並不完全是理性購買者。在透過電視即時（live）現場，以及有主持人帶動下，原來未必有馬上需要的東西，可能馬上就會打電話訂購。而電視購物的特色及優點，恰好可以滿足這一群不喜歡外出購物的觀眾，或是較為衝動型的消費者之需求。

(四) 消費者多元屬性，帶動通路的多元趨勢：電視購物的崛起，也證明了行銷通路的多元趨勢。過去傳統的百貨公司、量販店大賣場、超級市場及便利店等零售通路外，現在電視購物及網路等，亦漸漸成熟，占有通路要角之功能。

(五) 媒體結合商品，就是一種創新：由於全球有線電視媒體的高度普及與受到歡迎，媒體已成為每個消費者或收視戶每天必然要接觸的東西；換言之，電視媒體已成為每個人生活的一部分。因此，由媒體的既有特色與優勢，再與商品相互結合，二者即可產生綜效（synergy），電視購物的基本生存條件，正就是立基於此，而這也是一種行銷上的創新。

(六) 品牌仍是神主牌：品牌資產的價值，仍可適用在電視購物領域上。電視購物無法親身摸到及看到實際商品的品質好壞和尺寸大小，但仍有消費者購買，這顯示業者擁有不錯的企業信譽、知名度及品牌信賴感。例如：美國QVC公司是美國第三大有線電視集團，韓國GS購物頻道是韓國大型企業集團的子公司。

(七) 立即回應市場需求：電視購物也算是高度立即回應市場需求的行業之一，因為凡是上檔節目的商品，在半個小時立即播出的節目中，如果成交量很少，就會被馬上換下來，換上另一種商品，因此，電視購物是最現實但也最實在能夠立即反應商品是否受到消費者喜歡程度的最佳通路之一。

(八) 便宜仍是主軸：在不景氣時代，除了少數高所得消費者外，大部分消費者仍是精打細算，便宜就成為女性購買者的重要心中指標之一。例如：在電視購物頻道中所販賣的珠寶鑽石，大部分都是跟上游廠商或大盤商直接進貨，在頻道中的售價，絕對比在街上珠寶店中的售價便宜不少，這就成為熱銷產品策略之一。

九、電視購物市場已達飽和成熟期，成長不易

從近幾年來的發展來看，國內外電視購物市場已達到飽和成熟期，整體產值停留在200億元左右，不再成長了。現在主流市場已轉到電商（網購）去了。例如，momo的電商年營收額已突破1,000億元，但momo的電視購物業績只有50億元，只占全部營收的5%而已，富邦momo已經轉型大大成功了。

25年前，電視購物崛起的行銷意義

1　市場是創造出來的

2　市場餅應愈做愈大

3　衝動型購物者增加

4　帶動通路多元趨勢

5　媒體結合商品，也是一種創新

6　品牌仍是神主牌

7　立即回應需求

8　便宜仍是主軸

9　媒體成為一種通路

電視購物市場已不再成長，轉向電商購物

・國內電視購物年產值已不再成長。
・目前已轉向電商（網購）為主流。
・富邦momo的電商年營收已突破1,000億元，勝過新光三越百貨的880億元年營收。

電視購物節目主角

1.購物專家

2.商品代表（廠商、廠代）

3.特別來賓

4.產品及影片簡介

Unit 2-18
國內行銷通路最新11大趨勢與通路全面上架趨勢

一、國內行銷通路最新的11大趨勢

目前，國內供貨廠商或是現有的零售商，都有了顯著的最新趨勢，如下11項：

(一) 供貨廠商建立自主行銷零售通路趨勢。

(二) 加盟連鎖化擴大趨勢，愈來愈熱烈。

(三) 直營連鎖化擴大趨勢。

(四) 大規模化趨勢。

(五) 虛擬通路不斷快速成長趨勢（主要為B2C網路購物及行動手機購物）。

(六) 商品上市進入多元化、多角化通路策略趨勢。

(七) 各大通路廠商均加速擴大展店，形成規模經濟性。

(八) 虛擬與實體通路兩者並進及O2O與OMO（線上到線下；虛實整合全通路）。

(九) 零售集團走向全通路（Omni-Channel）趨勢明顯。

(十) 大型OUTLET成長趨勢。

(十一) 超大型購物中心成長、崛起。

二、多元化、多樣化14種銷售通路全面上架趨勢

最近幾年來，由於通路重要大增，產品要出售，就得上架，讓消費看得到、摸得到或找得到。因此，供貨廠商的商品當然要盡可能布局在各種實體或虛擬通路（見右圖），使其全面上架，才能創造出最高的業績。另一方面，由於零售通路自身，最近幾年的變化最大，也更多元化、多樣化，因此帶來各種不同地區管道的上架機會。

三、直效行銷銷售通路的崛起

由於企業銷售競爭激烈、資訊科技突破，以及CRM（顧客關係管理）與會員經營的受到重視，因此，如下圖所示的7種直效行銷（direct marketing）銷售方式及通路也迅速發展崛起。

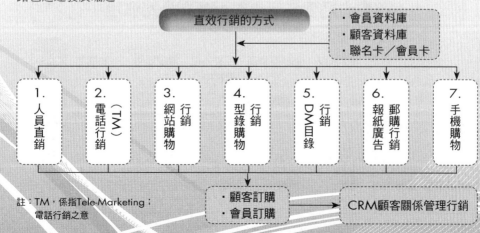

註：TM，係指Tele-Marketing；
電話行銷之意

零售通路發展11大最新趨勢

① 廠商建立自主行銷通路趨勢（EX：統一的7-11、家樂福及康是美）

② 加盟連鎖化趨勢（EX：便利商店、房仲店、咖啡店、餐飲店、眼鏡店、手搖飲店）

③ 直營連鎖化趨勢（EX：麥當勞、摩斯、三商、屈臣氏、星巴克、天仁、誠品、台哥大、中華電信）

④ 大規模化趨勢（EX：誠品新店旗艦店、新光三越信義館、三井LaLaport購物中心、高雄夢時代購物中心、新竹遠東巨城中心、大遠百）

⑤ 虛擬（無店鋪）通路成長趨勢（EX：電視、型錄、手機、網路購物通路快速崛起）

⑥ 多角化通路上架策略（商品上市進入多元的通路）

⑦ 各大零售通路均加速擴大展店，形成規模經濟性（EX：全聯、康是美、家樂福、屈臣氏、大樹、杏一、寶雅、美廉社、統一超商、全家超商、遠東百貨、SOGO百貨）

⑧ 虛擬與實體通路兩者並進、O2O及OMO（線上＋線下；虛實整合）（全通路並進）

⑨ 零售集團走向全通路（Omni-Channel）趨勢明顯

⑩ 大型OUTLET成長趨勢（EX：三井OUTLET、桃園華泰名品城）

⑪ 超大型購物中心成長、崛起（EX：三井LaLaport、新店裕隆城）

消費者需要多元化與更便利通路滿足

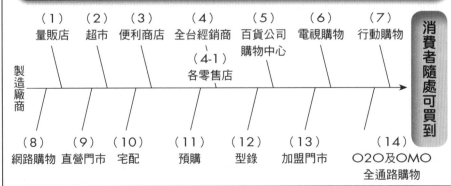

Unit 2-19
國內量販店通路與賣場促銷活動舉辦現況

一、國內量販店（大賣場）通路現況分析

(一) 通路密集現象

各種量販店（大賣場）、便利商店、百貨公司、購物中心……日漸在都會區呈現密集與普及現象。例如：在台北內湖區，即有大潤發、COSTCO、家樂福等量販店競爭者。在大直區的美麗華購物中心周邊1,000公尺，也群集著家樂福、愛買及大潤發等。量販店通路在都會區密集程度已愈來愈高。

(二) 品牌與通路相互依存

1.商品必須透過大賣場通路，才能找到消費者，消費者才能方便購物。

2.通路也必須依賴全國性知名品牌廠商的上架販售，產品才能更齊全。

(三) 廠商不能進入主流大賣場的後果

將使廠商的銷售量不易成長，或原有的好業績直線下滑。因此品牌大廠商也不敢得罪或挑戰大賣場通路商。

(四) 廠商與通路賣場的相關事務，包括：

1.進貨及零售價格的協調事務。

2.陳列位置事務。

3.促銷活動配合舉辦事務。

4.新產品上架費談判事務。

5.對賣場大檔期破盤價（賠本銷售）的影響協調事務。

二、量販店（大賣場）的賣場促銷活動舉辦現況

(一) 舉辦的內容

如右圖所示，目前量販店幾乎每季、每月、每週都要舉辦大大小小的促銷活動，才能帶動買氣吸引人潮。目前各大的賣場促銷活動大致上由：1.量販店自己主辦；2.由供貨廠商舉辦；3.雙方聯合舉辦也是常見的，即有點像第1.種方式的內涵。

至於各種促銷活動創意內容，請參閱右圖所示。

(二) 舉辦賣場活動的目的

1.吸引人潮。

2.促銷產品。

賣場行銷活動對廠商及量販店通路均有互利雙贏之效益，已被肯定。

(三) 量販店對賣場活動的要求

量販店均會在廠商的年度採購合約上，要求品牌大廠商每年度應舉辦多少種不同型態及不同程度規模的賣場活動，而且最好是獨家活動，以創造與其他競爭賣場的差異性出來。

大賣場與品牌廠商品互利互榮

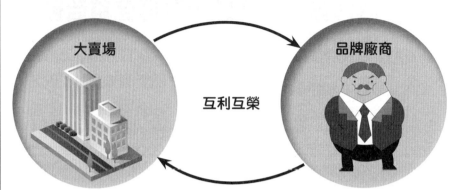

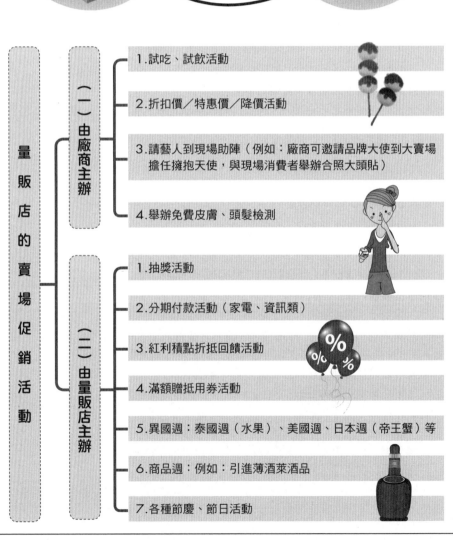

量販店的賣場促銷活動

（一）由廠商主辦

1. 試吃、試飲活動

2. 折扣價／特惠價／降價活動

3. 請藝人到現場助陣（例如：廠商可邀請品牌大使到大賣場擔任擁抱天使，與現場消費者舉辦合照大頭貼）

4. 舉辦免費皮膚、頭髮檢測

（二）由量販店主辦

1. 抽獎活動

2. 分期付款活動（家電、資訊類）

3. 紅利積點折抵回饋活動

4. 滿額贈抵用券活動

5. 異國週：泰國週（水果）、美國週、日本週（帝王蟹）等

6. 商品週：例如：引進薄酒萊酒品

7. 各種節慶、節日活動

Unit 2-20
行銷通路存在的價值及功能

一、行銷通路商的存在價值（為何需要中間商？）

製造廠商需要通路商的主要原因有以下五點：

(一) 缺乏財力
大部分的中小型廠商都缺乏巨大的財力，以從事直接銷售據點之關建。

(二) 為達大量配銷之經濟效益
廠商如果是全國性或全球性的產銷企業，在面對數千數萬個銷售據點之需求時，必然須藉助中間商協助大量的配銷，若僅靠自己，則在經濟效益上實屬不划算。例如：像中國大陸及美國幅員廣大，不可能完全靠自己的直營通路，必然在某些地區、某些偏遠省分必須要藉助當地通路商的協助。

(三) 資金運用報酬率之比較
即使廠商有能力在全國建立銷售網路，但也應衡量資金若用在別處投資，其報酬率是否會較高。

(四) 便利服務客戶
藉助中間商之專業能力，可讓廠商產品很快的出現在客戶面前，便利服務客戶，而此點是廠商自己不易做到的。

(五) 專業分工的功能（產銷分工）
雖然中間商的角色有日益降低的趨勢，但也不至於完全消失，因為仍有藉助中間商專業分工的現實必要性存在。

二、行銷通路的功能——Kotler的觀點

(一) 資訊情報（information）
指行銷研究資訊的蒐集與傳播，而這些資訊乃有關於行銷環境中潛在與目前顧客，競爭者以及其他成員與力量等的資訊蒐集與來源管道。這些資訊對廠商的因應策略仍是十分具有參考性。

(二) 促銷（promotion）
零售通路商發展與傳播，為吸引消費者而設計出具備說服性溝通的促銷方案與落實執行。在面對不景氣時期，零售商的促銷功能及作法已顯日益重要。

(三) 協商（negotiation）
達成交易中有關價格及其他項目之協議，以促使所有權的移轉順利進行。

(四) 訂購（ordering）
藉由行銷通路成員對製造商表示購買訂購意圖的達成。

(五) 融資（financing）
指資金之取得與分配，以支援行銷通路各階層中所負擔的存貨持有成本。

(六) 風險承擔（risk taking）

指承擔有關執行通路工作之風險，例如：可能有過多的存貨銷不出去的風險存在。

(七) 實體持有（physical possession）

從原料到最終顧客間，有關實體產品之儲存與運送。

(八) 付款（payment）

購買者透過銀行等金融機構，以償付賣方帳款。經銷商要付款給製造商，零售商要付款給經銷商。

(九) 物權移轉（title transferation）

產品所有權由一組織移轉至另一組織。

行銷通路商存在的價值

| 1. 缺乏財力 | 2. 為達大量配銷之經濟效益 | 3. 資金運用報酬率之比較 | 4. 便利服務客戶 | 5. 專業分工（產銷分工） |

行銷通路的9大功能

行銷通路的功能

- 1.資訊情報
- 2.促銷
- 3.協商
- 4.訂購
- 5.融資
- 6.風險承擔
- 7.實體持有
- 8.付款
- 9.物權移轉

Unit 2-21
零售商自有品牌的意義、區別及好賣商品

一、意義

通路商自有品牌，其意係指由通路商自己開發設計，然後委外代工（OEM），或是研發設計與委外代工全交外部工廠或設計公司執行的過程，然後掛上自己的品牌名稱；此即通路商自有品牌的意思。

此處的通路商，主要指大型零售通路商為主，包括了：便利商店（7-11、全家）、超市（全聯）、量販店（家樂福、大潤發、愛買）、美妝藥妝店（屈臣氏、康是美、寶雅）。

二、通路商品牌（PB）與製造商（全國性）（NB）品牌的區別

(一) 早期的品牌，大致上都以製造商品牌（Manufacture Brand, MB）或稱全國性品牌（National Brand, NB）為主。包括像統一企業、味全、金車、可口可樂、P&G、聯合利華、花王、味丹、維力、雀巢、桂格、TOYOTA、東元、大同、歌林、松下、SONY、裕隆、大成、舒潔……均有全國性或製造商公司品牌，他們都是擁有自己在台灣或海外的工廠，然後自己生產並且命名產品品牌。

(二) 到了最近，通路商自有品牌出現了英文名稱可稱為零售商品牌（Retail Brand）或自有、私有品牌（Private Brand或Private Label）等。此意係指零售商也開始想要有自己的品牌與產品。因此委託外部的設計公司與製造工廠，然後掛上自己零售商所訂出的品牌名稱，放在貨架上出售，此即通路商自有品牌。目前，包括統一超商、全家便利商店、家樂福、大潤發、愛買、屈臣氏、康是美……均已推出自有品牌（註：Private Brand，簡稱PB或Private Label，簡稱PL）。

三、什麼自有品牌產品最好賣

並不是每一樣自有品牌產品都會賣得很好，必須掌握幾項原則：

(一) 與人體健康、品質並無太大想像關聯的一般日用產品的簡單性產品。例如：家樂福的衛生紙、牙線、棉花棒等產品；大潤發的大潤發衛生紙在店內市占率第一，其次是燈泡等。

(二) 與知名全國性品牌形象的產品類別，能有所避開者。例如：自有品牌的沐浴乳、化妝品、保養品等就不會賣得太好。

(三) 自有品牌產品若能真有設計、功能、包裝、成分、效益等獨特性與差異化，在銷售時較為利多，能提升更高的銷售量。

052

零售商自有品牌英文簡稱

PB
(Private Brand)

或

PL
(Private Label)

台灣主要PB（自有品牌）產品的零售連鎖公司

大潤發

全聯

・屈臣氏
・康是美
・寶雅

愛買

・7-11
・全家

COSTCO
（好市多）

家樂福

Unit 2-22
零售商自有品牌的利益點及廠商變成代工夥伴

一、通路商自有品牌的利益點

為什麼零售通路商要大舉發展自有品牌，放在貨架上與全國性品牌相競爭呢？這主要有以下幾項利益點：

(一) 自有品牌產品的毛利率比較高，通常高出全國性製造商品牌的獲利率：換言之，如果賣出一瓶洗髮精，家樂福自有品牌的獲利，會比賣潘婷洗髮精製造商品牌的獲利更高一些。

(二) 微利時代來臨，必須尋求突破：由於國內近幾年來國民所得增加緩慢，貧富兩極化日益明顯，M型社會來臨，物價上漲，廠商加入競爭者多，每個行銷都是供過於求，再加上少子化及老年化，以及兩岸關係停滯，使台灣內需市場並無太大成長的空間及條件，總體來說，通路商會尋求自行發展且有較高毛利率的自有品牌產品。

(三) 發展差異化的導向（差異化、特色化）：以便利商店而言，小小的30～50坪空間，能上貨架的產品並不多，因此，不能太過於同質化，否則會失去競爭力及比價空間。故便利超商也就紛紛發展自有品牌產品。例如：統一超商有關東煮、各型各式的鮮食便當、OPEN小將產品、7-11茶飲料、CITY珍珠奶茶、CITY CAFE現煮咖啡……產品，有上百種之多。

(四) 滿足消費者的低價或平價需求：最後一個原因，在通膨、薪資所得停滯及M型社會成形下，有愈來愈多的中低所得者，對於低價品或平價品需求愈來愈高。

所以到了各種賣場週年慶、年中慶、尾牙祭，以及各種促銷活動時，就可以看到很多消費人潮湧入，包括百貨公司、大型購物中心、量販店、超市、美妝店、或各種速食、餐飲、服飾等連鎖店均是如此現象。

二、製造廠從抗拒代工，到變成代工合作夥伴

從最早期的製造商是採取抵制、抗拒、不接單的態度，如今，已有大部分大廠商改變態度，同意接受零售商的OME訂單，成為製販同盟（製造與銷售同盟）的合作夥伴。包括永豐餘廠也為量販店代工生產衛生紙或紙品，聯華食品公司、味丹公司等也代工生產飲料產品。

主要的原因，有以下幾點：

(一) 製造商體會到低價自有品牌產品，已是全球各地的零售趨勢，這是大勢所趨、不可違逆。

(二) A製造商如果不接，那麼B製造商或C製造商也可能會接，最後，還是會有競爭性。既然如此，為何不自己接單生產，讓工廠設備利用率高一些，以及多賺一些利潤呢？

(三) 製造商如抗拒不接單生產配合，處在通路為主的時代中，將會被通路商列入黑名單，對往後的通路上架及有效陳列點的要求，將會被通路商拒絕。

零售商自有品牌的利益點

1. 自有品牌毛利率較高

2. 微利時代來臨，必須尋求突破

3. 發展店內差異化、特色化

4. 滿足庶民大眾及低收入消費者低價或平價的需求

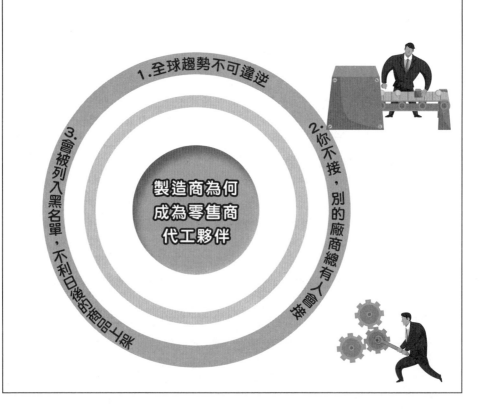

製造商為何成為零售商代工夥伴

1. 全球趨勢不可違逆

2. 你不接，別的廠商總有人會接

3. 會被列入黑名單，不利日後的商品上架

Unit 2-23
零售通路商積極開發自有品牌商品的3大原因

　　國內家樂福、大潤發、愛買、統一超商、屈臣氏……積極投入開發及銷售自有品牌商品，主要基於下列3大原因，如下：

一、自有品牌具有較高的利潤率

　　大型連鎖零售商挾著現有通路的優勢，全面發動自有品牌產品，主要理由及著眼點在於自有品牌商品具有高利潤。

　　過去，傳統製造商成本中，品牌廣告費用及通路促銷費用占比頗高，幾乎達到40%。但零售商自有品牌在這二個部分所投入的40%成本，幾乎可以省下來，最多只支出10%而已。因此利潤自然高出3～4成，既然如此，何必全部跟製造商進貨，自己也可以委託生產來賣，這樣賺得更多。當然，零售商也不會完全進大廠商的貨，只是要減少一部分，而以自己的產品替代上去。

> **案例**
>
> 　　某洗髮精大廠，一瓶洗髮精假設製造成本100元，加上廣告宣傳費20元與通路促銷費及上架費20元，再加上廠商利潤20元，則以160元賣到家樂福大賣場去，家樂福自己假設也要賺16元（10%），故最後零售價定價為176元。但現在如果家樂福自己委外代工生產洗髮精，假設製造成本仍為100元，再分攤少許廣宣費10元，並決定要多賺些利潤，每瓶想賺32元（比過去的每瓶16元，增高一倍），故最後零售定價為：100元＋10元＋32元＝142元。此價格比跟大廠採購進貨的176元定價仍低很多。因此，家樂福自己提高了獲利率、獲利額，也同時降低了該產品的零售價，消費者也樂得來買。

055

二、低價可以帶動業績成長，又無斷貨風險

　　在不景氣市場、M型社會及M型消費下，零售商或量販店打的就是價格戰（price war）。因此，零售通路業者可以透過他們自己低價自有品牌產品，吸引消費者上門，帶動整體銷售業績的成長。

　　另外，更重要的是，此舉也可以避免全國性製造商品業者不願配合量販店促銷時的斷貨風險。

三、創造差異化、非同質化並與同業區隔化

　　零售通路業者以OEM代工生產自有品牌，能創造產品差異化，創造獨一無二的產品選擇，也比較能建立量販店的品牌忠誠度與辨識度，達到與同業區隔的目的。

零售商開發自有品牌的原因

1. 自有品牌具有較高的利潤率	2. 低價可以帶動業績成長	3. 創造差異化，非同質化

自有品牌可省掉中間商通路成本及廣告成本

1.傳統狀況

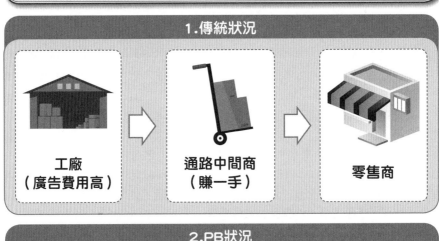

工廠 （廣告費用高）	通路中間商 （賺一手）	零售商

2.PB狀況

工廠 （代工）	省掉中間商 賺一手	零售商（銷售） （省掉廣告費）

Unit 2-24
國內各大零售通路商發展自有品牌現況

一、統一超商經營自有品牌現況

自有品牌占總營收2成，約180億元，是make profit主要來源。

7-11自有品牌產品以鮮食食品、飲料、及一般用品為主，目前已有400種品項，2022年度約占總營收占比的2成，約180億元。7-11希望從高價值感來做切入，發展自有品牌，以獨特性及與消費者情感的連結度，以創意設計、安心、歡樂感為主軸，滿足消費者平價奢華的需求，破除一般消費大眾認為自有品牌即是量多價低的觀念。

2007年，7-11以低於一般商品售價的包裝茶飲料切入市場，並邀請日本知名設計師為產品及包裝設計操刀，一上市即拿下銷售第一。包括包裝水、咖啡及奶茶等較不受季節性影響的飲料，也陸續上市。通路自有品牌，對於既有的市場將出現洗牌作用，已經讓所有的製造業者倍感壓力。

依照過去統一超商上市公司的財務年報來看，其毛利率約30%，而本業獲利率約在3～4%之間。未來，如果自有品牌營收的占比提高到3成時，其毛利率及稅前獲利也可能會跟著拉高。故自有品牌產品在統一超商內部也被稱為創造利潤（make profit）的重要來源。

〔統一超商自有品牌名稱與品項〕

1.CITY CAFE（現煮咖啡）。2.思樂冰。3.鮮食商品：御便當、御飯糰、關東煮、飲料、光合農場（沙拉）、速食小館（米食風港點、餃類、麵食、湯羹）、麵點（涼麵）、巧克力屋（黑巧克力、有機巧克力味巧克力）。4.OPEN小將：經典文具收藏品、生活日用品、美味食品、飲品、零嘴。5.嚴選素材冷藏咖啡。6.7-SELECT茶飲料。7.其他（洗髮精、沐浴乳）。〔註：7-SELECT已於2016年一分為二：「iSelect」（飲料）與「UNIDESIGN」（日用品）〕

二、家樂福自有品牌經營現況

家樂福的自有品牌涵蓋類別很廣，從飲品、食品，橫跨到文具、家庭清潔用品、大小家電、應有盡有，品項約有3,000多種，占總營收的10%。

提供自有品牌的三大保證：

保證1：傾聽心聲，確保新品開發符合需求

傾聽消費者的期待，經專業的市場分析後，進行開發新產品。

保證2：嚴格品選，確保品質合乎期待

與市場領導品牌比較後，品牌同等或優於領導品牌，但售價低於市價10～30%。

保證3：精選製造廠，確保製程嚴格控管

家樂福委託SGS（台灣檢驗科技股份有限公司）專業人員進行評核及定期抽檢，以控管其作業符合標準。

註：SGS集團服務於檢驗、測試、鑑定與驗證領域中，遍布全球1,000多個辦公室及實驗室提供全球性網狀服務、品質及驗證服務。

三、國內3大量販店目前在自有品牌的操作狀況，如下表

公司	自有品牌 商品數量	總店數	自有品牌名稱	自有品牌的 營收占比
1.家樂福	3,100支	70家 （大店）	1.超值（低價） 2.家樂福（平價） 3.精選（中高價） 4.Home Deco（家飾用品）	800億×10% ＝80億
2.大潤發	2,000支	21家	1.FP（First Price） 2.RT 大潤發	300億×10% ＝30億
3.愛買	1,000支	15家	1.最划算 2.衛得（保健食品）	200億×10% ＝20億

家樂福自有品牌3大保證

① 傾聽心聲，確保新品開發符合需求

② 嚴格品選，確保品質合乎期待

③ 精選製造，確保製程嚴格控管

統一超商自有品牌產品

CITY CAFE （平價咖啡）	思樂冰	7-11 鮮食便當	OPEN小將 零食	星級饗宴 （便當）
光合農場	御飯糰	義大利麵食	涼感衣	發熱衣
CITY TEA （現萃茶） 茶飲料	CITY PEARL 珍珠奶茶	CITY PRIMA 精品咖啡	統一麵包	

Unit 2-25
日本PB（零售商自有品牌）領航時代來臨

一、「製販同盟」由零售商主導

擁有2萬1,000家的日本7-11公司，自2007年起，即推動7-11 PREMIUM高價值自有品牌計畫。此項計畫到了2008年時，已經獲得大部分大型製造廠的同意代工生產。包括有：日清泡麵公司、日本火腿公司、愛之味公司、龜甲萬醬油公司、三洋食品公司、UCC上島咖啡公司……數十家廠商之多。

此時，通路為王現象已完全浮現出來了。而以製造商品牌（National Brand：簡稱NB）婉拒不為零售商代工生產的狀況，已完全反轉過來。

二、一線製造廠為何同意代工生產

日本一線NB品牌大廠為何願意代工生產呢？主要理由有幾個：

(一) 零售商PB產品的出現，確實使全國性製造廠的營收額受到不少的衝擊而下降，其降幅達到1成到3成之間，令生產廠商受不了。

(二) 一線廠商即使不願代工，但二線廠商或三線廠商也極願意代工，這些廠商的價格及設計在做一些調整改善之後，其狀況也不輸一線大廠。

(三) 一線大廠若堅不配合，最終可能惹火零售大公司，而使他們在零售店的進貨及銷售區塊位置安排都會受到一些不好的對待。最終還是會影響到他們的銷售利益。

(四) NB大廠最後也發現，即使代工的利潤微薄，但總算也有一些賺頭，總比機器設備閒置在那邊還要好一些。

基於上述理由，使得近一兩年來，日本零售商主導的PB商品大幅崛起，並且受到消費者的歡迎。不管在便利商店、大賣場、超市、折扣店、藥妝店等都可以看到PB產品所引起的廣泛衝擊。

三、PB產品便宜，得到消費者支持

在面臨油價上漲及原料上漲的通膨壓力下，日本PB產品訴求比一般NB產品的價格要低2到3成左右，的確引起消費者的注意及青睞。我們舉例日本泡麵（杯麵）的兩個價格對照表就可以看出來（見右圖比較）。

總之，零售商PB產品比NB全國性廠商在廣宣費、促銷費、物流費及批發通路費用等，均較便宜，亦即成本較低，故有能力降低價格來銷售給消費者，PB產品強化了製販雙方的成本競爭力。

其實，PB產品的炙手可熱與崛起，不只對零售商有利，另外對一線製造大廠也有利。根據日本實證顯示，一線製造大廠在接下零售PB產品代工之後，也不斷思考如何降低整個製造成本。在雙方切磋琢磨下，無形中大大提升了一線製造大廠成本競爭力的強化。

日本NB與PB產品杯麵定價的差異性舉例

(一) 全國性NB廠商定價 130日圓／杯

1. 零售商利潤：18日圓
2. 批發商利潤：12日圓
3. 製造商利潤：12日圓
4. 人事費固定費：8日圓
5. 物流費：5日圓
6. 廣宣費：5日圓
7. 促銷費：30日圓
8. 原物料費：40日圓

合計130日圓

(二) PB產品零售商定價 80日圓／杯

1. 零售商利潤：20日圓
2. 製造商及批發商：14日圓
3. 人事費、固定費：8日圓
4. 物流、廣宣、促銷費：6日圓
5. 原物料費：32日圓

合計80日圓

兩者差距：50日圓，PB比NB杯麵便宜約20～30%

日本一線製造廠為何同意代工生產

① PB出現是必然發展趨勢，只能接受

② 一線工廠不願代工，二線及三線工廠也願意代工

③ 若不配合，會惹惱大型零售商，不利上架

④ 代工利潤雖微薄，但總比設備閒置為佳

知識補充站

日本PB零售新時代來臨

日本最大零售集團永旺（AEON）公司的PB產品年銷售額已達到2,500億日圓，到2011年已成長4倍到1兆日圓，占整體營收額的25%之多。

永旺零售集團以精緻價值（TOP Value）為PB的總品牌名稱，目前在永旺超市及永旺量販店均已如火如荼全面推出，品項至少在7,000項以上。

永旺公司PB商品本部長堀井健治表示：「PB產品要當成一個新興專業版圖來看待，並且透過製販雙方的不斷研究、企劃及開發，一定可以全面降低成本，並且大幅擴增PB的全方位商品線，因而得到消費者的肯定與購買。我預測今後10年，將會是PB躍上舞台與開啟零售新時代的關鍵時刻。」

Unit 2-26
零售通路PB時代來臨

一、PB時代環境日益成熟

從日本與台灣近期的發展來看，我們似乎可以總結出台灣零售通路自有品牌（PB）時代確已來臨。而此種現象正是外部行銷大環境加速所造成的結果，包括M型社會、M型消費、消費兩極端、新貧族增加、貧富差距拉大、薪資所得停滯不前、台灣內需市場規模偏小不夠大，以及跨業界限模糊與跨業相互競爭的態勢出現及微利時代等，均是造成PB環境日益成熟的因素。

而消費者要的是「便宜」、「平價」，而且「品質又不能太差」的好產品條件；此為平價奢華風之意涵。

二、全國性廠商也面臨PB的相互競爭壓力

PB環境愈成熟，全國性商品的現有品牌也就跟著面臨很大的競爭壓力。全國性商品的品牌市占率必然會被零售通路商分食掉一部分。

三、全國性廠商的因應對策

到底會分食多少比例呢？這要看未來的各種條件狀況而定，包括：不同產業及行業、不同公司競爭力及不同的產品類別等三個主要因素。但一般來說，PB所侵蝕到的有可能是末段班的公司或品牌，前三大績優全國性廠商品牌所受影響，理論上應該不會太大，因此廠商一定要努力做到下列三點事項：

(一) 提升產品的附加價值，以價值取勝。

(二) 提升成本競爭力，以低成本為優勢點。

(三) 強化品牌行銷傳播作為，打造出令人可依賴且忠誠的品牌知名度與品牌喜愛度。

此外，中小型廠商可能必須轉型為替大型零售商OEM代工工廠的型態，而賺取更為微薄與辛苦的代工利潤，而行銷利潤將與他們絕緣。

四、日本通路商發展自有品牌概況：有助廠商提升成本競爭力

日本零售流通業發展自有品牌歷史比台灣要早一點。目前日本7-11公司的自有品牌營收占比已達到近50%，遠比台灣統一超商的20%還要高出很多，顯示台灣未來成長空間仍很大。

另外，日本大型購物中心永旺零售集團旗下的超市及量販店，在最近幾年也紛紛加速成長推展自有品牌計畫，從食品、飲料到日用品，超過了3,000多個品項，目前占比雖僅5%，但未來預測會到20%。

日本零售流通業普遍認為PB自有品牌的加速發展，對OEM代工工廠而言，很明顯帶來的好處之一，就是它可以有效的帶動代工工廠的成本競爭力之提升，各廠之間也有了切磋琢磨的好機會與代工競爭壓力。

PB時代環境日益成熟

M型社會

M型消費

新貧族增加
（月光族、
躺平族）

15年薪水未調整
（低薪環境）

貧富差距大

平價的PB
商品出現
且受歡迎！

全國性大廠的因應對策

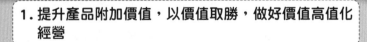

1. 提升產品附加價值，以價值取勝，做好價值高值化
經營

2. 提升成本競爭力，以低成本為優勢點

3. 持續全國性品牌的廣告傳播，打造品牌力，成為顧
客信賴與高回購率的心占率第一品牌

Unit 2-27
建立「直營門市連鎖店」通路已成趨勢

一、前言

過去長期以來，大部分廠商都是透過全台經銷商或零售商銷售他們的產品，但此種藉助他人行銷通路管道的傳統模式，至今已有了很大改變。那就是有愈來愈多廠商已經建立起自己的直營門市店的自主行銷通路。

二、廠商為什麼要建立自營門市通路

最主要有以下幾點原因：

(一) 掌握行銷通路的自主性，而不仰賴別人的通路。

(二) 通路是廠商銷售業績來源的命脈，必須掌握在自己手裡。

(三) 建立自營門市店可以有效提升業績（營收）。

(四) 建立自營門市店可以附帶提升品牌形象度與品牌知名度。

(五) 建立自營門市店可以附帶做好顧客的售後服務。

(六) 建立自營門市店可以使公司的整體行銷策略及其操作，加以一貫化與一致性。

(七) 建立自營門市店有助於公司、企業朝向規模化、大型化的良好形象與氣勢的塑造。

(八) 建立自營門市店長期來說，最終的獲利結果，反而比放給經銷商或零售店要更好。

(九) 具有體驗行銷之效果。

三、哪些廠商開始建立直營門市店通路體系

(一) 電信業：1.中華電信，2.台灣大哥大，3.遠傳電信。

(二) 手機業：1.美國蘋果公司（Apple Studio A），2.OPPO。

(三) 內衣業：1.華歌爾，2.黛安芬，3.曼黛瑪蓮，4.奧黛莉。

(四) 健身器材業：1.OSIM，2.tokuyo，3.高島，4.喬山。

(五) 服飾業：1.UNIQLO，2.ZARA，3.HangTen，4.SO NICE，5.ESPRIT，6.MANGO，7.G2000，8.NET，9.GAP，10.H&M。

(六) 鞋業：1.阿瘦，2.LA NEW。

(七) 餐飲業：1.王品（25個品牌），2.瓦城（6個品牌），3.饗賓（5個品牌）4.欣葉，5.漢來，6.胡同燒肉，7.乾杯燒肉，8.王座國際（六角國際）。

(八) 精品業：1.LV，2.GUCCI，3.CHANEL，4.HERMÈS，5.DIOR，6.PRADA，7.Cartier。

(九) 美妝店：1.屈臣氏，2.寶雅，3.康是美。

(十) 五金店：1.寶家，2.特力屋。

(十一) 此外，還有鐘錶業、保養品業、有機產品業、家電業……數十種行業。

廠商建立自己直營門市連鎖店之原因

1.掌握通路自主性、擴張性與成長性

2.掌握自己業績命脈

3.可以提升業績

4.門市店可以形塑品牌形象

5.可以做好顧客服務

6.可以做好體驗行銷

7.打造整體企業形象

8.有助公司深化通路經營,創造通路為王

9.可以做好店頭行銷

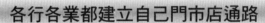

各行各業都建立自己門市店通路

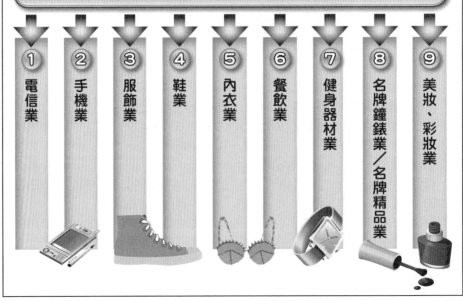

| ① 電信業 | ② 手機業 | ③ 服飾業 | ④ 鞋業 | ⑤ 內衣業 | ⑥ 餐飲業 | ⑦ 健身器材業 | ⑧ 名牌鐘錶業/名牌精品業 | ⑨ 美妝、彩妝業 |

Unit 2-28
建立直營門市連鎖店應準備事項及店址選擇評估要點

一、建立直營門市連鎖店應注意事項

(一) 資金準備：直營門市店的建立，需要一筆不小的財務資金準備。包括：可能買下好地點店面的資金、裝潢、押金等。

(二) 人才準備：包括優秀的店長、儲備幹部等。

(三) 資訊準備：包括門市店與總公司連結的資訊系統建立等。

(四) 行銷準備：包括店面廣告宣傳及促銷活動等安排。

(五) SOP準備：門市店SOP（標準操作手冊，standard-operation-procedure）的建立，以使門市店營業及服務水準都能夠有一致性。

(六) 業績獎金制度準備：門市店店長及店員的薪資制度，就是底薪＋獎金的制度，因此，有獎金的誘因，才能提升門市店的業績。

(七) 培訓準備：門市店店長及店員對於公司的產品知識、門市店管理知識、服務知識、資訊操作知識、維修知識，進銷存知識、經營分析知識、損益分析知識、店頭行銷知識等，都有必要加以培訓，提升為優良店長水準的必要性。

二、直營門市店店址選擇評估要點

門市店位址的選擇，非常重要；位址（location）選得對，就可以獲利賺錢，並且創造好業績；位址選得不對，就會虧錢，而且業績會很差，茲列示門市店位址選擇，應考量及評估以下幾點：

(一) 商圈現在及未來的發展性及成長性？

(二) 商圈內人口數及消費潛力是否足夠？

(三) 附近是否有知名連鎖門市店可作參考？

(四) 店面租金是否合理？是否偏高？

(五) 商圈人潮流動性是否足夠？

(六) 附近交通路線的便利性？

(七) 商圈內同業的競爭性程度？

(八) 店面坪數大小是否合宜？

三、直營門市店是多元通路的一環

(一) 廠商建立直營門市店，未必就是代表要放棄既有通路結構，有時候是並存的，是多元通路的一環，也是強化通路的自主性。

(二) 例如：像下列案例，這些廠商雖建立直營門市店，但仍保留既有通路：

1.內衣業：百貨公司櫃＋直營門市店＋一般經銷店。

2.電信業：直營門市店＋一般手機經銷店。

3.鞋業：直營門市店＋百貨公司專櫃。

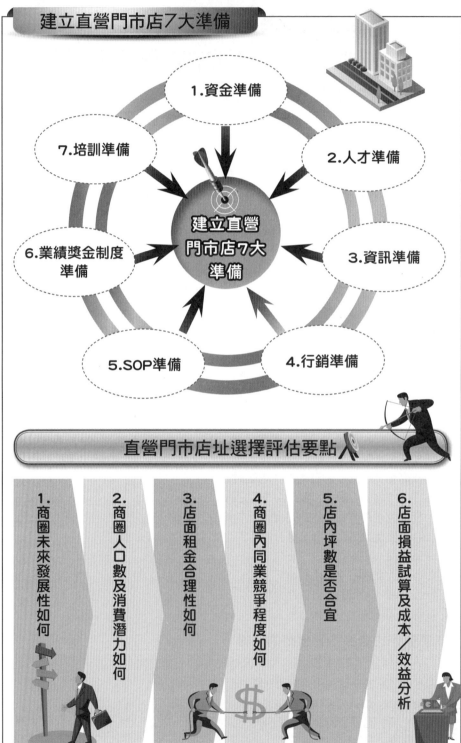

建立直營門市店7大準備

1.資金準備

7.培訓準備

2.人才準備

建立直營
門市店7大
準備

3.資訊準備

6.業績獎金制度
準備

5.SOP準備

4.行銷準備

直營門市店址選擇評估要點

1.
商圈未來發展性如何

2.
商圈人口數及消費潛力如何

3.
店面租金合理性如何

4.
商圈內同業競爭程度如何

5.
店內坪數是否合宜

6.
店面損益試算及成本／效益分析

Unit 2-29
旗艦店行銷通路

旗艦店（flagship-store）行銷趨勢，已經愈來愈明顯，旗艦店是廠商在行銷通路布局策略上重要的舉措，以下做這方面簡單概述。

一、旗艦店的意義

旗艦店的意義，係指廠商為彰顯其企業形象或品牌形象的高級感、奢華感、體驗感與豪華氣派感受，而以大坪數空間與頂級裝潢打造出直營龍頭大店，以作為該頂級品牌之象徵代表。

二、旗艦店適合的行業別

基本上來說，設立旗艦店並沒有一定限制在哪些行業，但從國內外旗艦店設立的案例來看，已設立旗艦店的較常見行業別，包括如下：

(一) 名牌精品業（如：包包、珠寶、鑽石、鐘錶等）（LV/GUCCI/HERMÈS/DIOR/CHANEL/Cartier）。

(二) 名牌服飾業（如：UNIQLO、ZARA、NET、GU）。

(三) 名牌手機業（如：Apple）。

(四) 電信服務業（如：中華電信、台灣大哥大、遠傳電信）。

(五) 名牌運動用品（如：NIKE、adidas）。

(六) 其他名牌商品等。

三、設立旗艦店的目的及功能

設立旗艦店或概念店，可為企業及品牌帶來如下之功能或效益：

(一) 彰顯品牌的市場領導地位。

(二) 提供顧客體驗行銷之感受。

(三) 增強顧客對此品牌之尊榮感、虛榮心與地位感。

(四) 提供最完整之產品線與產品組合，供顧客挑選。

(五) 輸人不輸陣之精神，競爭對手已設立，我們也不能不設立。

(六) 可供作最新產品展示、全球限量品展示與銷售之用。

(七) 旗艦店經常是一座大樓，裡面還附設有高級VIP會員活動與休息之用。

四、旗艦店經營管理

旗艦店既然是求高級品牌之象徵與呈現，因此，一定要管理好這家店，包括：

(一) 最高級與奢華的設計裝潢與材質。

(二) 最大的坪數空間之可能。

(三) 聘用最優秀與最高素質的店長、副店長及店員等人力。

(四) 要求最頂級的服飾禮儀培訓與應對VIP高級會員之應有常識。

(五) 擺設每季最新之新產品及全球限量品。

(六) 為VIP顧客量身打造的客製化產品之洽商室。

(七) 設有獨立、隱密的試用房間，供VIP會員試穿、試戴之用。

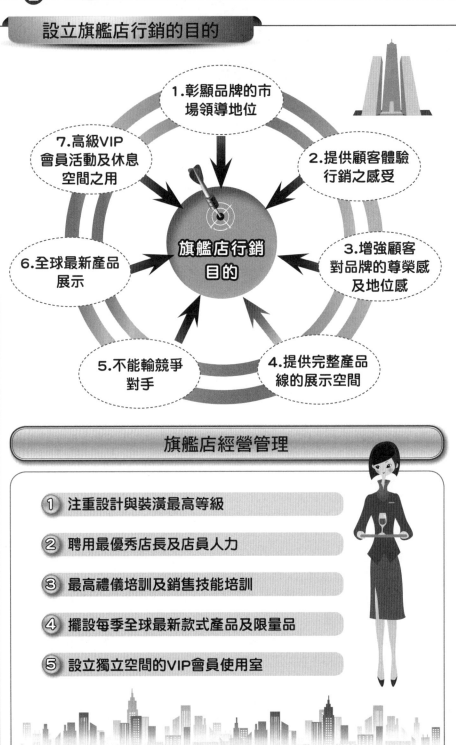

設立旗艦店行銷的目的

1. 彰顯品牌的市場領導地位

2. 提供顧客體驗行銷之感受

3. 增強顧客對品牌的尊榮感及地位感

4. 提供完整產品線的展示空間

5. 不能輸競爭對手

6. 全球最新產品展示

7. 高級VIP會員活動及休息空間之用

旗艦店行銷目的

旗艦店經營管理

① 注重設計與裝潢最高等級

② 聘用最優秀店長及店員人力

③ 最高禮儀培訓及銷售技能培訓

④ 擺設每季全球最新款式產品及限量品

⑤ 設立獨立空間的VIP會員使用室

Unit 2-30
通路定價介紹

各級通路怎麼定價，這是實務上一個好問題，也是重要的問題，本節略做簡單介紹。

一、先認識損益表

廠商的賺或賠，基本上都是看每月的「損益表」而來的，而損益表的制式結構，如下表：

科　　目	金　　額	百分比
1. 營業收入		100%
2. −營業成本		（成本率）%
3. 營業毛利		（毛利率）%
4. −營業費用		（費用率）%
5. 營業損益		（營業損益率）%
6. ±營業外收入與支出		%
7. 稅前損益		（稅前損益率）%
8. −營利事業所得稅（17%）		%
9. 稅後損益		%

上表即代表：

營業收入減掉營業成本，即得到營業毛利額，營業毛利額減掉營業費用，即得到營業損益，如果為正數即為營業淨利，若為負數，即為營業虧損；營業損益再加減營業外收入與支出，即得到稅前損益，若為正數，即為稅前獲利（淨利），若為負數，即為稅前虧損（淨損）。

二、先決定加成率為多少成數（成本加成法）

(一) 企業的定價，都是先看加成率要定多少成，通常，一般性商品的利潤加成率平均合理水準是在5至7成之間（即50～70%）。但像名牌精品、化妝保養品、保健品則會更高些，大概會在70～200%之間；另外，有些3C產品的加成率則較低，大約在3成左右；或是像鴻海公司等代工製造業，其加成率則更低，大約僅在1～2成之間而已。

(二) 例如：

$$\frac{\begin{array}{l}\text{工廠成本：1,000元} \\ \text{＋加成率：60\%（600元）}\end{array}}{\text{出售價：1,600元}} \Rightarrow 毛利率 = \frac{毛利額}{銷售額} = \frac{600元}{1,600元} = 37\%$$

⇒當加成率為60%時，其毛利率為37%，毛利率一般平均在合理的3～4成之間。

三、最常用定價方法（成本加成法）

(一) 定價＝製造成本價＋加成額（加成利潤）。

(二) 例如：某液晶電視機出廠的製造成本為10,000元，若假設要賺50%加成率，則其定價，即為：

出廠成本10,000＋5,000元加成額＝15,000元（售價）。

(三) 再如：某名牌精品包包，出產成本價為10,000元，預計要賺200%加成：

10,000元＋20,000元加成額＝30,000元（售價）。

四、案例：各階層通路的定價

一個產品從工廠出來，必然會經過各層次通路，然後，再銷售到消費者手上，茲舉例如下：

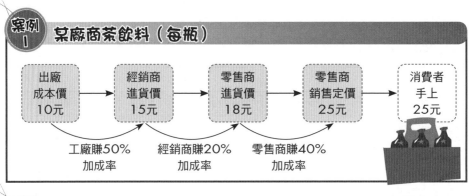

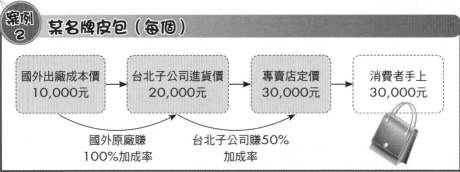

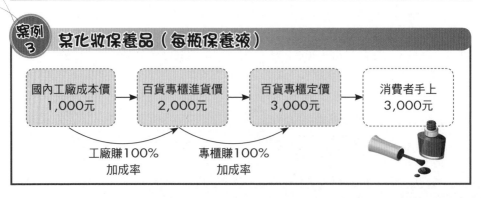

Unit 2-31
庫存數控制與處理問題

在通路管理上,對庫存數量的合理控制與處理,是非常重要的問題。

一、不當庫存數,代表閒置現金量

說得白一些,各階層通路所面對的庫存即代表現金,而不當的買斷庫存數,即代表現金被閒置在倉庫,對廠商是非常不利的。

尤其,有些過期品、過季品、不能再賣的,例如:過期食品、飲料、鮮乳、過季服飾等,都可能必須打掉或低價處理掉,這對廠商及通路都是很大的損失。

二、嚴肅處理商品管理的「產、銷、存」

(一) 不只是工廠或是各級通路商,如果是買斷的產品,就必須重視「產、銷、存」環環相扣問題。

(二) 對工廠而言,必須注意生產製造不能過量,而變成銷不完的不當庫存;但也不能過少,變成市場缺貨。

(三) 對各級通路商而言,如係買斷的產品,也必須注意時間及到期問題、過季問題,避免庫存太多,或低價虧本賣出

(四) 因此,各級通路商必須對手上各種商品,有精確的預估、判斷資訊系統及經驗智慧,使不當庫存降到最低的情況。

三、對不當庫存的處理方式

通路商對不當庫存的處理方式,最經常使用的就是「低價」或「打折」出清過季品或快到期貨品;至少拿回本錢,或少虧一點而拿回現金。

四、連鎖零售業的進銷存系統

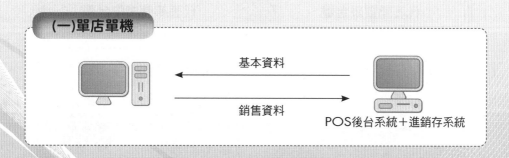

(一)單店單機

基本資料

銷售資料

POS後台系統＋進銷存系統

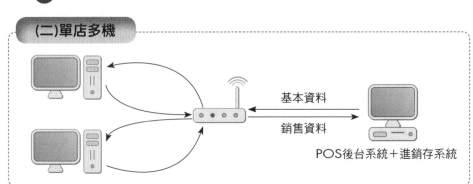

(二)單店多機

基本資料
銷售資料
POS後台系統＋進銷存系統

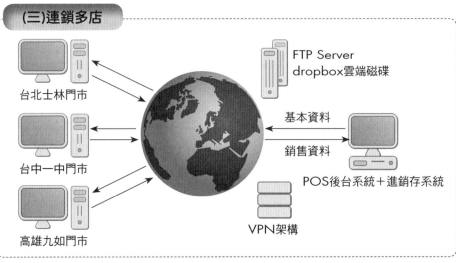

(三)連鎖多店

FTP Server
dropbox雲端磁碟

台北士林門市

台中一中門市

高雄九如門市

基本資料
銷售資料
POS後台系統＋進銷存系統

VPN架構

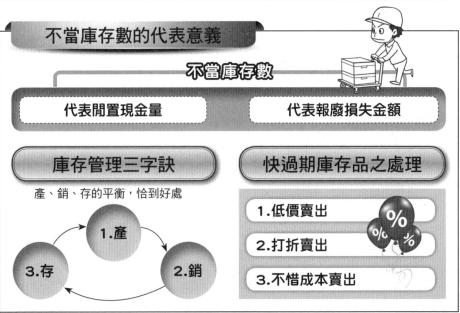

不當庫存數的代表意義

不當庫存數

| 代表閒置現金量 | 代表報廢損失金額 |

庫存管理三字訣

產、銷、存的平衡，恰到好處

1.產
2.銷
3.存

快過期庫存品之處理

1.低價賣出
2.打折賣出
3.不惜成本賣出

Unit 2-32
通路業務組織架構

在企業實務上，負責通路上架與業績銷售的通路業務組織，到底是如何的名稱與架構呢？大致簡析如下：

一、事業部組織型態

(一) 在較大型的消費公司裡，因其產品線眾多且規模大，故常以「事業部」（divisonal department）組織型態出現。亦即，將某類型產品的生產、銷售及行銷企劃三種功能集於一身。

(二) 例如：統一企業及味全公司，即是採取此種組織架構。把它們稱為：乳品事業部、飲料事業部、食品事業部、冷凍食品事業部……，如右表。

二、功能性組織型態

在一般中小企業或貿易商、代理商公司裡，其產品線及營運規模不是那麼大，故常以「功能性」（functional department）組織型態出現。如右表所示，該組織常將生產、業務銷售、行銷企劃等功能加以區別開來，而成為平行組織分工單位，如右表。

三、通路業務組織的名稱

實務上，常因公司行業型態的不同、規模大小的不同或各公司習慣上的不同，因此業務單位有不同的組織名稱，包括下列多種可能：

(一) 稱為「事業部」。
(二) 稱為「營業部」（或營業本部）。
(三) 稱為「業務部」。
(四) 稱為「門市部」。
(五) 稱為「加盟業務部」。
(六) 或是其他類似名稱（例如：北、中、南分公司）。

另外，負責行銷企劃工作的單位名稱，也有多種不同的名稱，包括：

(一) 稱為「行銷企劃部」。
(二) 稱為「行銷部」。
(三) 稱為「企劃部」。
(四) 稱為「品牌部」。
(五) 或其他類似名稱。

事業部組織表

```
                          董事長

                          總經理

    ○○事業部   ○○事業部   ○○事業部   ○○事業部   ○○事業部

 採購處  業務處  行銷處  生產處
```

功能性組織表

```
                    董事長

                    總經理

 採購部  生產部  業務部    行銷部    財會部  管理部  資訊部
               (營業部)  (行銷企劃部)
```

消費品公司業務通路劃分表

```
                        業務部

  超市    量販店   便利店   全台經銷    特殊通路
  業務課   業務課   業務課   商業務課    業務課

                        北部地區          學校
                        中部地區          機關
                        南部地區          營區
                                         販賣機
```

Unit 2-33
營業單位與行銷企劃單位的不同分工與合作

在企業實務上，負責產品銷售、品牌打造、通路上架、年度業績與獲利的達成，主要是仰賴二個作戰單位，一個稱為營業（或業務）單位；另一個稱為行銷（或行銷企劃）單位；這二個單位既有專長分工，又必須密切相互團隊合作，才能創造出好的業績及好的利潤。茲簡述如下：

一、職掌與功能的不同

(一) 營業部、業務部或門市部主要功能職掌

1.負責年度業績目標與獲利目標達成。

2.負責新產品順利上架到各通路商。

3.負責維繫與全台各級通路商、重要連鎖大型零售商之良好互動關係。

4.負責產品上架的定價多少，以及後續的漲價或降價事宜。

5.負責產品在零售店陳列位置、陳列空間及陳列狀況之事宜。

6.負責與大型零售商搭配各種節慶促銷活動事宜。

7.負責出貨、接訂單、收款、退貨、運送之相關事宜。

8.負責蒐集同業主力競爭對手情報狀況。

(二) 行銷部門職掌功能：比較偏幕僚性質，其職掌功能如下：

1.負責既有產品及新產品之品牌形象、品牌知名度、品牌喜愛度、品牌忠誠度之塑造、打造。

2.協助新產品不斷推陳出新，以及既有產品之進階改良之研究推出。

3.負責各種媒體廣宣操作；包括電視、平面媒體、網路媒體、行動媒體等有效操作及刊播、刊登。

4.負責媒體公關關係及媒體發稿之處理。

5.負責消費者分析及洞察。

6.負責各種目的之科學化市場調查。

7.負責產業、市場、競爭對手之最新動態、趨勢與變化之研究分析。

8.負責每年度品牌行銷策略主軸之制訂，以及每年行銷重大計畫之制訂。

9.負責每年度行銷支出預算之合理與有效之支用。

二、營業與行銷之角色區分

就很多外商公司或本土大型消費品公司而言，營業與行銷二者之角色區分如下：

(一) 行銷（marketing）是頭腦，而營業（sales）則是手腳。(二) 行銷主導市場行銷與品牌行銷之大戰略，而營業則是負責各戰術之執行力。(三) 行銷與營業是分工，但又合作的團隊，唯有合成一體，公司才能成功，也才會成為市場的領導者。(四) 行銷適合高階文人負責，而營業則適合武將去做，唯有「文武合一」才最強大。

業務＋行銷：通力合作

業務部　＋　行銷部　＝　團隊合作，必可勝出！

業務部的職掌與任務

1. 達成年度業績目標

2. 保證新產品順利上架

3. 建立與各大通路商良好互動關係

4. 爭取好的陳列位置及陳列空間

5. 做好接單、出貨、收款、退貨事宜

6. 配合通路商的節慶促銷活動

行銷部的職掌與任務

行銷部任務

SALE!

1. 打造、提升、維持品牌力

2. 建立優良企業形象

3. 做好消費者洞察！滿足消費者需求

4. 掌握市場趨勢與競品發展動態

5. 做好媒體公關及廣告宣傳

6. 協助商品研發單位不斷改良產品及開發新產品

Unit 2-34
通路業務人員與行銷人員應共同蒐集哪些外部資訊情報

一、蒐集情報的重要性

企業經營要致勝並取得市場領導地位，除了行銷4P組合策略要很強之外，另一個就是要經常性的、定期性的、及時性的蒐集外部各種資訊情報，並發現未來潛藏問題與威脅何在，然後訂出及時與有效的因應對策。

一般人常誤以為通路業務人員，是較低學歷、是行伍出身、是比較沒有頭腦的、是只專注如何達成業績、是整天在外面跑的人員，其實，近些年來，各行各業的通路業務已提高了不少水準，而且他們扮演的角色與功能也愈來愈重要了。特別在外部資訊情報的蒐集方面，他們每天在第一線奔波，自然能接觸並打聽到的資訊情報就更多了。

總之，外部市場的資訊情報，不僅對通路業務人員很重要，對公司高階主管下決策也很重要。如果沒有正確、充分、及時的情報，公司就很難定下行銷策略。

二、應蒐集哪些資訊情報（3大類市場情報）

對通路業務人員而言，到底公司應該要求他們蒐集哪些外部的資訊情報呢？就企業實務方面，應該包括如下：

(一)「競爭對手」的資訊情報

競爭對手的一舉一動，會很深刻的影響著本公司好或不好的變化，必須特別予以注意：

1.行銷策略變化。　　　　　　　　2.新產品策略變化。
3.定價策略變化。　　　　　　　　4.通路策略變化。
5.廣告、宣傳、預算投入策略變化。　6.賣場促銷活動變化。
7.產品研發策略變化。　　　　　　8.代言人策略變化。
9.業績高低變化。　　　　　　　　10.成本控制變化。
11.競爭優勢與差異化特色變化。　　12.各種創新作法變化。

(二)「整體市場環境」的資訊情報

1.景氣狀況與產值規模變化。
2.競爭態勢與市占率變化。
3.消費群與消費習性、消費力變化。
4.產品類別結構與占比變化。
5.產品、定價、通路、推廣操作與作法變化。
6.面對國內外經濟與政治、貿易、科技、供應鏈、新冠疫情、通膨、全球景氣、大環境變化。
7.國內零售通路結構、占有率變化，以及產業鏈結構改變。

8.影響產品成本結構變化。

9.政府法令與政策對業者變化的影響。

10.整體社會少子化與老年化帶來變化影響。

(三)「目標消費群（顧客群）」的資訊情報

1.整體市場與消費變化。

2.購買通路地點購置量、購買頻率變化。

3.對品牌忠誠度變化。

4.對各種媒體收看閱讀、點閱變化。

5.對實體與虛擬通路購買習性改變影響。

6.對價格敏感性改變及對平價、低價產品需求變化。

7.對新產品需求變化。

8.受賣場促銷活動影響。

9.顧客受電視廣告及各種媒體廣告影響變化。

10.顧客對品牌喜愛度、回購率、再購率與回頭率、回店率、回購頻率變化影響。

業務及行銷人員共同蒐集3大類情報訊息

1. 主力競爭對手動態情報	2. 市場趨勢整體情報	3. 消費者變化情報

主力競爭對手的情報蒐集項目

1. 對手的整體行銷策略變化	2. 對手的產品策略變化	3. 對手的定價策略變化	4. 對手的通路策略變化	5. 對手的促銷及廣宣策略變化	6. 對手的損益狀況變化	7. 對手的多品牌策略變化	8. 對手的產品組合優化及多樣化策略

Unit 2-35
通路業務人員應該具備的知識與能力

身為業務部或營業部的一員,必須給予定期的教育訓練或討論會,以培養做出好業績的傑出營業部成員必備的知識與能力。

一、面對6種不同的通路客戶

以一般實務來區分,通路業務人員大致上會因行業的不同,而需面對6種不同的通路客戶,包括:

(一) 面對全台各縣市經銷商或經銷店。
(二) 面對大型零售連鎖店的採購進貨人員。
(三) 面對直營門市店店長或店員。
(四) 面對加盟店店長或店員。
(五) 面對專櫃櫃長或櫃員。
(六) 面對專業店(例如:眼鏡行、藥局等)

二、應具備知識與能力

總體而言,一般性的通路業務員或業務經理人員等,應具備下列幾點重要的知識與能力:

(一) 產品專業知識。
(二) 銷售技能與知識。
(三) 良好的人際關係接觸技能。
(四) 謙虛、周到、有禮貌、主動、積極的人格特質。
(五) 為通路商服務到底的精神與態度。
(六) 完美且合理配合通路商的要求及需求。
(七) 對行業/產業的專業知識與常識。
(八) 能夠協助及支援通路商獲利賺錢。
(九) 具有蒐集市場最新資訊情報的能力。
(十) 建立私人的特殊友好關係。

三、<案例>三商朝日啤酒公司通路業務的工作項目

(一) 指導並且協調業務人員銷售技巧。
(二) 規劃部門預算、部門管理和決定預算支出。
(三) 了解客戶喜好、客戶拜訪與關係維繫、包裝組合主要銷售商品。
(四) 劃分業務區域、立定目標,與業務人員建立訓練課程。
(五) 協助部屬解決客戶相關問題與業務人員績效的評估。
(六) 負責大型客戶或指定專案之業務開發。
(七) 熟零售通路。

通路業務員面對的客戶端

1. 全台各縣市經銷商老闆

6. 各種專賣店、專門店老闆

2. 各大型零售商的採購人員

客戶端

5. 百貨公司專櫃櫃長

3. 直營門市店店長

4. 加盟店店長

通路業務人員應具備條件

1. 產品專業知識與市場專業知識

2. 與零售商溝通及人際關係能力

3. 完整與快速的通路商服務能力

4. 完美配合通路商的展現

5. 能幫助通路商賺錢的能力

Unit 2-36
「通路拓展策略規劃報告」撰寫大綱

作為一個負責銷售通路業務的主管人員，每年一次應該對最高長官（董事長／總經理）提報一次有關「通路拓展策略規劃報告書」，其內容的大綱項目，應該包括下面幾點：

1.本行業（或本產品）通路現況說明與SWOT分析。

2.通路拓展總目標說明。

3.全方位（全通路）上架架構說明：

(1)實體通路上架。

(2)虛擬通路上架。

(3)KOL／KOC網紅導購。

(4)全台經銷商。

4.通路拓展主力策略及優先方向說明。

5.未來3年預計全通路據點數統計。

6.未來3年預計各通路營收額統計。

7.通路拓展組織及人力分配說明。

8.通路拓展預算經費說明。

9.通路拓展預計時程表。

通路拓展策略規劃報告撰寫大綱

1. 本行業（或本產品）通路現況說明與SWOT分析

2. 通路拓展總目標說明

3. 全通路上架架構說明（實體＋電商）

4. 通路拓展主力策略及優先方向說明

5. 未來3年預計全通路據點數量
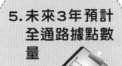

6. 未來3年預計各通路營收額

7. 通路拓展組織及人力分配說明

8. 通路拓展預算經費說明

9. 全通路拓展預計時程表

- 大力拓展未來3年全通路建構使命任務！
- 打造通路上架競爭力，便利顧客購買！

Unit 2-37
零售通路複合店日益增多

一、複合店已成趨勢

通路複合店大戰開打，超市龍頭「全聯」開出旗艦店，首度設立多個包含寵物、家電、傢俱的消費專區；而便利超商雙雄7-11及全家，則已整合集團資源或異業結盟開出複合店。

二、複合店效益

複合店的效益主要有3個：一是可以增加消費者的購物便利性或一站購足；二是可以提升該店業績；三是可以吸引不同的消費客群。

三、全聯複合店

全聯超市在台北市南港開出首家旗艦店，兩層樓共四千坪營業面積；除了超市外，還與無印良品、全國電子、詩肯柚木及金玉堂文具百貨等生活產業品牌，以專櫃式異業合作，並設置五金及寵物專區。

四、7-11複合店

早在2018年，7-11就挾著集團的豐富資源，開發出美妝、健身、烘焙等超過10種型態複合店型。除引發話題外，業績成長也十分可觀。與單一品牌結合外，7-11又一口氣結合7種業態創出「Big 7」門市，使業績成長超過2～3成，來客數最高一天可突破二千人，之後又陸續開出了多家「Big 7」門市店。

五、全家複合店

全家最早與天和鮮物、大樹藥局合作，開生鮮超市或藥局型門市，之後抓住複合店商機，跳出與單一品牌合作框架，開出包含咖啡、自助洗衣與生鮮超市的複合型門市。

六、複合店開打

業者表示，近年來透過複合店型，讓：

(一) 便利超商逐漸「超市化」。

(二) 超市逐漸「量販店化」。

這種通路複合店大戰，未來會打得更為激烈。

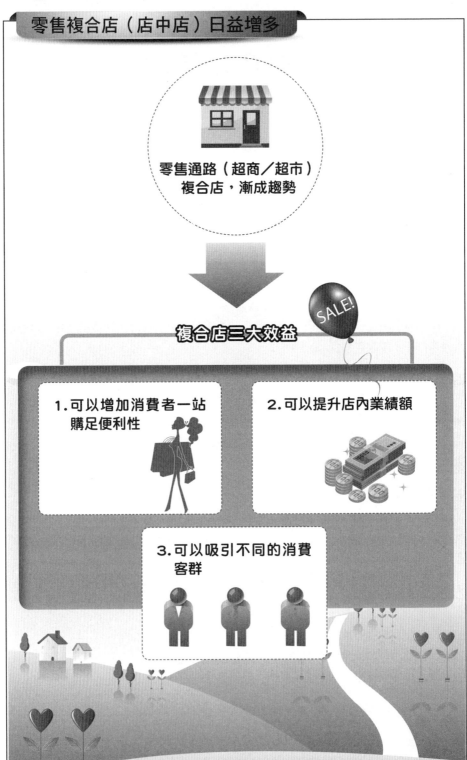

零售複合店（店中店）日益增多

零售通路（超商／超市）
複合店，漸成趨勢

複合店三大效益

SALE!

1. 可以增加消費者一站
購足便利性

2. 可以提升店內業績額

3. 可以吸引不同的消費
客群

085.

第 **3** 章

批發商、經銷商與零售商綜述

Unit 3-1　批發商或中盤商的意義、趨勢與功能

Unit 3-2　製造商不願採用批發商之原因

Unit 3-3　經銷商2種類型

Unit 3-4　經銷商面對的不利問題及因應對策

Unit 3-5　如何激勵及考核經銷商

Unit 3-6　全台（全球）經銷商年度大會的目的及議程內容

Unit 3-7　經銷商在乎品牌廠商、進口代理商什麼

Unit 3-8　品牌廠商應如何做好經銷商的13個問題

Unit 3-9　品牌廠商對經銷商整體營運暨管理制度

Unit 3-10　如何做好全台經銷商經營的4大面向

Unit 3-11　零售商的意義與功能

Unit 3-12　便利商店概述

Unit 3-13　便利商店不斷成長8大原因

Unit 3-14　統一超商持續第一名的關鍵成功因素

Unit 3-15　統一超商年營收創新高分析

Unit 3-16　統一超商：率先投入ESG永續經營模範生

Unit 3-17　超商與超市的跨界大戰

Unit 3-18　量販店概述

Unit 3-19　台灣大賣場購物，調查呈現７大趨勢：賣場化、週末化、全家化、休閒化、省錢化、M型化及會員化

Unit 3-20　好市多（COSTCO）快速崛起

Unit 3-21　亞太區總裁張嗣漢：談台灣COSTCO的成功策略及經營管理

Unit 3-22　超市概述

Unit 3-23　全聯超市快速成長為國內第一大超市的原因

Unit 3-24　百貨公司概述

Unit 3-25　新光三越：2022年營收達886億元，創下史上新高之分析及未來展望

Unit 3-26　遠東SOGO百貨：ESG永續經營模範生

Unit 3-27　台北市信義區最密集、最競爭、最精華13家百貨公司

Unit 3-28　百貨公司的改革方向及面對的挑戰問題

Unit 3-29　百貨公司設立專櫃必知事項解析實務

Unit 3-30　微風、新光三越：改造全球最密百貨圈

章節體系架構 ▼

Unit 3-31　未來百貨公司5樣貌
Unit 3-32　SOGO百貨日本美食展經營成功的祕訣
Unit 3-33　大型購物中心概述
Unit 3-34　美妝、藥妝連鎖店
Unit 3-35　最快崛起的美妝連鎖店：寶雅
Unit 3-36　台灣OUTLET最新發展概述
Unit 3-37　藥局連鎖店：近年來快速崛起
Unit 3-38　五金百貨及居家用品連鎖店
Unit 3-39　生機（有機）連鎖店
Unit 3-40　眼鏡連鎖店及書店連鎖店
Unit 3-41　生活雜貨品連鎖店
Unit 3-42　運動用品連鎖店
Unit 3-43　服飾連鎖店
Unit 3-44　書店連鎖店
Unit 3-45　咖啡連鎖店
Unit 3-46　無店鋪販賣類型
Unit 3-47　連鎖店之經營概述（Part I）
Unit 3-48　連鎖店之經營概述（Part II）
Unit 3-49　電子商務之定義及類別
Unit 3-50　網購商品價格較低的原因及毛利率與營業淨利率
Unit 3-51　電子商務（網購）快速崛起原因
Unit 3-52　電子商務（網購）通路重要性日增
Unit 3-53　全台第一大電商（momo網購公司概述）
Unit 3-54　富邦momo電商：2022年度營收突破1,038億元，創歷史新高之分析
Unit 3-55　全台百貨商場最新發展趨勢分析專題
Unit 3-56　2023～2024年多家新商場、新購物中心加入開幕營運
Unit 3-57　2020～2024年外部大環境5項變化對零售百貨業的影響與衝擊
Unit 3-58　SOGO百貨：如何開展新局再創顛峰
Unit 3-59　大樹：藥局連鎖通路王國經營成功之道
Unit 3-60　日本「全家超商」的最近創新作為及觀察評論

Unit 3-1
批發商或中盤商的意義、趨勢與功能

一、意義

根據美國行銷協會（America Marketing Association, AMA）對批發商（wholesaler）之定義如下：「一個商業單位，其購買商品乃以再行銷售為目的；銷售對象為零售商或產業的、制度的、或商業的使用者。但其並不以任何顯著之數額商品，售給最終消費者。」

二、特質與趨勢

(一) 銷售對象並非最終使用者

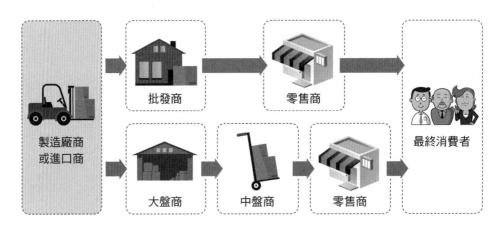

(二) 大量採購進貨

批發商為供應數十、數百家零售店之用，因此每次進貨數額頗大。

(三) 營業地點非處商業區

由於批發商之顧客並非消費大眾，因此較不需要有豪華門面，故其座落點較處在非商業區。

(四) 功能與價值下降

由於受到大型連鎖大賣場、便利商店、超市、百貨公司、折扣店、專賣店等都是直接向廠商進貨，及廠商自己已投入零售據點經營，不再依賴批發商及中盤商的結果，使得批發商的功能及價值日益下降，但是在偏遠的鄉鎮地區，仍須仰賴當地的批發商。

批發商的功能

(一) 運輸

批發商可提供快速便捷的運輸服務，以因應零售商之需，使得零售商可降低庫存量。

(二) 倉儲

批發商對零售商創造了時間效用，提供了倉儲替代功能。

(三) 完整產品線供應

專業的批發商，對同一產品線提供至少數十種以上商品，可滿足零售商之需求，如果沒有批發商，那麼零售店必須向十餘家廠商進貨，而增加採購工作負擔。

(四) 分割／分裝

有時候製造商的銷售係以整批為單位，但是零售商又無這麼多進貨，因此，批發商此刻便發揮功能，因為它可以將這整批貨分割、分裝銷售給多家的零售店。

(五) 財務融通

批發商出貨給零售商，有些商品係屬於寄貨性質，如此等於給予零售商財務的融通。

(六) 風險負擔

當商品寄在零售商那裡，一旦商品損壞、賣不掉或零售商倒閉等狀況，批發商都必須承擔損失風險。

(七) 擴大商品流通力

由於批發的功能發揮，使製造商的商品能在很短時間內，快速流通到全面性的零售出口上，讓消費者能方便購買。

Unit 3-2
製造商不願採用批發商之原因

一、製造商不願採用批發商原因

雖然批發商在行銷過程中，具有一定程度之功能，但是製造商有時卻出現不願採用批發商這個行銷通路，主要的原因有：

(一) 批發商未積極推廣商品

通常批發商只對較暢銷的某公司商品，或是某公司獎金及利潤較高的產品，才有推廣意願。

(二) 批發商未負起倉儲功能

有些批發商不願配合廠商要求而積存大量存貨，因為缺乏大的空間以及不願資金積壓。

(三) 迅速運送需要

當產品的特性必須快速送達客戶手中時，也不須透過批發商這一關。

(四) 製造商希望接近市場

透過批發商行銷產品，對廠商而言，多少總感覺生存的根基控制在別人手裡，希望能改變現況，加強自主行銷力量。此外，接近市場後，對資訊情報之獲得，也會較快速且正確。

(五) 大型零售商喜歡直接購買

大型零售商為了降低進貨成本，也喜歡直接跟工廠進貨，而去掉中間的批發商。

(六) 市場容量足以設立直營營業組織

由於產品線齊全且市場胃納量大，足以支撐廠商設立全台性直營所營業組織，展開業務發展。

例如，味全公司就自己設立各地區營業所。

二、製造商可採行之配銷通路的策略性選擇及方式

除了批發商管道外，尚包括以下幾種：

(一) 直接批發給零售商。(二) 自己的分銷處或分公司、全台營業所。(三) 直接銷售給消費者，亦即設立門市店、郵購或網購線上商城等D2C模式。

三、若欲用及建立自主的行銷網路（亦即不透過批發經銷系統）之條件

(一) 零售的市場是否足夠大。(二) 市場的地理位置是否集中，而不會太分散。

(三) 是否具有完整的產品線，而非僅是一、二種產品。(四) 廠商的財務資源是否足以支撐這些資金的投入。(五) 是否具有強勁的行銷與管理能力，來管理好自主行銷通路組織。(六) 應仔細評估自主通路與批發經銷通路之獲利比較。(七) 是否考慮應該二種模式同時存在，即直營與經銷體系並用。

製造商可採行通路策略選擇評估

製造商通路選擇評估

1. 直接銷售給大型零售商

2. 建立自己的直營門市店通路系統及線上商城（網購）

3. 仍透過傳統批發商及經銷商系統

製造商建立自己通路（門市店、營業所）的考量點

1. 資金力量夠不夠

2. 人才團隊夠不夠

3. 策略上的必要性與否（例如：自主性）

4. 是否有完整的產品線及產品組合

5. 通路環境與趨勢變化的判斷

圖解通路經營與管理

製造商不願採用批發商原因

原因 ① 批發商未積極推廣我們的產品

原因 ② 批發商未負擔起倉儲功能

原因 ③ 廠商須直接且迅速運送需求，不再透過另一層通路

原因 ④ 製造商希望接近市場、了解市場、掌握市場

原因 ⑤ 大型零售商喜歡直接購買，可降低採購成本

原因 ⑥ 市場容量足以設立直營營業組織

Unit **3-3**
經銷商2種類型

　　一般來說，經銷商可以區分為2種類型，一是綜合型經銷商，二是專業型經銷商。

一、綜合型經銷商的意義及優缺點

　　(一) 通常指的是較大型的規模且能提供多樣化、多角化的產品給各地區的零售商或連鎖零售店。

　　(二) 綜合型經銷商的財力必然比較強大、組織人力比較多、倉儲空間比較多、各種不同產品線也比較複雜且多，在與上、下游供應商及零售商也有著長期良好的關係，最後經營規模也比較大。以上是其優點。

　　(三) 可是他們也有一些缺點，例如：他們可能會面臨著專業型或專門型經銷商在某類產品線專精且深入項目的攻擊下，而失去某些的競爭力。換言之，這是通才對專才之戰的意思。

二、專門、專業型經銷商的意義及優缺點

　　(一) 此係指成為某種產品線的專業型經銷商。

　　例如：食品飲料總經銷商、汽車銷售北區總經銷商、葡萄酒品全台總經銷商、電腦零組件進口總經銷商或是液晶電視機南區總經銷商……均屬之。

　　(二) 專門、專業型經銷商的優點：

　　他們靈活、機動，對某一產品線內的各品牌及各品項、各規格等都非常齊全，可說是非常專精於某一類產品。此即講在某類專精產品內，他們應有盡有。

　　(三) 專門、專業型經銷商的缺點：

　　不過，相對於綜合型經銷商，他們的產品線及產品類別非常多，比較能做一站購足的供貨服務，但相對地，須耗費較大的存貨成本。

三、實務上的狀況：專門、專業型經銷商居多

　　以台灣現況來說，大概90%以上的經銷商都屬於專門型及專業型的經銷商。原因如下：

　　(一) 台灣2,300萬人口市場小，與3.6億人口的美國、14億人口的中國大陸及1.3億人口的日本，不能相比。由於市場規模小，自然就撐不起綜合型及大型的經銷商。

　　(二) 專門及專業型經銷商也是一種全球各國的趨勢之一。因為現在各行各業都在走專業化、聚焦化（focus）、集中化、單一化、利基化的行銷策略，而能發揮專注的競爭優勢，避免分散力量與資源。

　　(三) 專門型經銷商所投入的財力、人力、物力比較節省些及小一些，大家比較容易實行。

經銷商2大類型

1.專業聚焦型經銷商

+

2.綜合型經銷商

專業型經銷商之原因

→ 1.台灣市場小，撐不起綜合型經銷商

→ 2.專業化、聚焦化，較能集中資源，發揮優勢

→ 3.投入的人力、物力及財力容易控制

專業型經銷商類型

1.食品飲料經銷商

2.汽車經銷商

3.機車經銷商

4.酒品經銷商

5.家電經銷商

6.3C經銷商

Unit **3-4**
經銷商面對的不利問題及因應對策

一、對經銷商及批發商改變的力量及對策

近五年、十年來，扮演製造商或末端零售商店的經銷商，是行銷通路的一環，如今也面臨著5種不利的改變力量，如下：

(一) 不少全國性大廠商及服務業自己布建下游的零售店連鎖通路，以及建置自己的物流倉儲據點，擔任物流運輸工作，不再需要經銷商

當然，其零售店也擔任著最終銷售給消費者的任務。如此，可能會部分性的比例，取代了過去傳統經銷商的工作任務。此即被取代性，使經銷商生存空間愈來愈小。

(二) 資訊科技發展迅速

過去廠商與經銷商大部分靠電話、傳真及面對面的溝通協調及業務往來，如今已現代化與資訊化，經銷商也被迫要提升經營管理水準與人才水準，才能呼應全國性大廠的要求與配合。

(三) 無店鋪銷售及電商網路購物管道的崛起

網際網路購物、電視購物、型錄購物、預購等無店鋪銷售管道的崛起，也影響到傳統經銷商的生意。

(四) 物流體系與宅配公司的良好搭配

由於物流體系及獨立物流宅配公司的良好發展，使經銷商這方面的功能也受到取代性，台灣最近幾年宅配物流公司也發展得很成功。

(五) 大型且連鎖性零售商的崛起

包括大賣場、購物中心、百貨公司、便利商店、超市、專門店等，這些公司大部分直接跟廠商叫貨、訂貨及進貨，比較少透過經銷商。這也減少了經銷商的生意空間。例如：全聯福利中心有1,200家店、7-11有6,700家店、家樂福有320家店、屈臣氏有580家店……。

二、經銷商可能的因應對策與方向

經銷商面對這些不利的環境變化及趨勢，他們可以採取的對策方向，可能包括了：

(一) 應思考如何改變過去傳統的營運模式（business model），亦即要考量如何革新及創新未來更符合時代需求性的新營運模式。

(二) 應思考如何尋找新的方法、新的工作內涵及新的創意，而來創造他們日益下跌的價值（value），要讓製造商覺得他們還有利用的價值存在，而不會拋棄他們。

(三) 應更快速找出新的市場區隔及新的市場商機。

(四) 應思考做全面性的改變，以脫胎換骨，展現新的未來願景及新的未來專業方針。

 經銷商面對的問題與困境

 困境 ① 不少全國性大廠及服務業,均已布建自己的下游零售通路

 困境 ② 資訊科技發展迅速

 困境 ③ 電商及網購管道崛起

 困境 ④   物流體系及宅配公司的良好配合

 困境 ⑤ 大型且連鎖性零售商的崛起

 經銷商可能的因應對策

 1.改變營運模式,創新營運模式

 2.找出新的工作價值及工作需求

 3.找出新的市場商機

Unit **3-5**
如何激勵及考核經銷商

一、激勵通路成員

　　品牌大廠商通常對旗下的通路成員，包括經銷商、批發商、地區代理商或最終的零售商等，大抵有幾種激勵各種通路成員的手法，包括：

　　(一) 給予獨家代理、獨家經銷權。

　　(二) 給予更長年限的長期合約（long-term contract）。

　　(三) 給予某期間價格折扣（限期特價）的優惠促銷。

　　(四) 給予全國性廣告播出的品牌知名度支援。

　　(五) 給予店招（店頭壓克力大型招牌）的免費製作安裝。

　　(六) 給予競賽活動的各種獲獎優惠及出國旅遊。

　　(七) 給予季節性出清產品的價格優惠。

　　(八) 給予協助店頭現代化的改裝。

　　(九) 給予庫存利息的補貼。

　　(十) 給予更高比例的佣金或獎金比例。

　　(十一) 給予支援銷售工具與文書作業。

　　(十二) 給予必要的各種教育訓練支援。

　　(十三) 協助向銀行融資貸款事宜。

二、對經銷商績效考核的14個主要項目

　　品牌廠商對經銷商拓展業務績效的考核，大概如下：

　　(一) 最重要的，首推經銷商業績目標的達成。業績或銷售目標，自然是廠商期待經銷商最大的任務目標。因為，一旦經銷商業績目標沒有達成，或是大部分旗下經銷商業績目標都沒有達成，那麼廠商的業績目標也會受到很大影響，這會連帶影響到財務資金的調度與操作。此外，也會影響到市占率目標的鞏固等問題。

　　(二) 其次，對於經銷商拓展全盤事業的推進，還必須考核下列13個項目：

　　1.經銷商老闆個人的領導能力、個人品德操守、個人的正確經營理念與個人的財務狀況變化如何？2.經銷商的庫存水準是否偏高？3.經銷商的客戶量是否減少或增加？4.經銷商的業務人員組織是否充足？5.經銷商的資訊化與制度化是否上軌道？6.經銷商的店頭行銷及店面管理是否良好？7.經銷商對總公司政策的配合度如何？8.經銷商給零售商的報價是否守在一定範圍內，而未破壞地區性行情？9.經銷商及其全員的士氣及向心力如何？10.經銷商是否求新求變，及不斷的學習進步？11.經銷商是否正常性的參與總公司的各項產品說明會或各種教育訓練會議？12.經銷商下面的零售商對他們的服務滿意度如何？專業能力提供滿意度如何？13.經銷商是否定期反映地區性行銷環境、客戶環境與競爭對手環境的情報給總公司參考？

激勵通路（經銷商）成員

1. 給予更長年限的長期合約及獨家經銷權

2. 給予價格折扣及優惠

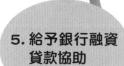

6. 招待免費出國旅遊

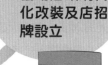

3. 協助店頭現代化改裝及店招牌設立

5. 給予銀行融資貸款協助

4. 給予各種必要的教育訓練支援

考核經銷商的項目

1. 年度業績目標是否達成

2. 經銷商的業務戰鬥力如何

3. 經銷商的財務能力是否穩固

4. 經銷商的配合度如何

5. 經銷商的價格是否守住

6. 經銷商掌握當地市場資訊變化的能力如何

Unit **3-6**
全台（全球）經銷商年度大會的目的及議程內容

一、全台（全球）經銷商大會的目的與內容

很多大型內銷公司或大型全球化跨國公司，幾乎每一年度12月底時或隔年的1月分，都會舉辦所謂的全台或全球經銷商大會，其目的主要有以下幾點：

(一) 檢討當年度的經銷商銷售績效如何？是否達成原訂目標？達成或不能達成的原因為何？

(二) 策劃下一年度經銷商銷售預算目標並昭示各經銷商努力方向。

(三) 向各經銷商報告總公司在新一年度的經營方針、經營策略、新產品開發方向、品牌宣傳作法與投入、經銷商獎勵辦法、定價策略、教育訓練措施、資訊化作業、市場銷售推廣策略、人才培訓、輔導經銷商新措施，以及產業／市場／競爭環境變化趨勢等諸多事項。

(四) 激勵、鼓舞及振作全台（全球）經銷商的作戰士氣，展現宏偉壯大的產銷團隊力量，以利於未來年度業績的成長。

(五) 聽取全台（全球）主力經銷商對總公司各單位提出的建議、意見、反饋、反省、創新作法、創意，甚至是批評也可以。期使總公司能夠吸取第一線經銷商的寶貴意見，作為改善、革新與進步的強大動力與督促力量。

(六) 另外，若有下年度新產品推出，亦可以藉此機會，向全台（全球）經銷商做初步介紹說明，並聽取意見。

(七) 最後，大會結束後，大家可以順便餐敘聯誼，畢竟一年大家聚在一起，只有一次而已，可以促進感情。

二、全台經銷商年度總檢討會議議程內容（簡稱：全台經銷商大會）

(一) 舉辦全台經銷商大會之目的

一般中大型的品牌廠商，每年到了12月底的時候，都會邀集全台各縣市經銷商到台北總公司，找一個台北五星級大飯店，或到全台某一個很好的景點地區，舉行一場一年一度的「全台經銷商大會」。一方面招待全台經銷商遊玩；另一方面舉行年度經銷商總檢討會議，以檢討今年業績狀況及策勵明年業績目標達成。

總之，品牌廠商舉辦全台經銷商大會之目的，有：

1.招待全台經銷商景區遊玩。

2.檢討經銷商今年度業績狀況。

3.策勵明年度業績目標達成。

4.聽取全台經銷商的改革、改善意見、建議與心聲。

5.向全台經銷商說明明年度總公司在各方面的計畫及作法。

6.凝聚全台經銷商的向心力、奮戰力及團結心。

(二)「全台經銷商大會」的議程內容

此次議程內容，可包含下列幾點：

1.董事長及總經理講話。

2.頒獎（頒發給全台業績優良的各縣市經銷商）。

3.今年度全台經銷商業績總檢討報告（由總公司業務部主管提報）。

4.明年度總公司各項計畫說明：

(1)預計明年度全台銷售目標說明。

(2)產品發展策略計畫說明。

(3)定價策略計畫說明。

(4)廣告宣傳策略計畫說明。

(5)全通路拓展計畫說明。

(6)業績獎金修正說明。

(7)教育訓練計畫說明。

5.全台經銷商（北、中、南、東區）代表講話。

6.互動討論時間。

7.會議結束及聚餐。

三、案例

(一) 全台經銷商大會

例如：統一企業、桂格食品、Panasonic家電、LG家電、金車公司……諸多企業，在年底12月或次年2月過年春節前，都定期舉辦一年一度的全台經銷商大會。

(二) 全球經銷商大會

例如：台灣的acer、Asus、Giant（捷安特）等；以及韓國的三星手機、LG家電；日本的SONY、Panasonic、Canon、Sharp、TOYOTA……，也都會在其國家首都或海外主力國家市場，舉辦大型全球各國聚集的經銷商大會。

全台經銷商大會的目的及內容

① 檢討當年度各地區經銷商業績狀況及分析原因

② 策劃下一年度各地區經銷商的業績目標

③ 向經銷商報告下一年度的經營方針、廣告宣傳、新產品推出

④ 激勵、鼓舞全台各地經銷商的士氣

⑤ 聽取各地經銷商提出的意見及作回覆

⑥ 大會結束後,順便餐敘聯誼

舉辦全台經銷商大會的企業

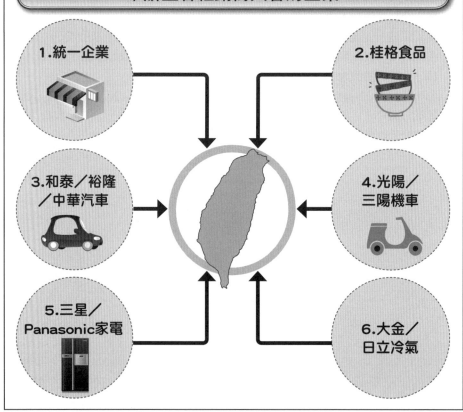

1.統一企業

2.桂格食品

3.和泰/裕隆/中華汽車

4.光陽/三陽機車

5.三星/Panasonic家電

6.大金/日立冷氣

Unit 3-7
經銷商在乎品牌廠商、進口代理商什麼

從品牌廠商角度來看，應該要思考到底全台經銷商他們在乎些什麼呢？根據實務界人士的多年經驗，他們比較在乎品牌廠商的幾點，如下：

1.他們的產品力強不強？他們的產品在市場好不好賣？

2.他們的價格訂的好不好？合不合理？合宜不合宜？

3.他們有沒有廣告宣傳助攻？他們是不是有名的品牌？

4.他們有沒有更好的獎勵措施？有沒有更好的利潤可得？

5.他們有沒有新產品不斷推出？

6.他們公司可不可靠？有沒有未來性及成長性？

7.他們有沒有良好的合作默契及良好的互動性？

8.他們有沒有提供完整的教育訓練課程？

9.他們公司未來會不會成為上市櫃好公司？成為中大型公司？

10.他們公司有沒有提供好的資訊IT連結系統？

11.他們的供貨是不是不會中斷或延遲？

全台經銷商重視及在乎什麼

1.品牌廠商的產品力強不強？在市場好不好賣

2.產品價格訂的好不好

3.有沒有投下廣告宣傳助攻

4.有沒有更好的獎勵措施

5.經銷商有沒有好的利潤可賺

6.是否不斷有新產品推出

7.公司有沒有未來性及成長性

8.雙方合作互動默契好不好

9.是否提供完整的教育訓練

10.公司未來是否成為上市櫃好公司

11.有沒有提供好的資訊IT連結系統

12.供貨是否會中斷、會延遲

‧‧打造全台經銷商向心力及戰鬥力
滿足全台經銷商的需求及期待

Unit **3-8**
品牌廠商應如何做好經銷商的13個問題

一、如何做好經銷商的經營及管理

　　品牌廠商或進口代理商應如何做好經銷商呢？主要要思考到下列13個問題點：

　　(一) 產品：到底要放給經銷商經銷哪些產品、品項、品類、品牌？

　　(二) 定價：各產品的零售價格要訂多少？定價政策為何？

　　(二) 經銷區域：全台經銷商要如何劃分經銷區域／地區呢？是按各縣市或北／中／南／東區，或是不同品項有不同的經銷區域呢？

　　(四) 經銷利潤：到底要給經銷商每個產品銷售有多少經銷利潤呢？這個利潤對經銷商是否有足夠誘因呢？

　　(五) 經銷獎金：當經銷商達到一定的銷售量時，應該給予多少的經銷獎金激勵呢？

　　(六) 倉儲物流：各經銷商的自備倉儲物流及送貨地點如何？

　　(七) 培訓：總公司對各地區經銷商的教育訓練（產品知識及銷售知識）的規劃、安排與執行如何？

　　(八) 業績目標：總公司對各縣市／各地區經銷商每年度業績目標訂定多少？當超過或不足時該如何？

　　(九) 資訊系統：總公司與全台各經銷商的資訊資料連線問題，如何能夠及時了解進貨、銷貨、存貨……等資訊數字及處理？

　　(十) 廣宣協助：總公司在廣告、宣傳及打造品牌力方面，如何協助全台經銷商呢？

　　(十一) 鋪貨陳列：有些經銷商的工作是負責將產品運送到零售據點，並負責上架陳列工作，此方面的規定及要求如何？

　　(十二) 全台經銷商大會：總公司在每年底12月時，經常要舉辦一年一次的「全台經銷商」會議，以檢討今年度業績狀況、明年度的營運計畫與目標討論。

　　(十三) 合約書：最後，總公司會與各經銷商簽訂「經銷合約書」，以確定各項規範要求，促使全台經銷工作能夠正向發展。

如何做好經銷商業務的13個問題思考

思考 ① ➡ 產品

思考 ② ➡ 定價

思考 ③ ➡ 經銷區域

思考 ④ ➡ 經銷利潤

思考 ⑤ ➡ 經銷獎金

思考 ⑥ ➡ 倉儲物流

思考 ⑦ ➡ 培訓

思考 ⑧ ➡ 業績目標

思考 ⑨ ➡ 資訊系統

思考 ⑩ ➡ 廣宣協助

思考 ⑪ ➡ 鋪貨陳列

思考 ⑫ ➡ 全台經銷商大會

思考 ⑬ ➡ 合約書

解決這13個問題，
就可以做好經銷業務！

Unit **3-9**
品牌廠商對經銷商整體營運暨管理制度

一、建立經銷商管理制度

　　品牌廠商總公司想要做好全台經銷商營運，就應該先想好、規劃好、建立好下列的各項「經銷商管理制度」，包括：

(一) 經銷商「業務管理制度」。

(二) 經銷商「獎勵管理制度」。

(三) 經銷商「行銷管理制度」。

(四) 經銷商「資訊管理制度」。

(五) 經銷商「年度總檢討會議管理制度」。

(六) 經銷商「經營改善管理制度」。

(七) 經銷商「倉儲／物流／配送管理制度」。

建立經銷商管理制度

1.
經銷商
「業務管理制度」

2.
經銷商
「獎勵管理制度」

7.
經銷商「倉儲／
物流／配送管理
制度」

3.
經銷商
「行銷管理制度」

6.
經銷商「經營改善
管理制度」

4.
經銷商
「資訊管理制度」

5.
經銷商「年度總檢
討會議管理制度」

Unit 3-10
如何做好全台經銷商經營的4大面向

要如何做好全台經銷商的整體經營呢？從宏觀來說，主要有4大面向去思考及擬定計畫與作法，包括：

　　1.應如何管理全台經銷商？
　　2.應如何協助全台經銷商？
　　3.應如何激勵全台經銷商？
　　4.應如何改善／增強全台經銷商？

做好經銷商經營的4大面向

1.如何「管理」經銷商

2.如何「協助」經銷商

4大面向

3.如何「激勵／獎勵」經銷商

4.如何「改善／增強」經銷商

Unit **3-11**
零售商的意義與功能

一、意義

根據美國行銷協會對零售商（retailers）之定義：「凡是直接銷售商品給最終消費者的交易行為，即屬零售（retailing）。凡主要業務為直接銷售予最終消費者的個人或代理商皆屬零售業」。

二、功能

(一) 對消費者的服務：盡可能使得消費者購買方便，到處就近均可買到。

(二) 提供分割的服務：零售商購進較大量貨物，而加以改裝成罐裝、瓶裝或盒裝，以符合消費者之用。

(三) 提供運輸與貯藏功能：以隨時供應消費者的需要，因此，創造了時間與地點的效用。

(四) 對生產者與批發商的功能：零售商使用廣告陳列人員推銷等方式，使商品由生產者、批發商而移轉到消費者手中。

三、美國零售通路的類型

美國零售業態可區分為店鋪型態及無店鋪型態二大類。店鋪型態又可分為食品與非食品二種。而無店鋪型態又可分為自動販賣機、直接銷售及直接行銷三種，如右圖所示。

四、日本零售業簡介

業態分類	主要商品組合
(一) 百貨店 　·大型百貨店 　·其他百貨店	有關衣、食、住相關的商品組合，占銷售構成比10%到70%之間
(二) 總合商店 　·大型總合商店 　·中型總合商店	
(三) 其他總合商店	有關衣、食、住相關的商品組合，占銷售比50%以下
(四) 專門超市 　·衣服類超市 　·食品超市 　·居住關聯超市	衣服類商品組合占銷售構成比70%以上 食品類商品組合占銷售構成比70%以上 居住類商品組合占銷售構成比70%以上
(五) 便利商店	—
(六) 其他超市	—
(七) 專門店 　·衣服類專門店 　·食品專門店 　·居住關聯商品專門店	衣服類、寢具、鞋襪、皮包、紡織品等商品組合占銷售構成比90%以上 酒、調味品、生鮮食品、牛奶、麵包、飲料、糖果、餅乾、米穀類、豆腐、煉製品等商品組合，占銷售構成比90%以上

美國零售業分類圖示

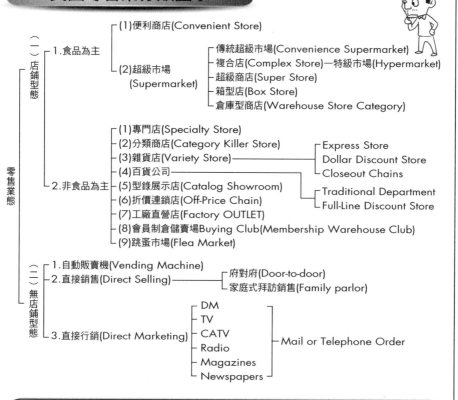

零售業態
- （一）店鋪型態
  - 1.食品為主
    - (1)便利商店(Convenient Store)
    - (2)超級市場(Supermarket)
      - 傳統超級市場(Convenience Supermarket)
      - 複合店(Complex Store)—特級市場(Hypermarket)
      - 超級商店(Super Store)
      - 箱型店(Box Store)
      - 倉庫型商店(Warehouse Store Category)
  - 2.非食品為主
    - (1)專門店(Specialty Store)
    - (2)分類商店(Category Killer Store)
    - (3)雜貨店(Variety Store)
      - Express Store
      - Dollar Discount Store
      - Closeout Chains
    - (4)百貨公司
      - Traditional Department
      - Full-Line Discount Store
    - (5)型錄展示店(Catalog Showroom)
    - (6)折價連鎖店(Off-Price Chain)
    - (7)工廠直營店(Factory OUTLET)
    - (8)會員制倉儲賣場Buying Club(Membership Warehouse Club)
    - (9)跳蚤市場(Flea Market)
- （二）無店鋪型態
  - 1.自動販賣機(Vending Machine)
  - 2.直接銷售(Direct Selling)
    - 府對府(Door-to-door)
    - 家庭式拜訪銷售(Family parlor)
  - 3.直接行銷(Direct Marketing)
    - DM
    - TV
    - CATV — Mail or Telephone Order
    - Radio
    - Magazines
    - Newspapers

國內主要各零售業態每年的產值規模（2022年度）

業態	1.便利商店	2.百貨公司及購物中心	3.量販店	4.超市	5.其他（如藥妝店等）	合計
年產值	3,800億	4,000億	2,500億	2,500億	1,400億	1兆3,000億

各大零售通路前三名的店家及數量（2023年度）

1.百貨公司	新光三越：20家	遠百：13家	SOGO：7家
2.便利商店	7-11：6,700家	全家：4,100家	萊爾富：1,400家
3.量販店	家樂福：70家	大潤發：21家	愛買：15家
4.美妝店	屈臣氏：580家	康是美：400家	寶雅：280家
5.超級市場	全聯福利中心：1,200家	家樂福：250家	
6.3C資訊家電	燦坤：302家	全國電子：320家	大同：202家
7.傢俱／居家	特力屋：25家	和樂：22家	IKEA：9家

Unit **3-12**
便利商店概述

便利商店已成為國內重要的零售通路，全國大約有1.3萬家左右，已成為飲料、食品、菸酒、書報、麵包、便當、鮮食、咖啡、冰品、珍珠奶茶等商品最有力的銷售通路。

一、意義（特色）

便利商店（Convenient Store；CVS）係指營業面積在20至60坪之間，商品項目在1,000種以上，單店投資在300萬元之內之商店。

便利商店之特色，乃係供消費者以下：

(一) 時間上的便利：24小時營業，全年無休。

(二) 距離上的便利：徒步購買時間不超過3～10分鐘。

(三) 商品上的便利：所提供之商品，均係日常生活必須常用之物品。

(四) 服務上的便利：人潮不群聚，不必久候購物或付款

二、類別

目前國內的超商體系，依其來源區分，可分為以下三類：

(一) 日本系統：如統一超商（7-11）。（註：美國7-11總公司的大多數股權已被日本伊藤榮堂零售控股公司所收購，故日本人是幕後老闆），以及全家超商（Family Mart）。

(二) 國產系統：萊爾富超商（Hi-Life）及OK便利商店。

台灣四大連鎖超商

2023年台灣便利商店分布店數	
超商名稱	總店數
1.統一超商	6,750
2.全家便利商店	4,150
3.萊爾富便利商店	1,400
4.OK便利商店	900

三、便利商店的由來

便利商店，在日本等地區又稱為CVS，緣起美國及擴大於日本。通常指規模較小，但貨物種類多元、販售民生相關物資或食物的商店，常位於交通較為便捷及社區附近之處，便利商店有時被當作小型超市。

便利商店的開始應是在1930年，美國南方公司於美國達拉斯（Dallas）開設了27家圖騰商店，並於1946年將營業時間延長為早上7點至晚上11點，所以將商店命名為7-11。目前，全球經營最多便利商店的國家是日本，日本7-11公司的總店數高達2.1萬家，另還有日本Family Mart及LAWSON，此為日本3大便利商店。

四、超商店數市占率狀況（2023年）（最新數據）

茲列表各超商店數、占有率如下表：

	1.統一超商	2.全家	3.萊爾富	4.OK	合計
店數	6,750店	4,150店	1,400店	900店	13,200店
市占率	51%	31%	11%	7%	100%

上表中，以統一超商的51%市占率為最高，其次為全家的31%市占率為次高。

五、四大超商特許加盟比較

超商	(一)7-11	(二)全家	(三)萊爾富	(四)OK
1.加盟金	30萬	30萬（草約金10萬＋開店準備金20萬）	31.5～52.5萬	30萬
2.履約擔保	現金60萬或價值150萬不動產設定抵押	現金60萬	現金60萬	現金60萬或價值150萬不動產設定
3.裝潢費	180萬起	160萬起	70～150萬	90～120萬
4.費用歸屬	管銷費用、員工薪資、租金	管銷費用、員工薪資、租金	管銷費用、員工薪資、門市租金	管銷費用、員工薪資、門市租金
5.契約期間	10年	10年	7年	5年以上
6.年度最低毛利保證	310萬	262萬	240萬	240萬
7.利潤分配（銷售毛利）	63.5%	65%	80%	72～80%

便利商店的4大便利

4.服務上的便利

1.時間上的便利

3.商品上的便利

2.距離上的便利

重要：台灣便利商店近幾年最新發展趨勢與成長動能

1. 朝向大店化（從20坪→80坪）

2. 鮮食類產品不斷擴充（如：便當、麵食、小火鍋、冷凍食品、三明治）

3. 24小時咖啡供應，創造黑金商機

4. 總店數仍小幅度增加，未飽和、未衰退、持續展店、持續擴大

5. 加速發展自有品牌

6. 網購店取，增加超商服務費收入

7. 朝複合店化、店中店化、特色店化

8. 不斷優化商品組合，提高坪效（每坪業績額），每年品項替代率高達20%

9. 開展鮮食產品的聯名行銷活動，引起話題，提高業績

10. 店內增加液晶電視化螢幕做宣傳

11. 統一及全家超商的年營收額每年仍保持4～8%的成長率

12. 統一超商2022年營收額已突破1,800億元，為全國第一大零售公司；第二名的全聯超市營收額為1,700億元。

Unit 3-13
便利商店不斷成長8大原因

台灣便利商店的密度與普及度是全世界最高的國家,帶給消費者相當的便利性。

雖然台灣4大便利商店連鎖公司的總店數已超過1.3萬家,但過去及現在仍然呈現持續增長的態勢,並沒有呈現飽和停滯現象。茲列示下列便利商店家數及業績不斷成長之原因:

一、24小時無休營業

24小時不休息營業,甚至過年春節也無休,帶給消費者很大時間上及地點上的高度便利性、就近性。

二、密布各地,非常便利

此外,還有地點上的高度便利性,因為,全台密布1.3萬家便利商店,尤其大台北都會區,幾乎只要走個3~5分鐘,就可以看到便利商店,為消費者省下走路消耗體力的好處。

三、商品及服務不斷創新改變及優化產品組合,迎合消費者需求

在商品組合供應上,便利商店也不斷的調整改變,以更符合消費者的每天生活需求。尤其,在吃的方面,各種口味便當、義大利麵、三明治、飯糰、漢堡、小火鍋、關東煮、咖啡等非常多元化;此外,還有網購店取、整買零取、ibon可以買票、ATM可提款轉帳、各式飲料、珍珠奶茶、水果茶、霜淇淋、冰棒、思樂冰等非常方便。

四、服務品質佳

在服務水準方面,服務品質也訓練得不錯,消費者有好的感受。

五、推出平價自有品牌

在推動自有品牌產品方面,各家便利商店也不遺餘力,不斷以各種平價推出自有品牌產品,滿足消費者對平價的需求。包括7-11的「UNIDESIGN」及「iSelect」自有品牌,全家便利商店的「Fami-collection」、「Fami-Mart」自有品牌等均是。

六、推出大店化及餐飲座位區

最後,便利商店近幾年創新推動的大店化及餐飲座位區也很成功,帶動了來客數及總業績的增加。

七、不斷創新、求新求變、推陳出新

求新、求變的舉動,造就了為何便利商店產業持續保持成長動能,而不會飽和與衰退。

八、新店型裝潢更新穎、體驗感更好

統一超商及全家超商近二、三年,推出新一代的新店型,在裝潢及燈光改裝上更新穎、更明亮、更創新,顧客體驗感更好。

113

台灣便利商店產值規模及業績不斷成長9大原因

原因 ① ➡ 24小時無休營業，非常便民

原因 ② ➡ 商店密布各地，時間與地點非常便利

原因 ③ ➡ 商品及服務不斷創新求變及推陳出新，迎合消費者需求

原因 ④ ➡ 服務品質佳

原因 ⑤ ➡ 推出平價自有品牌

原因 ⑥ ➡ 推出大店化及餐飲座位區，擴大店坪數

原因 ⑦ ➡ 新店型裝潢更新穎、更明亮，顧客體驗感更好

原因 ⑧ ➡ 推出複合店、店中店、特色店，創新營運模式

原因 ⑨ ➡ 國內超商不斷在行銷、廣告及促銷活動上創新，吸引消費者

國內4大超商連鎖店數（已突破13,000店）

國內便利商店（2023年）		（新台幣：元）
超商名稱	總店數	年營收額
1. 統一超商	6,750	2,900 億（合併營收額）
2. 全家便利商店	4,150	900 億（合併營收額）
3. 萊爾富便利商店	1,400	150 億
4. OK便利商店	900	100 億

Unit 3-14
統一超商持續第一名的關鍵成功因素

一、不斷創新、不斷改革

例如：推出CITY CAFE、ibon買票、iSelect自有品牌、餐廳座位區、open point紅利點數、夏天冰淇淋、鮮食便當、小火鍋、辣味關東煮、義大利麵食、珍珠奶茶、小包裝蔬菜、小包裝水果、聯名便當、網購店取、iOPEN Mall網購商店街。

二、持續展店產生規模經濟效應

目前全台灣店數已突破6,750家，遙遙領先第二名全家便利商店的4,150家；由於總店數龐大，會產生各種層面的規模經濟效益。

三、持續店內人員的高服務水準，以贏得好口碑。

四、廣告宣傳成功。

7-11擅長外在的廣告宣傳，總能形成話題行銷、維持高印象度、新鮮感及年輕化。

五、經常舉辦節慶促銷活動及集點公仔贈品行銷活動，有效吸引買氣。

六、發展自有品牌，以降低價格，迎合平價時代來臨。

目前有iSelect、7-11、OPEN小將、UNIDESIGN、星級饗宴等自有品牌系列產品銷售，占整體銷售收入約10%左右。

七、7-11品牌形象優良及高回購率的品牌忠誠度。

另外，統一超商營收獲利雙成長5大策略與基本功：

(一) 人
推動達人制，如達人級加盟主、咖啡達人、單品管理達人等。

(二) 店
提高大型店比重，並增加特色門市及複合店。

(三) 商品
聚集咖啡、鮮食、差異化商品開發，延伸ibon商品與服務。

(四) 物流與系統
大智通物流中心第三期啟用，提升後勤物流速度。

(五) 制度與企業文化
增加社區活動，如受歡迎的小小店長活動，拉攏消費者。

統一超商成功的7大基本功

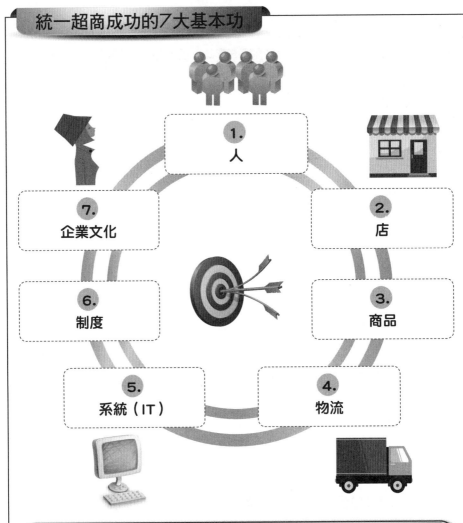

116

統一超商「三金」業績閃亮

統一超商三金商機			
三金	黑金	白金	綠金
產品	咖啡	霜淇淋	生鮮蔬果
2022年營收	130億（3億杯）	約13億	約10億
營運策略	提升咖啡品質與專業度，並開發咖啡相關周邊商品	增加推出新口味速度，採游擊、位移式裝機，維持新鮮感	增加生鮮蔬果種類，玉米鍋、關東煮等均持續開發新商品助陣

Unit 3-15
統一超商年營收創新高分析

一、合併營收創新高

　　根據統一超商公司發布的財報顯示，2022年度統一超商的母子公司合併營收額高達2,900億元，其中7-11超商本業年營收亦達1,800億元，史上新高。統一超商旗下子公司，包括有：康是美、星巴克、統一速達、菲律賓7-11、統一精工……等。

二、統一超商本業年營收成長8點原因分析

　　統一超商母公司自己在2022年年營收成長突破1,800億元，其成長有8點原因，如下：

　　(一) 新冠疫情解封、消費者回來了、消費力回復了。

　　(二) 持續展店，每年平均新增展店250店之多，到2023年9月，最新7-11總店數已達6,750店之多，遙遙領先。

　　(三) 全年各項節慶促銷集客成功，有效提升業績，包括：雙11節、跨年慶、聖誕節、冬至、母親節、中秋節、中元節、端午節慶等促銷優惠活動。

　　(四) 推出跨界聯名鮮食便當，結合五星級大飯店、米其林餐廳等名氣，成功拉升鮮食便當業績。

　　(五) 冬天冷氣團來襲，冬天產品也有成長。

　　(六) 深耕1,500萬人的open point跨通路會員生態圈，以紅利積點回饋。目前，會員貢獻營收占比已達6成之多，年成長率達2成。

　　(七) 店內產品持續優化，引進更好賣、更有需求性的新品牌及新產品。

　　(八) 預購、i預購業績也有成長。

統一超商年營收創新高8點原因（2022年度）

1. 新冠疫情解封、消費者回來了	5. 冬天冷氣團來襲，冬天產品也有成長
2. 每年持續展店約250家新店開張	6. 深耕open point會員忠誠度
3. 各項節慶促銷活動成功，有效拉升業績	7. 店內商品組合持續優化，引進更好賣商品及品牌
4. 推出與五星級大飯店聯名鮮食便當成功	8. 預購、i預購也有成長

Unit **3-16**
統一超商：率先投入ESG永續經營模範生

一、獲得國際ESG公信力評比得獎

國際ESG最具公信力評比的道瓊永續指數（Dow Jones Sustainability Index, DJSI），2022年評比出爐，統一超商在全球62家食品零售業者中，脫穎而出，在8個永續面向拿下產業第一。

此顯示統一超商長期以來，在：1.源頭管理，2.材質替換，3.鼓勵自帶，4.回收利用等四大方向深耕減塑，獲得國際級永續經營評比肯定。

二、成立「永續發展委員會」，推動ESG

統一超商早在2020年，即在董事會下設立「永續（ESG）發展委員會」，跨單位成立：1.減塑小組，2.減碳小組，3.惜食小組，4.永續採購小組。

共同推動各項永續專案，在：1.環境（E：Environment），2.社會（S：Social），3.公司治理（G：Governance），三大永續面向展向營運綠實力。

三、2022年是統一超商「永續行動年」

統一超商訂定自2022年開始，是統一超商貫徹「ESG永續行動年」的開始，包括：

(一) 減塑品項大幅增加，包括：涼麵、燴飯、飯糰、三明治、輕食便當等減塑品項提升2倍。

(二) 以「天素地蔬」素食品牌，推廣低碳飲食。

(三) 以「i珍食」專案，減少食材浪費。

(四) 推動自帶環保杯，可折5元活動，減少塑杯使用。

(五) 設立臨櫃還杯服務系統，以回收塑杯。

(六) 推動「AI鮮食訂購系統」，協助降低鮮食便當的廢棄數量。

統一超商：成立「永續發展委員會」推動ESG

永續發展委員會

①	②	③	④
減塑小組	減碳小組	惜食小組	永續採購小組

統一超商：獲得ESG公信力評比佳績

美國道瓊永續指數（DJSI）

- 在全球62家食品零售業者中，脫穎而出，在8個永續面向拿下產業第一名

Unit **3-17**
超商與超市的跨界大戰

一、雙超大戰

　　零售通路的界線不再像過往那麼明顯，以全聯為首的「超市超商化」，對超商的營運形成不小的衝擊；而以7-11為首的便利超商也開始走向超市化，不讓超市單方面對超商侵門踏戶。「雙超大戰」開打，顯示此二種零售行業之間跨界大戰。

二、超商超市化、超市超商化

　　超商超市化選中的切入點，就是全聯的強項「生鮮」。

　　統一超商看好生鮮及冷凍商品的外送需求，推出便利快超市「OPEN NOW」概念店，加強店鋪的生鮮及冷凍品項，同時串接外送平台。目前，OPEN NOW概念店對統一超商來說，還只是實驗性質，將持續依商圈需求優化及擴散服務到其他門市，搶攻線上及線下生鮮雜貨超市商機。

　　全家便利商店近年也布局鮮食廠冷凍食品產線及冷鏈物流，將店鋪前後場冷凍空間擴充，以對應消費者方便採買及居家自行調理需求，也發展可複製的超市機能店型，導入有機認證及具生產履歷的生鮮蔬菜商品，至今已有近400家店鋪，以滿足消費者方便購買的需求。

　　超市大賣咖啡及超商跨足生鮮，隨著消費界線的模糊，「超商超市化」及「超市超商化」的趨勢更為明顯。

三、各自特點仍無法被相互取代

　　但不管超市與超商之間的界線再怎麼模糊，彼此各自的特點仍無法被相互取代。例如：超市龍頭全聯約1,200家店的規模，與7-11超過6,750家店及全家4,150家店，仍有很大差距；而超商求新、求變的速度很快，訴求也很清楚，就是要讓消費者方便。

120

超商與超市的跨界大戰

　　┌─────────────────┐
　　│ 1.超商走向超市化 │
　　└─────────────────┘

　　　　　　vs.

　　┌─────────────────┐
　　│ 2.超市走向超商化 │
　　└─────────────────┘

雙超大戰，
跨界搶市場大餅！

Unit 3-18 量販店概述

量販店（General Merchandise Store, GMS）也是國內主力的零售通路之一，連鎖店日益擴張，與便利商店同為國內2大零售通路。

一、意義

係指大量進貨、大量銷售，並因為進貨量大，可以取得比較優惠的進貨價格，而得以平價供應消費者，藉以吸引顧客上門的零售店。

二、示例

主要以家樂福、大潤發、愛買、COSTCO等大型量販店為代表。另外，家電3C量販店，全係以專賣3C家電產品之中型賣店，如順發3C、燦坤3C、全國電子等。

此外，量販店也有擴大場地規模及朝向綜合性購物中心的大型化傾向。

三、特色

(一) 價格較一般超商、零售店、超市更便宜（亦即大眾化價格，尋求薄利多銷）。(二) 賣場規模化及現代化。(三) 商品豐富化及現代化。(四) 進貨量大（所以成本低），銷售量也大。(五) 採取開架自助選購方式。

四、未來發展

可能會朝購物結合娛樂、電影院及餐飲店等的方向，擴大為大型購物中心（shopping mall），使購物是一件滿足與快樂之事。

五、量販店的定義

(一) 經濟部商業司對量販店的定義：擁有數千坪的大型賣場，附近有可以停放數百輛汽車的停車場，貨物種類齊全，多達數萬種，可以滿足一次購足。自助性質很高，現場服務人員少，除了部分專櫃外，多由顧客自行挑選貨物，再到收銀台結帳。

(二) 量販店為賣場面積大於1,000坪以上，比較不重視裝潢，產品種類繁多，包括食品、生鮮、日常用品、家電用品、服飾等，產品銷售型態以量大便宜、式樣齊全為重點，重視商品迴轉率，購物者自行採購，提供免費停車空間，讓消費者方便一次購足。銷售商品除來自於國內廠商外，也有國外進口產品，並以委託代工方式開發自有品牌產品。

六、量販店銷售額市占率狀況

茲列表各量販店銷售額市占率，如下表：

	1.好市多（COSTCO）	2.家樂福	3.大潤發	4.愛買	合計
2022年度銷售額	1,500億	900億	200億	130億	2,730億
市占率	55%	33%	7.3%	4.7%	100%

上表中，以好市多年營收1,500億元居最高，市占率48%；其次為家樂福年營收900億元居次高，市占率33%。

台灣前4大量販店公司

| 1.COSTCO（好市多）（1,500億） | 2.家樂福（900億） | 3.大潤發（200億） | 4.愛買（130億） |

量販店的特色

1. 賣場大型化（1,000坪以上）

2. 商品豐富化／多樣化（一站購足）

3. 價格便宜化

4. 採購規模經濟化

台灣量販店趨勢

① 量販店小型化，散布社區內，增加便利性

② 量販店大型化，朝向購物中心發展

③ 加速發展自有品牌

④ 擴充3C及家電店中店、彩妝店中店、藥品店中店

⑤ 家樂福收購頂好超市，形成兼具量販店＋超市的雙重模式

⑥ 家樂福法國持有60%股權，已經賣給台灣統一企業，成為100%台灣企業，大大幫助統一企業集團的零售通路王國

圖解通路經營與管理

Unit 3-19
台灣大賣場購物，調查呈現7大趨勢：賣場化、週末化、全家化、休閒化、省錢化、M型化及會員化

根據2019年1月分艾普羅民調公司與《工商時報》合辦的「台灣民眾大賣場購物型態大調查」，調查結果發現如下：

一、賣場化

調查發現，大賣場是台灣民眾最常去的零售場所。日常生活用品43%會去大賣場買，其次是超市與超商，比率合計為35%；選擇傳統市場或雜貨店的比率，合計僅10%。

二、週末化

12%受訪者每週都去大賣場購物，16%半個月去一次，19%每個月採購一次，其餘多不定期，家中存貨不足才去。調查也發現，選擇週末或假日前往大賣場的民眾，比率合計45%；在週一到週五前往大賣場的民眾僅10%，其餘民眾前往大賣場時間不固定。

三、全家化

至於獨自前往大賣場的民眾比率甚低，僅16%，其餘84%民眾每次到大賣場都是呼朋引伴。

四、休閒化

民眾去賣場購物也出現「休閒化」趨勢，雖然購物是主要活動，但32%的人一定會去美食街打牙祭，26%的人會順便逛周邊商店街，5%的人會在附屬遊樂區玩耍，有些賣場還能順便理髮。

五、省錢化

量販店的價格一般來說，是平價化的，符合一般庶民大眾的需求。

六、M型化

M型社會在大賣場購物行為上表現得更明顯，5元一把的青菜大家搶破頭，萬元一瓶的紅酒也能賣到缺貨。

調查發現，每次花500元以內比率為4%；花500元到1,000元的有10%；花1,000元到1,500元比率為12%；1,500元到2,000元比例最高，達16%；2,000元到2,500元降到7%，但2,500元至3,000元則又回到10%，每次消費超過3,000元更達13%。

七、會員化

國內大賣場以家樂福320家量販店＋超市為最多，大潤發有21家分店，遠東愛買分店15家，還有好市多（COSTCO）等。由於各家賣場規模大小不一，消費者評價亦不同，但4大賣場在退換貨便利性、紅利積點優惠度與停車方便度均獲肯定。

國內量販店的7大趨勢

1.賣場化	2.週末化
3.全家化	4.休閒化
5.省錢化	6.M型化
7.會員化	

國內4大量販店

1.家樂福
・320店（70家量販店＋250家超市）
・900億營收額

（註：家樂福於2021年收購頂好超市，店數大幅擴增）

2.COSTCO
・14大店
・1,500億營收額

3.大潤發
・21店
・200億營收額

4.愛買
・15店
・130億營收額

124

Unit 3-20
好市多（COSTCO）快速崛起

一、台灣成長最快速的量販店好市多，已超越家樂福

(一) 2022年營收突破1,500億元大關，成為台灣量販店龍頭，領先家樂福的900億。

(二) 美國COSTCO總公司正式拍板，由台灣好市多經營團隊登陸中國市場，2018年開第1家門市。

(三) 內湖、台中、中和3家分店，擠進COSTCO全球671家賣場的獲利前10名。

(四) 會員卡數達300萬張，每張卡年費為1,350元，每年收取年費淨賺40億元，是全台擁有最多收費會員的零售業企業。

(五) 會員卡續卡率高達92%以上。

二、COSTCO（好市多）簡介：與眾不同之處

(一) 商品優質，售價低價

由於全球會員超過7,100萬人，好市多能擁有強大的購買力，得以透過大量採購，盡可能地降低成本。此外，商品以棧板方式進貨，並直接在賣場陳列販售，減少分裝成本。如此一來，就能以相對低的價格，將高品質的品牌產品回饋給會員。

(二) 會員制度，權益獨享

每年收取定額的會員費，能幫助好市多減少許多營運及管理上的成本，創造更多的價值回饋給會員，而且會員卡可在全球好市多的賣場享受到同樣的購物權益。

(三) 進口商品，選擇眾多

跟其他一般賣場不同，好市多陳列的商品，有50%都是進口商品。經過採購團隊的嚴格篩選，把商品項目限制在3,500種以下，僅提供最好的品質和最好的價格給會員。

(四) 商品特展，優質精選

在好市多舉辦的商品特展活動，往往是其他賣場難以見到的品牌種類。於商展期間，常有專人於現場提供說明與服務，讓會員可以進一步了解商品。

(五) 多元商品，季節限定

好市多時常推出特定期間限定的商品，讓會員每次來消費時都充滿驚喜，體驗尋寶的樂趣。季節性品項包羅萬象，如美妝保養、服裝配件、生鮮蔬果、節慶禮盒等。

(六) 堅持低價，回饋會員

台灣好市多堅持低價，毛利率不超過14%，淨利率不超過3%，全部以低價優惠回饋消費者（會員）。

圖解通路經營與管理

好市多的6大特色

2. 會員制度，
權益獨享

1. 商品優質，
售價低價

3. 進口商品，選
擇眾多，美式
賣場特色

4. 商品特展，
優質精選

6. 堅持低價，
回饋會員

5. 多元商品，
季節限定

126

台灣好市多（COSTCO）小檔案

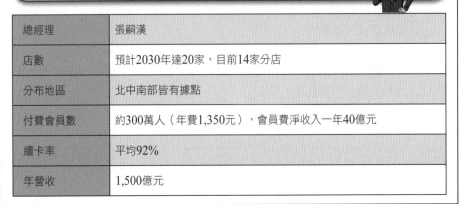

總經理	張嗣漢
店數	預計2030年達20家，目前14家分店
分布地區	北中南部皆有據點
付費會員數	約300萬人（年費1,350元），會員費淨收入一年40億元
續卡率	平均92%
年營收	1,500億元

Unit 3-21
亞太區總裁張嗣漢：談台灣 COSTCO的成功策略及經營管理

COSTCO台灣及亞太區的最高負責人張嗣漢，2023年在接受《台灣財經雜誌》訪問時表示：

一、台灣會員數及會員費收入

台灣每年繳費1,350元的會員數已超過300萬人，每年續約率超過92%，每年會員費淨收入達40億元之多。

二、台灣COSTCO 14家分店位址

(一) 台北市：內湖店、北投店。

(二) 桃園市：中壢店、南崁店。

(三) 台中市：台中店、北台中店。

(四) 新北市：汐止店、中和店、新莊店。

(五) 新竹市：新竹店。

(六) 嘉義市：嘉義店。

(七) 台南市：台南店。

(八) 高雄市：高雄店、北高雄店。

三、年營收及獲利

台灣COSTCO在2022年的年營收額已超越1,500億元，年獲利額已超過60億元（會員費收入賺40億＋商品收入賺20億，合計一年賺60億）。

台灣COSTCO年營收在台灣僅次於統一超商本業的1,800億元及全聯超市的1,700億元，位居台灣第三大零售業及台灣第一大量販店。

四、台灣COSTCO的3大成功策略

台灣區總裁張嗣漢表示，台灣COSTCO的3大成功策略是：

(一) 清楚的定位（define）

台灣COSTCO清楚定位在美式賣場，消費者一聽到COSTCO就知道是以銷售美國進口商品及自有品牌為主力。

(二) 差異化優勢（好品質、低價位）

台灣COSTCO成功的第二個策略就是具備：好品質、低價格的差異化（differentiation）。消費者會感受到COSTCO的商品便宜、好用，且外面不易買得到，總毛利率不能超過14%，這是COSTCO全球鐵律。

(三) 堅持紀律（discipline）

COSTCO堅持所有的辦公室及會議室不能有太豪華的裝潢及布置，必須省下這些成本及企業文化。另外，在COSTCO大賣場非常清潔，沒有一片紙屑，帶給顧客

明亮、乾淨、整齊的良好購物空間及感受。

五、強調會員「價值感」

張總裁強調台灣300萬會員，他們買的是「會員的價值」，我們一定要提供最好的價值給這些會員顧客才行，所以我們公司一定要堅持這種「會員價值」。

這些價值感包括：

(一) 最好、最棒、經過篩選、挑選的高品質商品（商品力是王道）。

(二) 最低、最便宜的價格提供，不追求高獲利、多賺錢、不能有暴利。

(三) 最好的現場服務。

(四) 最乾淨的購物環境、空間。

六、未來發展重點項目

除了一般日用品、生鮮品外，台灣好市多近期已投入：

(一) 加油站。　(二) 藥局。　(三) 眼鏡部門。　(四) 精品。

這些新發展重點項目，將會拉升台灣好市多的年營收額。

七、線上、線下都賣

台灣COSTCO近幾年來也推出線上網購，但只有30%品項透過線上採購，70%品項仍在實體賣場，這是為了鼓勵會員多到實體賣場去購買。目前，實體店營收額仍超過線上購買很多。

八、3T現場消費體驗

台灣COSTCO有一個3T心法，即：

(一) Taste（試吃）。　(二) Touch（觸摸）。　(三) Take（現場帶走）。

以上3T心法是無法被取代的線下消費體驗。

九、商品力仍是王道

張總裁認為，商品內容、商品品質、商品需求、商品價值及商品期待等形成的「商品力」，仍是零售業維持不敗的王道。所以，台灣COSTCO仍會持續在這方面努力，以維持長期的競爭優勢及顧客忠誠度。

十、未來仍將持續展店到20家分店

張總裁認為COSTCO在台灣仍有很大成長空間，他們將會從現在的14家分店拓展到20家分店，會再成長將近一倍之多。

十一、降低／節省管銷費用，回饋給會員

台灣COSTCO努力降低各種管銷費用，全部回饋給會員權益，這些費用節省包括：

(一) 地點租金不必在城市精華區。

(二) 人力最簡單。

(三) 裝潢最簡單。

(四) 所有管銷費用支出壓到最低。

台灣COSTCO 3大成功策略

策略1

清楚的定位（define）

策略2

差異化優勢（好品質、低價位）（differentiation）

策略3

堅持撙節費用紀律（discipline）

3T現場消費體驗

2.
Touch
（觸摸）

1.
Taste
（試吃）

3.
Take
（現場帶走）

商品力仍是王道！

Unit **3-22**
超市概述

超市（supermarket）是國內主力的零售商通路之一，也是現今連鎖趨勢，與便利商店、量販店及百貨公司並列為國內四大零售通路。

一、意義

係指規模介於量販店及便利商店之間，坪數空間在100～300坪之間，主要銷售以乾貨及生鮮食品為二大主力。

二、示例

目前國內第一大超市連鎖為全聯福利中心，2023年底店數約1,200多家；其他還有city's super高檔超市，以及其他地方型超市（註：松青超市65家店，已於2015年11月被全聯超市併購；頂好超市於2021年被家樂福收購），全聯已成為國內超市的獨大經營者，未來不會有競爭者投入了，因為競爭門檻很高。

三、特色

(一) 全聯福利中心的商品價格，是全國最便宜的賣場，比量販店還便宜5～10%；比便利超商便宜10～15%。

(二) 賣場具現代化，採開架自助選購方式。

四、未來發展

朝不同定位方向與區隔市場發展，例如：city's super就以屬於高檔、高價位的頂級超市為定位，專做都會區有錢人的生意；全聯超市則以低價及廣大庶民經濟時代為訴求。

五、超市特性

(一) 超級市場是由英文的super market直譯而來，根據歐洲「國際自助服務組織」對其定義有三：

1.賣場面積在100～300坪之間。

2.銷售生鮮農畜產品的商品為主。

3.非食品類商品的銷售額占總銷售額三分之一以下，並採取自助服務方式之商店。

(二) 超級市場的特性：

1.滿足一次購足的服務。

2.採用自助服務的經營方式。

3.重視生鮮食品的商品政策。

4.近家庭住宅區的立地考量。

超市的意義與特性

| 坪數空間 | ➡ | 100～300坪 |

| 主力銷售 | ➡ | 乾貨＋生鮮品＋冷凍品 |

| 店位 | ➡ | 社區巷道內 |

| 定價 | ➡ | 比便利商店便宜 |

全聯超市：全台第一大

全聯超市

全台：1,200店（2023年12月底）

價格全台最低（低5～10%）

全年營收額1,700億元（2022年）

slogan（三階段變化演進）：
1. 實在、真便宜（2000～2015年的訴求點）
2. 帶進美好生活（2016年之後，改變訴求，不再強調低價，而是轉向強調價值！）
3. 方便且省錢（2022年之後，強調購買地點的方便性及價格上的高性價比）

Unit **3-23**
全聯超市快速成長為國內第一大超市的原因

一、全聯福利中心快速成長

以前，國內超市並沒有特殊的領導品牌，但近年來，以最低價、最平實為訴求的全聯福利中心快速展店成長，目前全台已有1,200家店，成為超市的領導老大。未來的目標將是展店到1,500店，年營收2,000億元為目標。

二、全聯超市崛起原因

全聯福利中心成為國內第一大超市的原因，主要有幾點：

(一) 平價、低價因素

初期全聯以「實在，真便宜」為廣宣訴求，店內沒有豪華裝潢，價格便宜5～15%，吸引了好多家庭主婦。

(二) 快速展店，擴充規模經濟

全聯以急行軍速度，在全台各縣市快速展店，以及透過併購，目前已突破1,200家店，達到規模經濟效益，在商品採購上可以得到較低的進貨價格。

(三) 吸引人的廣告宣傳

全聯以素人「全聯先生」為電視廣告代言人，並以吸引人的廣告表現創意，打響了「全聯」在全台的品牌知名度。

(四) 為消費者帶來地利上的便利性

全聯超市密布在各大都會區的巷弄社區內，方便附近消費者去購物，不必受開車、停車之苦，在地利上很方便。

三、全台第一大超市：全聯福利中心

(一) 目前店數：1,200店（2023年底）。

(二) 年營收額：1,700億元（2022年底）。

(三) 目標：2030年1,500店，年營收2,000億元。

(四) slogan：「方便又省錢」、「買進美好生活」、「實在真便宜」。

(五) 最大優勢：價格最便宜且全台超市店數最多。

(六) 企業使命：用心與台灣在地共好，打造消費者感到購物樂趣的賣場，成為台灣第一、世界一流的超市。

(七) 企業願景：以「買進美好生活」為核心理念，打造幸福的企業。

(八) 品牌理念：價格最放心、品質最安心、開店最用心、服務最貼心。

(九) 主要產品：1.乾貨類，2.生鮮類，3.冷凍類。

四、全聯收購大潤發，採「雙品牌經營」

　　全聯超市在2022年正式收購大潤發量販店後，該公司林敏雄董事長表示，全聯將會保留大潤發品牌，採取「全聯＋大潤發」雙品牌經營，他並表示，大潤發的員工將會全數留住。

　　此外，全聯加入大潤發量販店之後，希望能產生1+1>2的綜效。

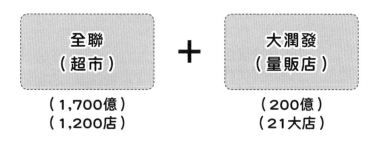

五、全聯超市：採寄賣制，快速結帳付款

　　(一) 國內第一大的全聯超市，對商品供貨商、製造商的結帳方式，是採取每月月底結帳的「寄賣制」。此即，每月月底結算當月分，此產品銷售多少數量，就給多少貨款給供應商，而且結帳貨款都在30天之內，使用匯款方式，使得供貨商能夠盡快拿到銷貨的貨款回收。

　　(二) 二十多年來，從沒有廠商跟全聯反應付款有慢過，顯示此種制度得到商品供貨商高度的肯定及滿意。

六、全聯超市開發自有品牌產品

　　國內第一大超市全聯福利中心，近幾年來，也開始投入開發PB自有品牌產品（private brand），以拉升營業額、提高獲利率，並滿足顧客需求。

　　目前，已有4大自有品牌產品，包括：
　　(一) 蛋糕甜點類（we sweet）。
　　(二) 熟食、便當、滷味小菜類（美味堂）。
　　(三) 麵包類（阪急麵包）。
　　(四) 咖啡類（off coffe）。

　　熟食類食品，包括：滷味、涼拌菜、獅子頭、鴨血豆腐、雞肉冷盤、雞湯及便當等，單價為40～100元之間。

133

全聯超市快速崛起的原因

1.平價、低價因素（便宜5～15%）

3.吸引人的廣告宣傳

5.促銷活動多，能吸客、集客

2.快速展店，擴充規模經濟（1,200店）（2023年底）

4.據點多，在社區巷道內，消費者很方便

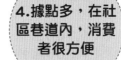

全台1,200店
居全台最大超市

全聯的品牌理念

① 價格最放心

② 品質最安心

③ 開店最用心

④ 服務最貼心

Unit 3-24
百貨公司概述

百貨公司（department store）也屬於主力零售通路之一，很多化妝品、保養品、精品、珠寶、服飾、鞋子等仍是仰賴百貨公司的專櫃而售出，而餐廳及美食街也愈來愈多。

一、意義

係指坪數規模在1萬～2萬坪之間，產品的價格稍高一些，也賣一些較高檔品牌的地方所在。

二、示例

目前國內前4大百貨公司分別為：

第1大：新光三越（有20家店）；第2大：遠東百貨（有13家店）；第3大：SOGO百貨公司（有7家店）；第4大：微風百貨（9家店）。

其他還有地方性百貨公司，例如：高雄的漢神百貨；台北的統一時代百貨、京站百貨；台中的中友百貨公司等。

三、特色

(一) 館內裝潢水準很高，是個休假閒逛兼買高級品牌商品的地方。

(二) 館內一樓最好的位置，都以銷售化妝品、保養品、女鞋、珠寶、名牌精品等為主力，二樓則以賣女性服飾為主，五樓以上為餐廳，地下一、二樓為超市及美食街。

四、未來發展

(一) 觀察日本百貨公司有漸趨衰退的跡象，主要被更大型的OUTLET及購物中心（shopping mall）所取代。

(二) 百貨公司服飾生意也被大型連鎖店所瓜分，例如：日系UNIQLO及GU、台灣NET、ONE BOY、西班牙的ZARA……，大大影響百貨公司二樓服飾的生意。

(三) 網購的快速成長，也瓜分了百貨公司銷貨的空間，主要是百貨公司的定價都比較高所致。

(四) 台灣的百貨公司近年突圍策略，採取5大方向，一是大幅增加餐飲樓層占比；二是大幅增加藝文活動舉辦，以增加來客；三是樓層改裝，生意不好的專櫃取消，引進好賣的新專櫃，以及改以特殊造型樓層呈現；四是深耕主顧客會員，提高回購率；五是持續節慶促銷活動。

五、專櫃抽成

百貨公司對各品牌設專櫃的收費方式，都是採取依營收額抽20～30%左右的費用。例如：某化妝品專櫃，這個月做了2,000萬生意，則新光三越百貨公司即可拿到2,000萬×30％＝600萬元的抽成收入。

六、台灣單店百貨公司

有漢神百貨、大葉高島屋、明曜百貨、中友百貨、統一時代、京站百貨、廣三崇光百貨、欣欣百貨、大統百貨。

台灣4大百貨公司

1.新光三越百貨 （營收880億） （2022年度）	2.遠東百貨 （營收570億） （2022年度）
3.SOGO百貨 （營收450億） （2022年度）	4.微風百貨 （營收300億） （2022年度）

台灣百貨公司突圍5大方向

1.
大幅擴大餐飲樓層面積！目前已高居創造營收第一名項目

2.
擴大舉辦各種藝文、展演、展覽、活動，以吸引來客

3.
持續改裝特色樓層與引進好賣新專櫃

4.
深耕主顧客會員，提高回購率

5.
加強各項節慶促銷優惠活動吸客

台灣百貨公司前3名營收項目

No.1
餐飲收入

No.2
化妝保養品收入

No.3
名牌精品收入

Unit 3-25
新光三越：2022年營收達886億元，創下史上新高之分析及未來展望

一、年營收886億元史上新高——4項分析原因

2022年，台灣經過新冠疫情解封之後，沉寂了二年多的百貨公司業績，終於面向陽光。

2021年，台灣最大連鎖百貨公司的新光三越，因新冠疫情關係，年營收跌到797億元；到2022年，疫情解封後，年營收快速成長11%，回復到886億元，創下史上新高。

新光三越總經理吳昕陽分析2022年營收成長的4大原因，如下：

(一) 疫情解封，下半年來客大量回流消費。

(二) 百貨實體館持續改裝，把業績不好的專櫃退掉，引進新的產品專櫃，開創新營收。

(三) 線上商城功能改善，線上業績明顯增加。

(四) 會員人數已達350萬人，會員經營努力看到成果，會員黏著度提升的效果出現。

二、年營收成長的主力業種分析

2022年營收成長，主要歸因於下列業種專櫃的成長，包括：

(一) 精品、名品：大幅成長28%。因疫情不能出國，故在國內購買歐洲名牌精品取代。

(二) 餐飲：大幅成長17%。因疫情期間不能、不敢在店內用餐，解封後，大量消費者回來用餐。

(三) 男性商品：成長15%。

(四) 戶外休閒：成長13%。

三、年營收成長的3力原因：改革力、執行力、應變力

在2020～2022年近二年半的新冠疫情期間，新光三越在吳昕陽總經理帶領，以及全體員工努力下，以3力克服萬般困境，終於苦盡甘來，這主要歸因如下：

(一) 改革力：找出新局、找出新出路。

(二) 執行力：在疫情困難期間，仍努力貫徹執行到底。

(三) 應變力：應變疫情衝擊，快速應變成功。

四、獎勵全體員工

由於2022年營收及獲利都創下史上新高，因此，吳昕陽總經理決定獎勵大家，包括：

(一) 全員加薪（自2023年1月起）。

137

(二) 年終獎金平均2.5個月，比過去平均1.5個月，多出1個月獎金。

五、對2023～2025年未來展望的8要點

吳昕陽總經理對未來的展望，如下：

(一) 穩中求好：總體來講，希望：「穩中求好」。

(二) 申請IPO：2023年營收挑戰920億元，並規劃2024～2026年能夠順利IPO，申請上市櫃公司成功。

(三) 增加新店型：除百貨公司外，新增加高雄市的OUTLET新店經營，以及新增加台北市東區中小型店經營新模式。

(四) 「線下＋線上」兩方向同時並進：線下（實體店面）＋線上（商城網站）持續兩方向推動，增加總營收。

(五) 會員人數突破350萬人：會員數已突破350萬人，而其中APP下載數也已達200萬人，將持續深耕會員黏著度／忠誠度；努力增加新會員人數，總目標朝400萬會員人數努力邁進。

(六) 持續改裝，引進新專櫃／新餐飲：每年持續改裝，引進新產品專櫃，保持新鮮感、創新感，並滿足更多顧客、會員對新產品、新專櫃、新餐廳的需求與期待。

(七) 吸引更多年輕客群：持續穩固主顧客、常客，但也努力思考引進更多年輕新客群，永遠保持客群及新光三越百貨公司的年輕化及活力化形象目標。

(八) 快速應變、有效應變：面對未來2023～2025年不穩定、不確定、有變化的外部大環境下，如何快速應變、有效應變，是面臨大環境挑戰下的根本思維。

新光三越：2022年營收886億元，創新高4大原因

  原因 ① 疫情解封，顧客大量回流

  原因 ② 專櫃持續改裝，引進好賣品牌專櫃及增加餐飲櫃位

  原因 ③ 線上商城業績明顯成長

  原因 ④ 深耕350萬貴賓卡會員

新光三越：主力業績成長4種業種

1.精品／名品：
大幅成長28%

3.男性商品：
成長15%

2.餐飲：
大幅成長17%

4.戶外休閒：
成長13%

新光三越：對未來3年展望8要點

1. 穩中求好

2. 申請IPO（上市櫃）

3. 增加新店型

4. 線下＋線上兩方向同時並進

5. 會員人數突破350萬人

6. 持續改裝，引進新專櫃、新餐飲

7. 吸引更多年輕客群

8. 快速應變、有效應變

新光三越：疫情期間仍能業績成長3力

1.改革力 ➡ 找出新局、找出新出路

2.執行力 ➡ 努力貫徹執行到底

3.應變力 ➡ 快速應變成功

Unit **3-26**

遠東SOGO百貨：ESG永續經營模範生

　　國內最重視企業社會責任（CSR）及永續經營（ESG）的百貨公司，就屬遠東SOGO百貨公司。

　　該公司在董事長黃晴雯堅持下，多年來在環保、減碳、弱勢贊助、綠色消費、捐助等，都積極投入實踐，成為一家最值得信任與最ESG的百貨公司。

CSR
（企業社會責任）

・CSR：Corporate Social Responsibility

ESG
（永續經營）

・E：Environment（環境保護）
・S：Social（社會責任、社會關懷）
・G：Governance（公司治理）

Unit 3-27
台北市信義區最密集、最競爭、最精華13家百貨公司

台北市信義區0.5平方公里內，形成最密集的13家百貨公司，包括：

1.新光三越A11館。　　　　8.台北101。
2.新光三越A9館。　　　　 9.遠東百貨（A13館）。
3.新光三越A8館。　　　　 10.統一時代（一館＋二館）。
4.新光三越A4館。　　　　 11.ATT 4 FUN。
5.微風南山館。　　　　　 12.SOGO大巨蛋館（3.6萬坪，相當三間百貨公司）。
6 微風信義館。　　　　　 13.BELLAVITA貴婦百貨。
7.微風松高館。

全球最密集百貨公司地區──台北市信義區

1.新光三越A11館	2.新光三越A9館	3.新光三越A8館	4.新光三越A4館	5.微風南山館
6.微風信義館	7.微風松高館	8.台北101	9.遠東百貨（A13館）	10.統一時代（一館＋二館）
11.ATT 4 FUN		12.SOGO大巨蛋館		13.BELLAVITA貴婦百貨

- 全球及全台北市最密集百貨公司地區
- 每年創造該地區900億元以上百貨公司產值

Unit **3-28**
百貨公司的改革方向及面對的挑戰問題

一、近年來百貨公司改變改革方向，持續成長

　　近幾年來百貨公司受到電子商務、大型購物中心、大型OUTLET及國外服飾連鎖店來台的衝擊影響，全世界的百貨公司業種都呈現緩慢成長趨勢，甚至衰退的負面現象。唯有台灣百貨公司行業在2022～2023年度，仍能保持不錯的成長趨勢，主要有以下幾點改革創新：

　　(一) 大量引入餐飲店：由於國內外食人口非常多，國人又愛吃，因此，百貨公司地下樓層及高樓層都成了平價美食街及中高檔餐飲專門樓層。結果也很好，吸引了大量人潮，讓百貨公司起死回生。目前，餐飲業績已經進入百貨公司前三大業種。包括：化妝保養品、精品及餐飲，是百貨公司三大業績來源。

　　(二) 持續改裝（引進新品牌專櫃＋樓層重新裝潢更新）：百貨公司基於每層樓的效益考量，已經把效益低、業績很少的專櫃撤掉，而置換可以創造業績的新專櫃、新品牌。

　　(三) 大量舉辦藝文活動，吸引客群來逛百貨公司：百貨公司每年都舉辦至少50場以上大型展覽活動、藝文活動、休閒有趣活動、特展活動等，確實吸引了更多人群到百貨公司，也間接帶動購買。

　　(四) 大量舉辦促銷活動，拉抬業績：百貨公司了解促銷活動的重要性，尤其，每年年底的週年慶，占全年總業績接近1/3，非常重要。因此，年終慶、年中慶、母親節、父親節、春節、情人節、中秋節等都是重要促銷節慶時機點。

二、主要異業競爭對手

　　除了百貨公司同業競爭對手外，百貨公司尚有一些異業的強力競爭對手，包括有：
　　(一) 電子商務業者（網購業者）（如：momo、蝦皮、PChome、雅虎）。
　　(二) 快時尚業者（如：UNIQLO、ZARA、GU、NET等）。
　　(三) OUTLET業者（如：三井OUTLET、禮客、華泰OUTLET等）。
　　(四) 大型購物中心業者（如：三井LaLaport購物中心）。

三、面對的挑戰問題

　　(一) 電商強力瓜分市場。
　　(二) 年輕族群客層的流失。
　　(三) 百貨公司營收成長已遇到瓶頸，大幅成長不易，只能微幅成長。
　　(四) 美國、日本、中國大陸的百貨公司受到衝擊更大，關店的不少。
　　(五) 主顧客群逐漸老化。
　　(六) 受到大型OUTLET及大型購物中心瓜分市場。
　　(七) 百貨公司開太多館了，尤其台北市更競爭，恐怕會供過於求，光台北市信義區就有近15家百貨公司。

百貨公司的4大改革方向

 方向 ➡ **大量引入餐飲店、美食街**

 方向 ➡ **持續大幅改裝,引進特色、好賣專櫃,以及樓層裝潢更新**

 方向 ➡ **大量舉辦藝文活動及特展活動**

 方向 ➡ **大量舉辦各種節慶促銷活動,拉抬業績**

百貨公司面對的7大挑戰問題

1. 電商(網購)強力瓜分市場

2. 年輕族群客層的引進不易,但已有一些成果

3. 美國、日本、中國百貨公司行業衰退,唯獨台灣例外

4. 大型OUTLET及大型購物中心的崛起(例如:三井OUTLET、三井LaLaport購物中心)

5. 原有的主顧客群,年齡逐漸老化

6. 營收成長遇到瓶頸,大幅成長不易,只能微幅成長

7. 同業百貨公司競爭者太多(尤其是台北市),恐怕會供過於求

Unit **3-29**
百貨公司設立專櫃必知事項解析實務

一、百貨公司設櫃優點

(一) 建立品牌知名度

在百貨公司設櫃,對於中小品牌來說,是最快建立品牌知名度的方法,畢竟人潮與百貨公司本身的形象加持,在品牌建立上是很加分的。

(二) 信任感

百貨公司給人的感覺就是比較高級,因此,在裡面設櫃也會讓消費者比較願意相信你的品牌,畢竟百貨公司已經幫他篩選過一輪了,不好的廠商,百貨公司也不會要的。

(三) 聚客能力

百貨公司聚集各式各樣的品牌,當然在聚客能力上也會比較強。

二、百貨公司設櫃缺點

(一) 簽約時間短

一般百貨公司通常是一年或二年一簽,合約時間一到,是否能繼續留著也不一定;但除非是遇到改裝,不然營業額高的還是能留著,一切以實力說話。

(二) 營業規定多

早上晨會、開櫃絕對不能遲到,別名牌,員工吃飯時間安排,下班交帳、打卡;總之,在百貨公司除了自己公司內部規定外,還會有一堆百貨公司的規定,甚至比較嚴格的會罰錢,在員工訓練上就要多注意。

(三) 營業時間長

在百貨公司,週一到週日早上11點到晚上9點,不管有沒有人,就是必須請至少一個人站櫃。但百貨公司人潮,基本上只集中在平日晚上及假日,平常白天效益是較低的。

三、百貨公司抽成計算

百貨公司如何跟專櫃收錢呢?主要有3種方式:

(一) 固定租金

即每月固定金額,不因營業額增減而有所變動。

(二) 純抽成

即依照專櫃營業額抽取固定百分比。一般大概在20~35%之間。
例如:某專櫃月營收200萬元,抽成30%,即抽60萬元為百貨公司收入。

(三) 包底抽成制

所謂「包底」,就是「保證營業額」的意思,也就是雙方約定一個目標營業額,

若未達目標營業額，就用包底的租金。

　　例如：若條件是每年包底（目標營業額）1,000萬元，抽成30%；但實際專櫃業績只達到800萬元，則仍用1,000萬元×30%=300萬元抽成，歸百貨公司收入。

四、百貨公司其他費用支付

　　在百貨公司設櫃，不只是平常的抽成費用，另外還有一些費用支出須注意：

(一) 行銷費用

1.週年慶贊助費。

2.各節慶廣告贊助費。

(二) 管銷費用

1.收銀機（POS機）租用。

2.營業稅金。

3.每月管理費。

4.水電瓦斯空調費。

5.清潔費。

6.信用卡手續費。

7.員工名牌費。

(三) 公共工程費

　　裝潢補助費：百貨公司會有所謂公共裝潢，例如廁所之類的，是大家共用，因此會要求出工裝補助費。

五、成本投入

(一) 前期投入

1.櫃位設計。

2.櫃位裝潢。

3.工裝補助費。

4.辦公設備。

5.文具用品。

(二) 人事成本

1.員工薪資。

2.勞退、勞保、健保。

3.績效獎金。

4.訓練費用。

(三) 進貨成本

視各產業別而定。

(四) 行銷成本

1.自己打廣告。

2.百貨公司廣告贊助費。

(五) 管銷費用

1.租金。

2.電話費。

3.雜項支出。

六、品牌企劃書提案內容

在設櫃以前，百貨公司為更了解你們公司及品牌，都會要求提供「品牌企劃書」，以下為其內容大綱：

(一) 品牌介紹。

(二) 商品介紹及商品規劃（預計在百貨公司主推的商品）。

(三) 商業模式介紹。

(四) 櫃位空間需求（大概的坪數或格局需求）。

(五) 目標市場及客群。

(六) 每月／每年營業額預估。

(七) 過去曾在百貨公司設櫃的實際成果。

(八) 每年投放媒體廣告量預估。

(九) 對百貨公司的附加價值（幫百貨公司聚客及提升品牌形象）。

七、百貨公司簽約重要事項

(一) 是否有競業條款

同百貨公司有無限制同類商品進駐規定。

(二) 確認所有抵押品

百貨公司怕你跑掉，通常會需要二個抵押品，即：

1.設櫃保證金：在確實設櫃之後的一段時間會還給你。

2.設櫃保證票：是在合約結束時（即順利解約）會還給你。

(三) 財務相關

1.要確認是否有加營業稅。

2.由品牌開發票，還是統一開百貨公司的發票。

3.如何結帳以及每月幾號支付貨款。

(四) 所有費用

務必看清楚所有必須支付的各項費用是多少錢。

(五) 合約終止條件

有3種狀況：

1.合約到期：雙方都無意願續約，就順利解約。

2.品牌想提前終止：品牌因為虧錢，就會提出提前解約。

3.百貨公司想提前終止：百貨公司想改裝或換櫃，也會提前提出解約。

(六) 營業額預估

品牌端不要在營業額預估上面亂砍，否則百貨公司會把你的包底金額訂很高。

百貨公司銷售抽成3種計算方法

1.
收固定租金

2.
純抽成
（20～35%）

3.
包底抽成制

百貨公司其他費用支付

1.行銷費

（週年慶贊助費）
（各節慶廣告贊助費）

2.管銷費

(1)收銀機租用
(2)每月管理費
(3)清潔費
(4)信用卡手續費
(5)水電費

3.公共工程贊助費

新專櫃廠商向百貨公司進櫃提出的「品牌企劃書」提案內容

1.品牌介紹

2.商品介紹及商品規劃

3.商業模式介紹

4.櫃位空間需求（坪數／格局需求）

5.目標市場及TA（顧客群）

6.每月／每年營業額預估

7.過去曾在百貨公司設櫃的實際成果

8.每年投放廣告量預估

9.對百貨公司的附加價值（聚客及提升品牌形象）

Unit **3-30**
微風、新光三越：改造全球最密百貨圈

一、全台最密百貨圈

　　引領台灣潮流的台北信義區，號稱全世界密度最高的百貨圈，0.5平方公里土地上擠進十多間購物中心。摩登大樓之間，上下班的人潮與國內外自由行旅客，在捷運通道與空橋川流。二大百貨龍頭新光三越與微風集團，摒棄過氣的百貨營運方式，做出分眾體驗，抓住屬於台灣的捷運鐵道經濟。

　　在台北信義區0.5平方公里土地上，有新光三越4個館、微風百貨3個館、台北101購物中心、ATT 4 FUN、統一時代、SOGO大巨蛋館、BELLAVITA貴婦百貨、遠百等，總計有13家，2025年還會有Taipei Sky Tower（台北天空塔）加入。

　　這裡是全世界百貨公司密度最高的地區，也是信義百貨廝殺區。台北信義區是台灣能見度最高的現代化商圈，兩條捷運線源源不絕運來，在全台唯一的摩天大樓群中，上班的通勤族與國內外自由行觀光客。這二個族群正是日本內需成長趨緩後，極少數成長的客群。這裡的競爭最激烈，所有國際大牌的第一家店都想來這裡，它有點像在領導台灣的消費潮流。

　　新光三越與微風百貨為了圈粉，都在這裡進行最新的零售趨勢。第一個，就是分眾。

二、趨勢1：分眾定位！只看坪效的傳統模式已過氣

　　這幾年，美國及日本不少老牌百貨公司倒閉，除了電商崛起外，另一個原因是，百貨其實是過氣的業種。業者選品牌，按化妝品、男女裝分好樓層，引導客人購物，這些服務在成熟市場已不需要了。長得很像的百貨公司，已經走不通了。

　　2015年，新光三越將距離夜店最近的A11館，轉型定位為潮文化，吸引年輕客群，一樓化妝品區全面縮減，擺上吸睛的特斯拉電動車、蘋果istore、愛迪達及LINE專賣店。如果用傳統坪效來看，這一切都不會發生。

　　而同時間，微風百貨進入信義區，2014年，微風松高館開幕，定位為年輕人時尚（pop fashion）；最大的店面給快時尚H&M，另一大門面給美國職籃NBA專賣店。2015年，另一個微風信義館最強的就是男裝與訂位餐廳。

　　百貨業者都知道，如果只想賣東西，客戶自然只在買東西時才會想到你。所以，這幾年百貨業者不會講自己是個賣場，而是在做一個能讓客人好好生活的場地，也就是一個生活平台（life platform）。

　　新光三越只剩A8館是服務全體家庭客層，A4館及A9館分別是針對時尚女性、男性，餐飲分別是鎖定需要包廂的商務客與以餐酒館掛帥的大人系飲食。

　　以上每個館，都有自己明確的分眾定位與區隔，以吸引不同的目標客群。

三、趨勢2：體驗經濟！吃，是最簡單的奢侈

在台北信義區，能夠勾引客戶出門的餐飲，戰況也最激烈。以前怎麼會想得到，有個24小時營業的餐飲店面，開在百貨公司裡？吃，對顧客而言是最接近的體驗。信義區引入60家餐廳，占百貨公司營業額15%以上，比新光三越整體平均12%更高。看起來，吃，是這個世代比較容易達到的奢侈。

最新開幕的微風南山館五、六、七樓，分別設立日本、亞洲、歐洲系餐廳。其中LVMH旗下的CÉLAVI酒吧、紐約的Smith & Wollensky牛排館等經典品牌，是微風定位南山館為巨星時尚的重要角色。餐廳開在百貨公司一樓，已是創舉。另外，微風南山館還要推出全亞洲最大的超市，納入日本下班時間的美食街試吃文化、食材代烹煮的創新服務。二千多坪的超市，幾乎等於南門市場。

微風走到今天已經是一個品味代名詞，不只是百貨，而是生活風格品牌。這個生活品牌的航空母艦，即是超市，它是核心。

四、趨勢3：台版鐵道經濟！空橋、地道，串起流動人氣

用盡各種辦法，勾引消費者為了吃上門，吃完還要買回家。這群造市者當然不會放棄，走在信義區空橋上的天然人流。

日本鐵道公司自己就經營零售業，蓋車站時同步設計站內空間。與鐵道經濟成熟的日本不同，信義區靠的是全台僅有的空橋、地下通道，把商圈及捷運連結在一起，逐漸演化出台版的鐵道經濟。新光三越甚至發明一個新詞叫「空橋經濟」，邀請排隊甜品店、起司塔店，在二樓空橋上設櫃，讓客人多停留一些時間。

兩大百貨巨頭用盡全力，要在信義區圈粉，微風百貨的大型超市做未來的航空母艦，而新光三越則籌備帶領台灣餐飲品牌西進，並首在高雄草衙道經營OUTLET，都是在尋找新方向。廝殺又共榮，這就是信義區崛起的真正祕密。

圖解通路經營與管理

台北信義區：百貨公司3趨勢

趨勢1
分眾定位

趨勢2
體驗經濟

趨勢3
台版鐵道經濟

台北信義區：13家百貨公司

1.新光三越 A11館	2.新光三越 A9館	3.新光三越 A8館	4.新光三越 A4館
5.微風 信義館	6.微風 松高館	7.微風 南山館	8.台北101 購物中心
9.統一時代 百貨（一館 ＋二館）	10.SOGO 大巨蛋館	11.ATT 4 FUN	
12.遠東百貨 A13館	13.BELLAVITA 貴婦百貨		

Unit 3-31
未來百貨公司5樣貌

一、百貨公司呈現衰退

百貨公司是2020～2021年台灣綜合商品零售業中，因新冠疫情影響唯一年產值下滑的業種；但在2022年解封後，全台百貨公司業績已大幅回升，2022年度營收額成長率均高達10～20%之間。

過去幾年，美國不時傳來知名百貨公司的負面新聞。例如：聲請破產保護的Barneys、不斷關店的Macy's；在日本，也有池袋的0101及新宿小田急百貨等吹熄燈號。

傳統百貨公司的定義將被快速反轉，在未來，百貨公司可能會變成什麼樣子呢？

二、趨勢1：零售店變成社交場所

例如：日本近鐵百貨，就直接在百貨公司內設置了一個共享辦公室，裡頭有Wi-Fi、電源、咖啡，正好吸納公司採遠距上班，卻又急需一個安靜場所處理公事的上班族；肚子餓了，還可以藉機將其導流至美食樓層，創造更多業績。

另外，歐美有種形態特殊的「餐廳＋超市＋賣場」的複合店型態。

台灣新光三越吳昕陽總經理也表示：「我們一定要打破百貨公司既有印象，因為我們真的不想再只當百貨公司了，我們將轉型為living center（生活中心）」。

三、趨勢2：金字塔頂端客更重要

遠東SOGO營運部副總播本昇強調，80比20法則將愈來愈明顯，也就是「80%的營收，來自20%的顧客」。因此，如何給予這群不受疫情與景氣波動影響的客人更多實際回饋、更量身打造的服務，例如：VIP貴賓室、不定時的迎賓小禮物等，將是未來百貨的競爭重點。

微風百貨事業處副總蔡碧芳表示，她以Dior為例，疫情期間推出經典包款Lady Dior的訂製服務，從皮革、吊飾、把手等，全部可以自己挑選材質，三天活動就可以締造上千萬業績。

另外，封店服務也很受歡迎，就是在指定時間內，直接將某間店封起來，只服務VIP一組客人，兼顧尊榮感與防疫安全。目前，包括GUCCI、CELINE、LOEWE等都有類似服務。

四、趨勢3：精品開啟電商大門

過去，名牌精品總給人排斥電商，擔心把經典包款放上網賣，反而降低品牌質感的印象。

然而，隨著2020～2022年全球疫情催化，實體門市被迫關閉，反而讓大多數精品開設了「線上銷售」這個平台。

例如：新光三越的電商平台skm online，雖然精品加入，但只會出現在每年消費

金額超過一定額度的會員APP中。微風百貨的Breeze online也有推出類似功能的電商。

五、趨勢4：改賣更多可溯源的永續商品

今後，百貨公司挑選產品的方向，也會有一些變化。此原因係ESG風潮崛起，以前，百貨公司選品重視品牌、設計、價格；現在更多比重放在減塑、減碳產品、有機產品、更多國產的小農產品。（註：ESG係指，E：環境保護Environment、S：社會關懷Social、G：公司治理Governance）

六、趨勢5：玩法仍未知的元宇宙熱

元宇宙，是許多百貨業者都提到的，但也坦言「玩法還很抽象」的概念。起因是法國家樂福總部率先宣布與Meta（臉書）合作，喊出要將虛擬實境帶入員工教育訓練，做第一間「元宇宙量販店」；而NIKE也傳出申請了元宇宙的七個商標，目的是在未來的元宇宙世界中，銷售其虛擬服裝、鞋子及配飾。

這場「虛擬百貨之戰」，大家都已經開始構思如何布局了。

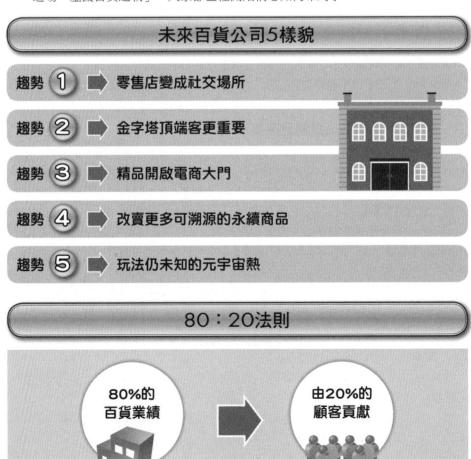

Unit 3-32
SOGO百貨日本美食展經營成功的祕訣

一、日本美食展龍頭老大

台北SOGO百貨原來每年舉辦春、秋二季日本美食展，因為太成功，應顧客要求，已增至春、夏、秋一年三季日本美食展，三十年來已做出口碑及人氣，廣受顧客歡迎及喜愛；每次展示業績已從4,000萬元成長到7,000萬元，成為SOGO百貨獲利的來源之一，也是國內各大百貨商場舉辦日本美食展的龍頭老大。

SOGO百貨每次日本美食展，總會使盡全力找到日本當地好吃的一線廠商及好東西進到台灣SOGO百貨來展示並銷售，很多產品都是季節限定與SOGO限定產品。

在顧客端方面，幾十年來，SOGO的此種展示，亦吸引了數十萬人次到現場試吃及購買；特別是很多喜愛日本美食的老顧客，經常會回流來訂購，這已經穩固了每次展示的基本業績，此即稱為「熟客效應」。

二、選品「夠專、夠全、夠新」

SOGO百貨早在展前三、四個月，營業部門就要提前開始做招商規劃；尤其，每年都要引入2～3成的新商品，才能使顧客保有新鮮感，同時，也要趁此機會，淘汰掉同比例不佳業績的日本廠商。

SOGO百貨每年都會派出營業部門幹部赴日本當地尋找新商品，並且展開洽談、溝通與說服來台灣展示。尤其，SOGO營業人員不僅要懂日文，更要對日本新產品有判斷力及經驗力，深入洞察，才會找到台灣顧客喜愛及可接受的日本暢銷食品。

除此之外，SOGO百貨也對這些參展來台的日本廠商提供全方位服務；包括入關程序、冷藏、倉庫、報關、翻譯工讀生、住宿等全面性協助，日本廠商只要提供現場人力及足夠商品即可，這樣就大大減輕日本廠商的負擔。

總結來說，SOGO百貨三十多年來，均能成功舉辦日本美食展的重要祕訣，就是SOGO百貨「夠專、夠全、夠新」的3大特色及原則，能夠將原汁原味的日本美食產品，空運到台北SOGO來展示及銷售。

154

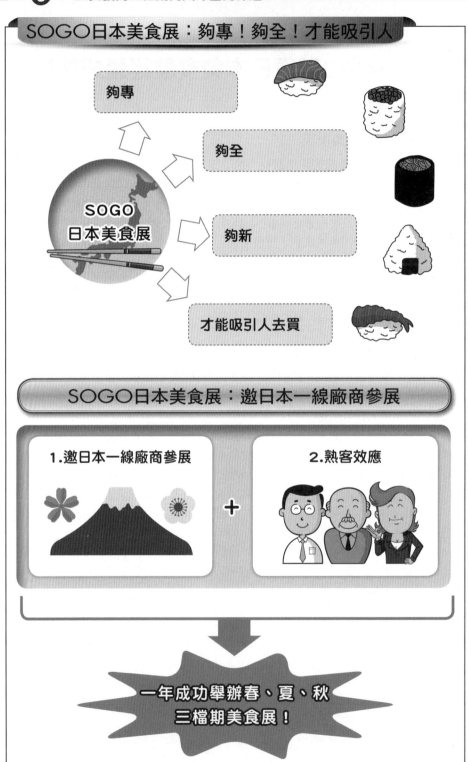

Unit 3-33
大型購物中心概述

　　大型購物中心（shopping mall）是近幾年來，開始崛起的大型零售通路，其坪數面積大致在2萬～5萬坪之大。

一、意義

　　購物中心是指兼具百貨公司、餐飲區、電影院、娛樂、休閒、生活、書店等多元化的購物大型場所而言。

二、示例

　　包括有：新竹遠東巨城、台北101、環球購物中心、大直美麗華、京站廣場、高雄義大世界、高雄夢時代、台北微風廣場、台北／台中三井LaLaport、三井OUTLET等。

三、特色

　　(一) 很多國外名牌精品、鐘錶、珠寶、鑽石等都進駐到高階購物中心裡，例如：台北101就是全台名牌精品匯集最多的場所。
　　(二) 內部裝潢極為奢華、高級。
　　(三) 看電影、吃飯、逛街的人不少。

四、9家購物中心依樓地板面積大小，列表如下：

購物中心名稱	地點	樓板面積（平方公尺）
1.台茂購物中心	桃園	185,773
2.高雄大遠百	高雄	102,839
3.大江國際購物中心	桃園	82,500
4.微風廣場	台北	75,900
5.新竹大遠百	新竹	71,265
6.環球購物中心	新北	66,650
7.老虎城	台中	48,972
8.ATT 4 FUN	台北	31,680
9.遠企購物中心	台北	20,469

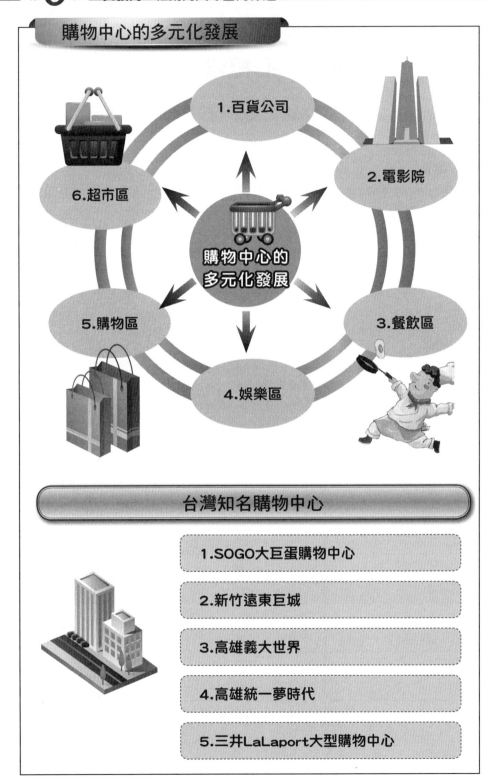

購物中心的多元化發展

1.百貨公司

2.電影院

購物中心的
多元化發展

6.超市區

3.餐飲區

5.購物區

4.娛樂區

台灣知名購物中心

1.SOGO大巨蛋購物中心

2.新竹遠東巨城

3.高雄義大世界

4.高雄統一夢時代

5.三井LaLaport大型購物中心

圖解通路經營與管理

Unit 3-34
美妝、藥妝連鎖店

一、美妝、藥妝連鎖店（drug & beauty store）

(一) 意義：此係指銷售美妝及藥妝品為主力訴求的連鎖店，以女性消費者為核心，近年來，其重要性愈來愈重，對流行品、化妝品、保養品、保健品、藥品、洗髮乳品牌廠商而言，這是一個重要的行銷通路與業績產生來源。

(二) 示例：目前以屈臣氏（580家店）最大，康是美（400家店）為第2大，寶雅（280家店）為第3大。康是美為統一企業集團旗下公司；寶雅則為國內本土公司，已上櫃掛牌；屈臣氏則為香港公司，在中國大陸發展得很好，已有3,000多家店。

二、屈臣氏公司簡介

(一) 屈臣氏於1841年在香港成立，是全球最大保健美容連鎖店，它在全球27國，計有1.5萬家連鎖店。

(二) 屈臣氏對顧客的承諾，即是：「look good, feel great.（看起來很好，感覺更棒）」。屈臣氏的行銷理念，即在不斷進步向前，讓顧客能夠滿意微笑。

(三) 屈臣氏於1987年進入台灣市場，目前全台已有580店，持有寵i卡會員數達到550萬人之多。它提供2.5萬個多元化品項，每月服務顧客數超過700萬人次。

(四) 屈臣氏主售三大類商品，即美麗、健康及個人用品；細節來說，包括品類有：臉部保養品、化妝品、醫美品、保健品、美體美髮品、日用品、運動休閒品、食品、寵物用品、嬰兒品、家庭清潔品等。

(五) 屈臣氏獨家開發出自有品牌有：Watsons屈臣氏、Miine、Orita及NutriPlus活沛多等。

(六) 屈臣氏早在多年前，即開設官方網購，積極推展OMO（Online Merge Offline，線上＋線下並進），以虛實並進融合方式，為顧客提供更好、更方便服務。此外，屈臣氏也推出APP服務，在APP手機上，可以查詢、下訂單、結帳、累積點數等多功能服務。另外，屈臣氏也推出「線上訂，門市店快速取貨」及「3小時閃電送」等服務。

三、松本清簡介

(一) 松本清是日本前三大藥妝店，全日本門市計1,700家之多，於2018年進軍台灣市場，首家旗艦店開在台北市西門町，迄2023年止，台灣計有21家門市店，預計五年內，松本清在台門市店將達100家。

(二) 松本清在台灣旗艦店，其產品系列計分為二大專區及十大區域，包括如下：

1. 一樓為彩妝保養品專區，計有六大區域，包括：限量特惠商品、季節新品、松本清獨家品牌、彩妝體驗區等。

2. 二樓為生活個人醫藥專區，共有四大區域，包括：日本零食區、個人用品區、口腔護理區、男士用品區。

(三) 台灣松本清也致力於爭取到跟日本同步上市的新產品及好品牌，使消費者有新鮮感。

(四) 日本目前流行的主流，其店型是大型複合式藥妝店；所謂大型複合式藥妝店，就是指除了藥妝品外，還增加食品及其他商品販賣，讓店面可以有更多年齡層消費者進來。目前，台灣松本清的女性與男性之比例為85%對15%。

(五) 台灣松本清希望成為「具有日本風格」的藥妝店，並用日本獨特商品，在台灣實現獨一無二的差異化。

(六) 此外，在日本松本清店裡常有一些互動性宣傳，例如液晶螢幕打廣告，或是直接教消費者使用方法的宣傳機等，也將引進台灣。

(七) 在台北西門町旗艦店裡，屬於觀光客店型，因此也有提供外語專屬服務人員。

國內3大美妝、藥妝連鎖店的店數及年營收排名

1. 寶雅（280店）（中南部大店居多）（目前已擴及大台北地區）（2022年營收額達190億元）

2. 屈臣氏（580店）（年營收額達180億元）

3. 康是美（400店）（年營收額達130億元）

全台美妝、藥妝店發展趨勢

① 展店迅速，深入社區

② 發展自有品牌趨勢明顯，提升獲利

③ 已成為彩妝品、保養品、女性日常用品、藥品等業者上架通路

④ 發行紅利積點會員卡（例如：屈臣氏寵i卡、寶雅卡、康是美卡）

⑤ 建立自己的線上商城網站銷售，做到O2O及OMO虛實整合、全通路目標

⑥ 朝向多元化事業體系發展，例如：寶雅增加「寶家」五金百貨店發展、康是美增加「康是美藥局」發展，以增加未來成長性

Unit 3-35
最快崛起的美妝連鎖店：寶雅

一、最有潛力的黑馬：寶雅

在前三大藥妝、美妝店中，又以寶雅最具潛力，寶雅公司目前是唯一的上市公司，股價不錯，寶雅賣場的特色為：

(一) 店面坪數比較大，比屈臣氏、康是美都大，因此，就可以容納比較多的品類及品項。

(二) 某些類別的品項最為齊全，消費者的選擇性更多。

(三) 它是從中南部發跡的，逐步走向北部都會區；可以說是「從鄉下包圍都市」。

二、寶雅公司深入分析

(一) 公司簡介

POYA寶雅為個人美妝生活用品賣場店的代名詞，自1985年成立以來，以其核心價值優勢、穩定成長茁壯，迄今全國總店數已達280家，會員人數已超過500萬人，在店數發展、年度營收及市場占有率皆為業界之冠！從國內外美妝保養品、開架及醫美保健品牌、各式帽襪、內著服飾、百搭配件、生活良品、居家美學、各國休閒食品飲料、繽紛飾品、品牌專櫃等多元品類，提供多達4萬5千多項的優良嚴選商品。寶雅秉持一貫地服務熱誠，以貼近顧客生活及融合時尚元素為精進動力，提供顧客最專業便利、最新奇多元的購物體驗，其賣場坪數平均為100～300多坪，為求營造明亮寬敞、豐富精彩的購物環境，滿足顧客一次購足所需用品的期待。

(二) 各類商品銷售占比

1.飾品與護理品：占16%。

2.保養品：占16%。

3.家用百貨：占15%。

4.彩妝：占13%。

5.食品：占11%。

6.洗沐：占10%。

7.其他：占19%。

(三) 未來發展策略

1.持續店鋪升級與產品組合優化。

2.持續快速展店。

3.建立物流體系。

(四) 年營收額：190億元。（2022年度）

(五) 毛利率：42%。

(六) 獲利率：14%。

寶雅：最快崛起的原因

原因 ① ➡️ 店面坪數較大，
約100～300坪

原因 ② ➡️ 產品品項多元、多樣、新奇、獨特

原因 ③ ➡️ 從中南部鄉下包圍到北部都市

原因 ④ ➡️ 價格中價位

 圖解通路經營與管理

國內前3大美妝連鎖店

排名	公司	店數	年營業額
1	寶雅	280店	190億
2	屈臣氏	580店	180億
3	康是美	400店	130億

Unit 3-36
台灣OUTLET最新發展概述

一、OUTLET購物中心

　　OUTLET是1980年代後半誕生於美國的全新商務流通模式，最早由名牌服裝工廠在倉庫建立起FACTORY OUTLET，利用工廠倉庫銷售訂單餘貨，因為是品牌真品，既有高質感，同時價格低廉，廣受顧客喜愛，後來這種FACTORY OUTLET日漸繁榮，許多品牌把分店集中在一起開設，以名牌和低價吸引顧客，慢慢演變為由多家銷售名牌過季、下架、零碼商品的商店組成的休閒、購物一體化之購物中心。於今，OUTLET已經成為美國、歐洲、日本流行的購物方式，舒適的購物環境，眾多世界頂級品牌，讓人心動的超低折扣，OUTLET是全家享受購物、美食、遊樂的最好去處。

二、台灣OUTLET產業快速成長原因

　　根據台灣商研院的統計，台灣地區OUTLET產業每年以30%的速度成長，大大超過百貨公司2%的成長率。

　　台灣OUTLET產業快速成長原因如下：

(一) 各館品牌商品有很大的優惠折扣及便宜。

(二) 吸引全家大小到此快樂度過一天。

　　根據統計，全台主要OUTLET的總營收已近400億元，約為全台百貨公司的1/10，目前仍在擴建及成長中，是一股新消費力。

三、台灣6家大型OUTLET的比較表

業者	總坪數	年營收	地點	定位
1.林口三井	4.2萬坪	66億	新北市林口	日系OUTLET代表，擁有最多日本品牌
2.華泰名品城	7.4萬坪	90億	桃園	由華泰大飯店投資，主力為歐美精品
3.麗寶OUTLET	4.8萬坪	40億	台中	結合鄰近的水陸雙主題樂園
4.台中港三井	5.4萬坪	46億	台中	・日系三井在台第二家OUTLET ・主打親子體驗
5.義大世界	5.8萬坪	40億	高雄	高雄地區第一家大型遊樂區及OUTLET
新光三越OUTLET	2.6萬坪	50億	高雄	新光三越百貨公司轉投資OUTLET第一家

四、台灣大型OUTLET比較分析

茲列舉國內大型OUTLET公司比較分析如下：

名稱	成立	櫃位數	2022年營收	特色
1.新北林口三井	2016年	310個	66億	台灣據點最多，強調日本時尚品牌、餐飲品牌
2.台中港三井	2018年	230個	46億	同上
3.台南三井	2022年	250個	45億	同上
4.華泰名品城（桃園）	2015年	285個	90億	單點營業額最高
5.義大世界（高雄）	2010年	320個	40億	南台灣最大OUTLET
6.麗寶（台中）	2017年	250個	40億	以遊樂園為主力
7.禮客（台北）	2005年	100個	20億	都會型小而美
8.新光三越SKM Park（高雄）	2022年	220個	50億	台北新光三越投資

五、台灣最大OUTLET連鎖店：三井OUTLET

來自日本的三井集團，非常看好台灣OUTLET現在及未來的成長性，因此，投入大量資金在大型OUTLET經營。

主要有如下6個OUTLET購物中心：

三井OUTLET及LaLaport購物中心6家明細

地點	開幕時間	總投資額	櫃位數
1.新北市林口	2016年	200億	310個
2.台中市梧棲	2018年	50億	230個
3.台北市南港	2023年	400億	250個
4.台中市東區	2022年	100億	250個
5.台南市歸仁	2022年	30億	250個
6.高雄市鳳山	2024年	100億	250個

六、OUTLET櫃位商品來源、差別及比例

(一) 商品來源

一般在OUTLET櫃位商品貨源，主要有二種管道：

1.各品牌廠商（含代理商）的過季商品。

2.各品牌業者專門為OUTLET開闢專屬的生產線所生產出來的OUTLET商品。

(二) 差別

專屬生產線商品，其差別為：

1.品管要求略低些。

2.設計較簡單。

3.款式較大眾化。

4.尺寸較齊全。

5.貨量充足。

此5點為與正價品之差異。

(三) 在OUTLET購物中心，有多少比例來自正櫃？多少來自OUTLET專屬生產線？此比例大約為3：7；即3成來自正櫃商品的過季品，7成來自OUTLET專屬生產線。

七、OUTLET正櫃商品的過季品

為了避免影響到正價品的銷售狀況，以及維持正價品的價格穩定性；很多知名品牌的正櫃過季商品，不會在一過季之後，就立刻將產品移往OUTLET銷售，通常都會先拿回倉庫放一年，等隔年才會在OUTLET上架，不然正價品是賣不動的。

八、OUTLET過季品打多少折

正櫃庫存品的折扣，大約會降到6折、5折、3折以下。對業者而言，就是想辦法把它全數出清變現；對消費者來說，折扣殺到這麼低，亦是買到賺到，買賣雙方都很滿意，這也是OUTLET業績在全球都日益風行的原因。

九、新光三越首座OUTLET，2022年2月已在高雄開幕

(一) 新光三越繼百貨公司及購物中心後，已正式宣布再跨足OUTLET市場，在2022年2月高雄草衙道購物中心現場，打造占地超過2.6萬坪的國際級生活複合式OUTLET「SKM Park」，規劃超過220間店鋪，更強調會堅持做折扣品，是真正的OUTLET中心。

(二) SKM Park是新光三越與擁有超過20年開發OUTLET經驗的TOC公司團隊共同合作，由TOC負責招商及營運，全區有超過220間店鋪，主打全年折扣3～65折的國際品牌，且擁有30多個餐飲品牌的大型美食廣場。另外，還有10個影廳的影城、遊樂園、賽車道、健身中心、保齡球場、生活書店、寵物店、烹飪教室、美容護膚中心、美髮沙龍等差異化設施。

(三) 相較其他OUTLET SKM Park會堅持做折扣品，一線精品也是努力目標，娛樂機能是SKM Park與其他OUTLET的差異化。SKM Park預估年營收50億元。

Unit **3-37**
藥局連鎖店：近年來快速崛起

一、意義

藥局連鎖店也是近幾年來快速崛起與普及的零售業種之一。

很多藥廠、保健品廠商的產品都要靠此類流通通路去銷售。

二、主要營運者

國內藥局、藥店主要前5大連鎖業者，如下：

公司	店數	上市櫃
1.大樹藥局	250店	上櫃公司
2.杏一藥局	200店	上櫃公司
3.丁丁藥局	70店	—
4.維康藥局	50店	—
5.啄木鳥藥局	40店	—

三、主要銷售品項

連鎖藥局主要銷售的品項有：保健品、嬰兒用品、醫藥用品、營養用品、日常百貨、奶粉、紙尿褲、生技產品、媽媽用品、醫療器材、老人輔具、慢性處方箋……數百個品項。

四、寄售或買斷

連鎖藥局的產品進貨，部分採取寄售方式，部分則採取買斷方式。寄售是指每月結帳，賣多少結帳多少；買斷則是一次性支付現金，將產品買進來上架鋪貨。

五、毛利率與獲利率

藥局的毛利率大約在40%左右；獲利率在5～8%之間。

六、未來發展趨勢

連鎖藥局已漸成為主流趨勢，在某地區內，三、五家藥局也可以形成連鎖趨勢，拓店數會愈來愈多。

七、坪數空間

坪數空間大致在30～100坪之間均可。

八、大樹藥局連鎖店

(一) 全台大樹藥局連鎖店達250店，占全台藥局1,350家的市占率約為18%。

（二）大樹藥局的主要產品系列，包括有：婦幼、保健、藥品、生活用品、處方箋等五大系列產品。

（三）大樹藥局成立於2000年，迄今只有23年歷史，總公司在桃園市中壢區。

（四）大樹年營收達150億元，年獲利額4.6億元，獲利率為2.1%。

（五）大樹公司的經營理念有三項：

1.願景：值得您信賴的藥局。

2.使命：創造健康每一天。

3.價值：專業、誠信、共享。

（六）經營策略：

1.持續展店，擴大經濟規模。

2.擴大延伸海內外事業版圖。

3.OMO發展（線上與線下融合並進發展業務）。（註：OMO，英文為Online Merge Offline）

4.持續網羅各類專業人才。

5.建構健康大平台。

（七）未來發展潛力：大樹藥局目前會員人數達180萬人之多，由於台灣老年化發展顯著，未來商機與成長空間仍很大。

九、杏一藥局連鎖店

（一）國內第二大杏一藥局連鎖店，創立於1990年，目前在台灣及中國大陸計有266家直營店。年營收為53億元，稅後淨利1.4億元，毛利率31%，獲利率3%。

（二）杏一於2012年，即成為第一家上櫃的藥局連鎖店。

（三）該公司經營理念為：專業、服務、品質、效率。

（四）該連鎖店目前計有31大類產品及3萬個品項，主要為藥品、保健品及生技產品。

（五）經營策略：

1.持續優化產品結構。

2.精進專業服務品質。

3.持續門市展店。

4.精準掌握消費者需求。

5.與顧客建立長期與穩定連結。

6.與供應商共同開發高附加價值商品。

十、康是美：衝刺100家藥局

康是美藥妝店看好國內老年化發展及藥品／保健品市場潛力巨大，因此，自2022年開始，決定衝刺100家「康是美藥局」，店內有藥師進駐，可調劑、供應處方藥，還能為顧客量身打造推薦適合的健康食品。目前，國內保健食品市場規模達1,600億元之多，年成長率6%，讓各大業者紛紛瞄準這塊市場。

國內較大型連鎖藥局

4.維康藥局
（50店）

2.杏一藥局
（200店）

1.大樹藥局
（250店）

5.啄木鳥藥局
（40店）

3.丁丁藥局
（70店）

連鎖藥局主要銷售品項

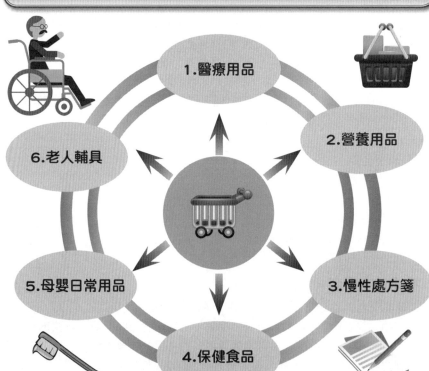

1.醫療用品

2.營養用品

6.老人輔具

3.慢性處方箋

5.母嬰日常用品

4.保健食品

Unit 3-38
五金百貨及居家用品連鎖店

一、主要營運者

公司	店數
1.寶家	45大店
2.特力屋（B&Q）	25大店
3.特力和樂（HOLA）	22大店
4.振宇	100店

二、主要銷售品項

　　大型居家用品連鎖店主要銷售的品項有：傢俱、寢具、收納架、燈具照明、五金工具、家電空調、衛浴設備、廚房用具、園藝品、地板、窗簾、油漆、建材、鍋具、餐桌、DIY產品……。

三、寄售

　　居家用品連鎖店的產品進貨，主要是採取寄售，賣多少，算多少；而買斷則為少數。

四、坪數空間

　　大約數百坪到數千坪，屬於大型賣場的一種。

五、主要客層

　　以男性客層居多，女性次之，有居家修繕需求者為主。

六、特力屋簡介

(一) 台灣首座大型居家修繕中心

　　「特力屋」是台灣首座大型居家修繕中心（home improvement center），為台灣注入居家修繕DIY熱潮，同時以「家」的產業自許，以專業服務至上作為企業經營理念，提供居家修繕最佳方案，幫助每一位來到「特力屋」的顧客創造家園、實現幸福。

(二) 問得到、找得到、辦得到，專業服務貼近需求

　　強調顧客服務，力求以「問得到、找得到、辦得到」的服務精神，提供居家修繕解決方案。每一個員工均受過商品使用與知識的專業訓練，賣場的各商品區域均安排專屬人員，以提供消費者問得到專業建議以及諮詢。商品方面，「特力屋」提供超

過3萬種的豐富品項，讓每位顧客找得到居家修繕、布置或裝潢時所需選購的所有工具與材料。另外，在全國25家分店內規劃「專案裝修服務中心」，依顧客需求量身打造，為消費者辦得到客製化的居家專案工程。

七、「寶家」五金百貨連鎖店簡介

(一) 寶家五金百貨連鎖店是知名的寶雅美妝雜貨連鎖店的第二個品牌經營，它於2016年始成立，即快速拓展。

(二) 寶家以平價、簡易、便利為核心，打造輕鬆上手的五金百貨，人人都能自助DIY動手作。

(三) 寶家目前已有45家大店，每店都有300坪大，從中南部起家。目前，年營收60億元，獲利率10%。

(四) 全台五金百貨年產值約有600億元。

(五) 寶家提供多元化品項及嚴選優良商品，品項數達3萬項，可供顧客一站購足。店內產品包括：專業五金、修繕配件、耗材、居家用品、生活用品、洗淨用品、收納櫃、休閒食品飲料、個人護理等產品類別。

八、特力屋與特力和樂（HOLA）簡介

(一) 在特力集團旗下，還有2個比較大型的居家用品修繕連鎖店，一個是特力屋品牌店，另一個是特力和樂（HOLA）品牌店。

(二) 此二品牌連鎖店內的產品系列，包括：寢具傢飾、餐廚用品、廚衛燈具、五金工具、窗簾、油漆、建材、收納等。

(三) 此二品牌的經營方針，主要有：

1.以社區為中心，就近服務社區居民，提高各地區會員的滲透率及回購率。

2.持續拓展品牌代理業務。

3.持續與品牌聯名，推出獨特性商品。

4.持續升級體驗式服務，增加體驗樂趣，提升顧客黏著度。

國內4大居家用品連鎖店

2.特力屋（B&Q）（25大店）

3.特力和樂（HOLA）（22大店）

1.寶家（30大店）

4.振宇（100店）

五金百貨及居家用品店銷售品項

 品項 傢俱、寢具

 品項 五金工具

 品項 廚房、衛浴用具

 品項 收納架、燈具照明

 品項 園藝用品、建材

 品項 油漆、餐桌、DIY產品

Unit **3-39**
生機（有機）連鎖店

一、意義

最近幾年有日漸崛起的生機連鎖店，是一種新業態，店裡主要強調食安問題，提供顧客安全、安心、健康的生活，回歸自然的一種賣場。

每店的坪數，大致在30～50坪之間，與便利商店坪數相當。

二、主要營運者

生機連鎖店的主要營運者有4家，如下表：

公司	店數	年營收額
1.聖德科斯	150店	25億
2.里仁	120店	20億
3.棉花田	60店	10億
4.台灣主婦聯盟	30店	5億

三、特色

(一) 產品幾乎都強調：有機、自然、天然、無農藥，食安放第一。

(二) 產品的售價比一般店要略高10～30%。

(三) 供應商也不是全國性大廠，是有區隔的。

四、主力客層

以女性、家庭主婦、上班族、年齡40～60歲，中產階級以上、經濟條件較佳者為主力客層。

五、未來發展趨勢

生機連鎖店近幾年來，有了比較快的成長，未來發展情況看好，因為它的定位獨特，而且具有區隔性。

六、聖德科斯連鎖店簡介

(一) 目前，聖德科斯全台連鎖店計有150店。其經營宗旨如下：

1.慎選食材。　　　　2.健康烹調。　　　3.營養補充。

4.無農藥、天然。　　5.樂活一生。　　　6.把關每一天食安。

7.保存原味。　　　　8.吃得安全、安心。

(二) 聖德科斯店內的品項計有：

1.蔬菜類。　　2.腰果、堅果。　　3.麥片。　　4.冷凍食品。　　5.水果。

6.飲品。　　　7.保健食品。　　　8.米。　　　9.油脂。

國內4大有機產品連鎖店

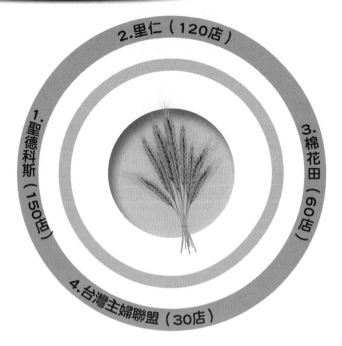

2.里仁（120店）

1.聖德科斯（150店）

3.棉花田（60店）

4.台灣主婦聯盟（30店）

有機連鎖店的特色

1.強調自然、天然、無農藥，食安放第一

2.售價比一般店要高10～30%

3.供應商多為中小企業居多

Unit 3-40
眼鏡連鎖店及書店連鎖店

一、眼鏡連鎖店

(一) 主要營運者：前3大眼鏡連鎖店，如下表：

公司	店數	上市櫃
1.寶島	240店	上櫃公司
2.小林	145店	—
3.仁愛	85店	—

(二) 主要銷售品項：鏡框、鏡片、日拋式隱形眼鏡、藥水、保健食品等。

(三) 主要客層：以年輕學生、年輕上班族居多，中老年人居次，以有配眼鏡需求者或戴隱形眼鏡需求者為主。

(四) 未來發展趨勢：單店經營及連鎖經營二者會並重。

二、連鎖書店

(一) 主要經營者

公司	店數
1.誠品	45店
2.金石堂	30店
3.墊腳石	11店

(二) 主要客層：客層分布較廣泛，有年輕學生、年輕上班族、親子、中年人等，男、女性均有。

(三) 銷售品項：有各類書籍（藝文、商管、經濟、小說、散文、醫藥、健康、歷史、傳記……）、文創、文具商品、音樂CD……。

(四) 寄賣或買斷：書店的書籍大都是寄售、寄賣方式居多，每月結帳一次。

(五) 發展趨勢：

1.書店經營並不容易，不少店因虧損而關門。目前，只有誠品實力比較堅強，且有朝向網路書店經營趨勢。

2.國內出版社及書店都經營不易，主要是買書的人少了、看書的人少了，衰退幅度幾達一半之多；這些就造成出版社及書店的不景氣。只剩下大型出版社及大型連鎖書店能夠存活下去。

國內3大眼鏡連鎖店

  寶島眼鏡（240店）

 小林眼鏡（145店）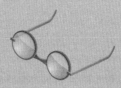

 仁愛眼鏡（85店）

國內3大連鎖書店

2.金石堂
（30店）

1.誠品
（45店）

3.墊腳石
（11店）

Unit **3-41**
生活雜貨品連鎖店

在生活雜貨連鎖店方面，國內比較具代表性的是DAISO（大創）、DON DON DONKI（唐吉訶德）及MINISO（名創優品）三家，茲簡介如下：

一、DAISO（大創）

(一) 大創成立於1977年，係日本公司，2000年進入台灣市場。

(二) 該公司定位在「高品質、多樣性與獨特性」為訴求，提供多樣化、平價、優質商品的零售連鎖店。大創全球年度總營收達4,200億日圓（約1,200億台幣）。

(三) 大創連鎖店的商品超過7萬項，每月新開發超過500項新商品。

(四) 大創日本國內計有3,200家直營門市店，海外26個國家超過1,900家門市店。

(五) 大創主要品類，為一般家用日常品、雜貨品、食品、飲料、彩妝品、玩具、娛樂用品等。

(六) 大創連鎖店主要特色：

1.不斷自我否定，促進商店及商品的進化。

2.打造1美元低價商店所無法仿效的店鋪，創造零售業新價值。

3.創造高品質、豐富化的商品。

4.壓倒性的店鋪數量與物流網路，實現低價格。

(七) 大創連鎖店的3大優勢：

1.高品質。

2.多樣化。

3.獨特性。

二、DON DON DONKI（唐吉訶德）

(一) 唐吉訶德也是日系公司，2020年底進軍台灣市場。首店開在台北市西門町，有三層樓，24小時營業。

(二) 該公司在全球有637家門市店，在日本、美國加州、新加坡、泰國、香港、台灣均有分店。

(三) 該連鎖店的產品系列計有：食品、生鮮、酒、化妝品、雜貨品、體育用品、玩具、寵物用品、零食等多樣化產品。

(四) 唐吉訶德的店鋪內招牌，都是用人工手繪的POP廣告招牌為特色。

(五) 該公司成立於2013年，成長迅速，目前為日本上市公司。

三、MINISO（名創優品）

(一) 第三家介紹的是來自中國的MINISO（名創優品）生活雜貨連鎖店。

(二) 該公司訴求的是「年輕人都愛逛的生活好物集合店」。

(三) 該公司的三大DNA：

1.優質但低價。

2.歡樂。

3.隨心所欲。

(四) 優質低價是名創優品打造產品的永恆目標，消費者以親民的價格，就能買到高CP值且高品質的優質好產品。

(五) MINISO的願景是：成為更懂年輕人、有態度、有溫度的自用消費品牌。

(六) 「產品為主」始終是MINISO最重要的企業戰略，它聚焦Z世代年輕消費族群，並緊貼當下年輕人的消費潮流。

(七) 自創立以來，MINISO已經與HELLO KITTY、漫威、米奇米妮、可口可樂、故宮宮廷文化、芝麻街、粉紅豹、Bears熊等全球知名IP（智慧產權、標誌）合作，推出一系列深受年輕人喜愛的聯名商品。

(八) MINISO迄今已在全球超過4,200家門市店，除中國之外，還進入美國、加拿大、俄羅斯、德國、澳洲、台灣等80個國家。

(九) 憑藉著高CP值、高品質、且具設計感的特質，MINISO已成為生活日常消費領域深入人心的品牌之一。

(十) MINISO號稱為「中國百元雜貨店」，並成功赴美國上市。

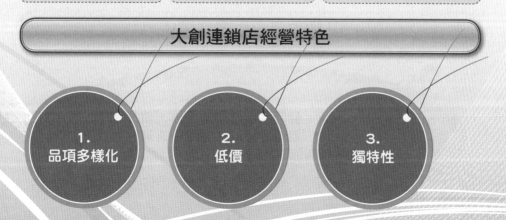

Unit **3-42**
運動用品連鎖店

由於國人日漸重視運動健身,因此各種健身中心及運動用品連鎖店也日益蓬勃發展。目前,國內最大的運動用品連鎖店,即是「迪卡儂」。

一、迪卡儂連鎖店簡介

(一) 迪卡儂為台灣最大的運動用品量販店。

(二) 全台計有16家大店,迪卡儂公司係來自法國,總公司在台中市,它專責採購及連鎖店經營,年營收為46億元。店內有60種運動品類,以及1萬件商品品項。目前,在新北市三重店,計有1,500坪之大,是全台旗艦店。

(三) 迪卡儂提供的主力品類計有:登山、健行、跑步、露營、健身、重量訓練、足球、籃球、棒球、游泳、慢跑、瑜珈、自行車、水上運動、兒童體適能等產品。

全台最大運動用品連鎖店

迪卡儂

全台最大運動用品連鎖店

全台16家大店

迪卡儂主力產品類

登山、跑步、健行、自行車、游泳、健身、露營、足球、籃球、棒球、慢跑、瑜珈、水上運動、體適能等品項

Unit 3-43
服飾連鎖店

一、服飾連鎖店可區分為國內及國外二類

(一) 國內：最大業者為NET，其他還有SO NICE及iROO等業者。

(二) 國外：最大業者為優衣庫（UNIQLO），其他還有GU、H&M、ZARA、GAP等業者。

二、優衣庫簡介

(一) 優衣庫（UNIQLO）為日系服飾，號稱為日本的國民服飾，以平價、優良品質及簡單款式為訴求，目前為全球前3大服飾公司，是全球性企業。

(二) 優衣庫在2010年到台灣，迄今全台已有70家大店，成功打進台灣市場。優衣庫的消費族群以年輕上班族為主力。

(三) 日本優衣庫在2014年又推出另一個品牌GU，其消費族群又更加年輕，以學生為主力。

三、NET簡介

(一) NET為國內最大本土服飾業者，全台計有150家門市店。NET門市店近幾年來，轉向「開大店，關小店」的策略，因為大店的經營績效比小店更好。

(二) NET基本上也是以平價、親民價格為主力，設計款式也朝向女裝、男裝、童裝等多元化、多目標客群、家庭全客層等邁進。

(三) NET並沒有自己的工廠，都是委外代工（台灣及中國），力求降低成本，才能以平價銷售出去。

主要快時尚服飾品牌

國內本土服飾
- NET
- SO NICE
- iROO

國外服飾
- 優衣庫（UNIQLO）
- GU
- H&M
- ZARA

日系優衣庫（UNIQLO）服飾經營特色

特色 ①

平價（親民價格）

特色 ②

優良品質

特色 ③

簡單款式

特色 ④

大型門市連鎖店

Unit 3-44 書店連鎖店

國內的書店連鎖店主要可區分為實體及網購二大類：

一、在實體書店方面，以誠品書店為最大，其次為金石堂書店。國內實體書店經營，近十年來有很明顯的衰退，整體出版業也衰退近50%之多，產值只剩1/2。

二、在網購方面，以博客來為最大，momo電商及誠品線上購次之。

三、誠品公司為上櫃公司，但其書店部分並沒有賺錢，主要是靠另一部分的誠品生活百貨而賺錢的。

四、近年來，誠品往社區開中小型店發展；另在電商通路亦積極經營誠品線上書店，希望做到像博客來一樣好。

五、誠品書店會員有250萬人，目前正積極鞏固這些會員的回購率。

國內三大實體書店及網購書店

2.金石堂書店

3.墊腳石書店

1.誠品書店
（實體最大）

4.博客來
（網購最大）

誠品生活的4大新的經營方向

 轉向社區開設中小型誠品店

 加強線上網購書店的經營

③ 已取得大型店經營（例如：新店裕隆購物中心）

 鞏固250萬會員忠誠度行銷

Unit **3-45** 咖啡連鎖店

一、1998年當美國星巴克（Starbucks）登台時，全台咖啡連鎖店只有300多家，到現在已超過2,000家之多，成長高達7倍之多。

二、目前，國內最大營收額的咖啡連鎖店為星巴克，年營收額達110億元，獲利7億元，全台總店數為400家，全數為直營店。

三、但若論及咖啡連鎖總店數，則以路易莎為最多，店數達520家之多，加盟店為380家，直營店為140家，年營收額達25億元，仍落後星巴克很多。

四、近幾年來，路易莎投資2億元，建立餐食廠、烘焙廠、焙豆廠等4座中央工廠，以及500坪的物流中心。

五、路易莎現在餐食占了總營收的一半，包括蛋糕、披薩、三明治、排餐等；如果只賣咖啡，路易莎可能無法存活下去。

六、過去十多年，路易莎的經營策略都是快速展店，但自2020年之後，路易莎就不急著展店，而是擴大店的坪數，以及轉向「全方位生活門市店」，例如開設親子店、圖書館店等特色門市店。

七、路易莎在2021年已申請成為上櫃公司。

八、路易莎的基本訴求是「平價的精品咖啡」，平均一杯咖啡約在70～80元，比星巴克一杯130元，要便宜一些。

國內2大咖啡連鎖店

1.星巴客咖啡
（營收額第一名）
（營收額大幅領先路易莎）

VS.

2.路易莎咖啡
（營收額第二名）
（店數第一名）

國內4大便利商店型咖啡

第一大：統一超商CITY CAFÉ

・年售3億杯
・年營收130億元
・咖啡年獲利：26億元

第二大：
全家超商
Let's Café

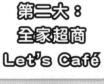

第三大：
萊爾富
Hi Café

第四大：
OK超商
OK CAFÉ

Unit **3-46**
無店鋪販賣類型

一、展示販賣（display selling）

係指在沒有特定銷售場所下，臨時用租借或免費的方式在百貨公司、大飯店、辦公大樓、騎樓或社區等地方，展示其商品，並進行銷售活動。目前像汽車、語言教材、家電、健康食品、錄影帶、服飾等業別均有採用此方式。

二、郵購（mail-order，或稱型錄購物）

係指利用型錄、DM、傳單等媒體，主動將產品及服務訊息傳達給消費者，以激起消費者購買慾。郵購商品一般是使用送貨到家或郵寄兩種途徑。目前，國內較大的型錄公司包括有：東森購物、DHC網購、富邦momo購物等。

三、訪問販賣（interview selling）

訪問販賣亦可謂之直銷（direct sales），係透過人員拜訪、解釋與推銷，以完成交易。訪問販賣之進行，係透過產品目錄、樣品或產品實體等向客戶促銷。目前來說，例如：人壽保險、生前契約業務推廣、安麗、雅芳、葡眾等均屬之。

四、電話行銷（Telephone Marketing，簡稱TM行銷或Tele-Marketing）

係指利用電話來進行客戶之服務或產品銷售之任務，又可區分為兩種：(一) 接聽服務（inbound）：被動透過電話接受客戶之訂貨、查詢與抱怨。(二) 外打電話（outbound）：主動透過電話向目標客戶群解說產品性質並做銷售推廣活動。

五、自動化販賣（auto-machine selling）

此係指透過自動化販賣機以銷售產品，目前這種趨勢有日益明顯現象。例如：飲料、報紙、衛生紙、花束、生理用品、麵包、點心等包羅萬象；在日本尤為普遍。

六、電視購物（TV-shopping）

藉著電視機螢幕而下達採購電話指令，以完成銷售及付款作業，又被稱為有線電視購物（cable TV, CATV）：目前國內最大電視購物公司為東森，有4個購物頻道居第一大、富邦momo、靖天及viva等4家公司，係採取現場（live）節目直播。電視購物25年前在台灣快速崛起，形成新的零售通路創新典範，但近幾年來已達飽和期，不再成長了。

七、網站購物（internet shopping）及行動購物（mobile shopping）

網站購物是透過PC連網或手機點選商品，B2C網站購物近年來快速成長，已日漸普及。目前國內比較大的購物網站，包括雅虎奇摩、PChome、博客來、台灣樂天、momo購物網、蝦皮購物、生活市集、東森購物網、GoHappy等公司。另外，這些網站近年來也快速發展行動（手機裝置）購物，其占比均已拉升到占60～80%之間。

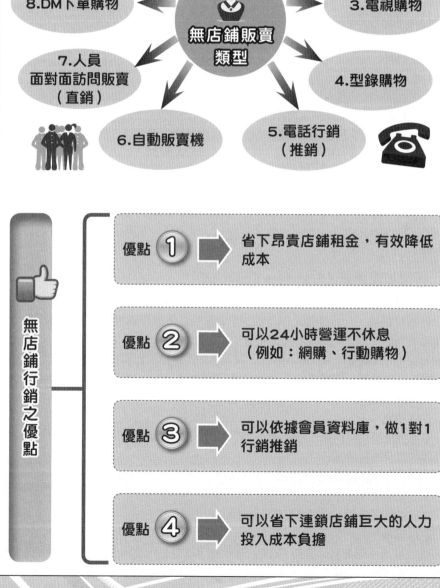

無店鋪販賣（日本用語）類型

1.網路購物

9.展示販售

2.行動購物

8.DM下單購物

無店鋪販賣
類型

3.電視購物

7.人員
面對面訪問販賣
（直銷）

4.型錄購物

6.自動販賣機

5.電話行銷
（推銷）

無店鋪行銷之優點

優點①➡️ 省下昂貴店鋪租金，有效降低成本

優點②➡️ 可以24小時營運不休息（例如：網購、行動購物）

優點③➡️ 可以依據會員資料庫，做1對1行銷推銷

優點④➡️ 可以省下連鎖店鋪巨大的人力投入成本負擔

Unit **3-47**
連鎖店之經營概述（Part I）

一、直營連鎖（corporate chain或regular chain）

(一) 特色

所有權歸公司，由總公司負責採購、營業、人事管理與廣告促銷活動，並承擔各店之盈虧。

(二) 優點

1.由於所有權統一，因此控制力強、執行配合力較佳。

2.具有統一形象，且擁有自己的行銷通路。

(三) 缺點

1.連鎖系統之擴張速度會較慢，因所需資金龐大，且要展店。

2.資金需求較為龐大，負擔沉重。

3.風險增高。

4.人力資源與管理會出現問題，尤其當店面數高達千個時，全台人力的到任、離職、晉升等管理事宜，將非常複雜，不是總部容易管理的。

(四) 示例

誠品書局、金石堂書局、麥當勞、星巴克、康是美、肯德基、新光三越百貨、全聯、三商巧福、全國電子、小林眼鏡、科見美語、信義房屋、永慶房屋、屈臣氏、COSTCO、SOGO百貨、微風百貨、燦坤3C、家樂福、愛買、中華電信、台哥大、遠傳等。

二、授權加盟連鎖（Franchise Chain, FC）

(一) 意義

係指授權者（franchiser）擁有一套完整的經營管理制度，以及經過市場考驗的產品或服務，並有一具知名度之品牌；加盟者（franchisee），則須支付加盟金（franchise fee）或權利金（loyalty），以及營業保證金，而與授權者簽訂合作契約，全盤接受它的軟體、硬體之know-how，以及品牌使用權。如此，可使加盟者在短期內獲得營運獲利。

(二) 優點

1.在授權加盟契約裡，授權者對於經營與管理之作業仍有某種程度之控制權，不能允許加盟者為所欲為。

2.藉助外部加盟者的資金資源，可有效的加速擴張連鎖系統規模。

3.投資風險可以分散。

4.不必煩惱各店人力資源招募及管理問題。

(三) 示例

統一超商、萊爾富、全家、OK、五十嵐、珍煮丹、麥味登、85度C咖啡、丹堤咖啡、八方雲集、cama咖啡、21世紀房屋、住商房屋、大苑子、四海遊龍等。

直營連鎖店的4大優點

4. 可提供體驗行銷及售後服務場所之用

3. 具有企業形象、品牌形象之宣傳

2. 擁有策略經營的主動權及積極權

1. 擁有行銷通路自主權及掌握業績命脈

加盟連鎖店的4大優點

1. 可以加速拓展店數

2. 可以減輕自己經營的人員管理負擔及財務資金準備

3. 經營風險可以轉到加盟店東身上

4. 較易快速展店，形成規模經濟效益

Unit **3-48**
連鎖店之經營概述（Part II）

三、授權加盟經營know-how內容

有關授權加盟整套經營know-how之移轉項目，包括如下：

(一) 區域的分配（配當）。

(二) 地點的選擇。

(三) 人員的訓練。

(四) 店面設計與裝潢。

(五) 統一的廣告促銷。

(六) 商品結構規劃。

(七) 商品陳列安排。

(八) 作業程序指導。

(九) 供貨儲運配合。

(十) 統一的標價。

(十一) 硬體機器的採購。

(十二) 經營管理的指導。

四、連鎖店系統之優勢

各型各樣的連鎖店系統在最近幾年來，如雨後春筍的成立，形成行銷通路上一大革命趨勢，到底連鎖店系統有何優勢，茲概述如下：

(一) 具規模經濟效益（economy scale）

連鎖店家數不斷擴張的結果，將對以下項目具有規模經濟效益：

1.採購成本下降，因為採購量大，議價能力增強。

2.廣告促銷成本分攤下降，因為以同樣的廣告預算支出，連鎖店家數愈多，每家所負擔的分攤成本將下降。

(二) know-how（經營與管理技能）養成及複製

連鎖店愈開愈多，每一家店在經營過程中，必然會碰到困難與問題，如果將這些一一克服，必可累積可觀的經營與管理技術，再將之標準化後，廣泛運用於所開店面，如此，連鎖系統的成功營運就更有把握了。

(三) 分散風險

連鎖店成立數十、數百家之後，將不會因為少數幾家店面無法賺錢，而導致整個事業的失敗，是以具有分散風險之功能。

(四) 建立堅強及統一的形象

連鎖店面愈開愈多，與消費者的生活及消費也日益密切，藉著強大連鎖力量，可以建立有利與堅強的形象，如此也有助於營運之發展。

連鎖店系統經營4大優勢

① 快速達成規模經濟效益

② 經營know-how可以養成及複製

③ 可以分散風險

④ 可以建立堅強及統一的形象

國內成立的直營連鎖店品牌標竿典範

4.
遠東百貨

11.
王品餐飲

1.
全聯超市

8.
家樂福

5.
寶雅
美妝百貨店

12.
中華電信

2.
新光三越百貨

9.
星巴克

6.
威秀電影城

13.
・UNIQLO服飾（優衣庫）
・GU服飾
・NET服飾

3.
SOGO百貨

10.
瓦城餐飲

7.
COSTCO
（好市多）

14.
台哥大電信

Unit **3-49**
電子商務之定義及類別

一、電子商務的5種類別

　　電子商務的類別有很多，其分類方式也不同。它可依交易對象、使用科技，以及應用層次的不同，有不同歸屬的分類。若以交易對象的觀點，電子商務一般可分為4類：企業對企業（B2B）、企業對消費者（B2C）、消費者對消費者（C2C），此外，還有B2B2C第4種模式，茲分述如下。

(一) 企業對企業（B2B）

指所有發生在兩個組織間的電子商務交易，主要為採購商與供應商之間的談判、訂貨、簽約等企業數位電子化的供應鏈活動。由於大量商品價值鏈的交錯連結，B2B模式亦衍生出電子市集的協同商務交易模式。
Laudon and Traver（2002）另外提出政府為特殊組織對象的B2G模式（Business to Government）。因為政府同時也是商品和服務的取得者，可視為一種特殊類型的企業，將其歸入B2B類型。例如：阿里巴巴的中小企業貿易資訊網，即屬B2B模式。

(二) 企業對消費者（B2C）

指企業與消費者間的交易，相當於網路商店或線上購物的零售商提供消費者售前、售後與銷售的服務，這種模式節省了消費者與企業雙方在訊息交換上的時間，其經營模式相當於將傳統商店的交易行為移動到網際網路上。因此，亦稱為電子商店或網路商店。例如：momo、PChome、Yahoo！奇摩購物中心、蝦皮、博客來、台灣樂天等。

(三) 消費者對消費者（C2C）（拍賣網，個人對個人）

指所有消費者彼此間的商業交易，可能透過網站上經營者的交易平台來進行交易活動。網站經營者不負責商品的物流，而是協助市場資訊的匯集，集合買家和賣家到同一平台上，並且建立信用評等制度，以方便買賣雙方進行交易判斷。

(四) B2B2C（商店街）

例如：PChome商店街、Yahoo！奇摩超級商城及台灣樂天商場等，均屬於此種B2B2C模式。

電子商務4種模式

	賣方		
	1.企業	2.消費者	3.商店
買方 企業	企業對企業（B2B）		
買方 消費者	企業對消費者（B2C）	消費者對消費者（C2C）	企業對商店對消費者（B2B2C）

台灣知名的各類型電商公司代表

B2C

(1)momo　　　　(2)PChome
(3)雅虎奇摩　　(4)博客來
(5)東森購物　　(6)GoHappy
(7)lativ　　　　(8)蝦皮
(9)生活市集　　(10)OB嚴選
(11)86小舖

B2B2C

(1)PChome商店街市集
(2)雅虎超級商城
(3)momo摩天商城
(4)台灣樂天

C2C

(1)PChome露天拍賣
(2)雅虎拍賣
(3)蝦皮

Unit **3-50**
網購商品價格較低的原因及毛利率與營業淨利率

網路商品價格通常會比實體零售據點商品較便宜的原因有以下幾點：

(一) 網路設店（Net Store）成本較低：實體零售據點的開支成本比較大，例如：裝潢費、房租費、人事薪資費、庫存費、促銷廣告費、水電費、冷氣費……，固定成本加上變動成本後，費用不算低。

但在網路上設店或經營網路購物，則比較不需有店面費及人事費，只要有一個總公司辦公場所，再加上物流倉庫備貨就可以了，故其成本是比較低的。

(二) 全球化：網路具有超連結的全球化，任何一個國家消費者均可上網採購，此在產品採購、議價來源方面，就可以取得較低的優勢。

(三) 物流宅配業的進步與普及：網路購物早期令人擔心的是物流宅配業的配合，包括送貨速度天數及送貨成本偏高等兩項因素。但隨著國內宅急便的不斷進步與普及，使得這方面的問題得到克服。

(四) 進入障礙低、彼此競爭激烈：網路購物業者基本上來說，進入障礙不算太高，並不需要龐大的數十億、數百億固定投資金額，而經營know-how也不會特別難。目前這部分的人才及應用套裝軟體（ASP）不少，所以操作或想創業並不難。因此，在這種狀況下，使競爭者增多，不免會發生同業降價競爭的事件。另一方面，為吸引傳統到實體店面購買的消費者轉到網購來，這也需要一些低價格的誘因才可行。

(五) 精簡行銷通路層次：網購業者大部分也向原廠採購進貨，非不得已才會轉向代理商，或經銷商發展，故在傳統行銷通路層層剝削下，網購業者似乎可以更加通路扁平化，因此進貨成本可低一些，售價自然就可以跟著降低。

(六) 資訊情報取得低廉，消費者進行比價較容易：由於網購在消費者線上操作查詢產品價格的速度非常快，會造成消費者作比較與分析、最後才下單購買。此價格資訊的完全透明化、快速化及完全對稱化，令產品也朝低價方向發展。

(七) 從消費者端看，低價才能使他們從實體轉到虛擬通路來購物：要改變傳統消費者習慣到實體零售據點去接觸實體後才購買的習性，網購廠商必然需要提出一些令消費者願意改變行為與改變認知的方法或手段，而低價策略正是迎合了年輕網購族群的一個最大利益點（benefit）及獨特銷售量點（Unique Sales Point, USP），這也是網購業者可以存活的基本本質之一，否則高價網購的營運模式（business model）是不容易成功的。

(八) 網購廠商降低自己毛利率，少賺一點，增加營收：目前，第一大的momo的毛利率在13～15%之間，淨利率約3～5%之間。

網路購物產品價格較低原因

| 1.
網路設店成本較低 | 2.
全球化 | 3.
物流宅配業的進步與普及 | 4.
進入障礙低，彼此競爭激烈 | 5.
精簡行銷通路層次 | 6.
資訊情報取得低廉，消費者進行比價較容易 | 7.
從消費者端來看，低價才能使他們從實體轉到虛擬通路來購物 | 8.
網購廠商降低自己毛利率，少賺一點，增加營收 |

各網購公司的商品總品項數

1.momo （300萬品項） （2.5萬個品牌數）	2.PChome （300萬品項）	3.蝦皮購物 （200萬品項）
4.雅虎奇摩 （100萬品項）	5.東森購物 （80萬品項）	6.生活市集 （40萬品項）

台灣2大上市櫃電商公司毛利率及營業淨利率

momo
及
PChome

→ 毛利率：
在13～15%之間（毛利率不算高）

→ 營業淨利率：
3～5%之間（淨利率不算高）

2022年度momo獲利1,000億×3%＝賺30億

Unit **3-51**
電子商務（網購）快速崛起原因

這幾年來，國內B2C網路購物快速崛起，各大網站的營收額都呈現高速成長態勢，包括（2022，年營收）：

> PChome：350億　　momo購物網：1,038億　　蝦皮購物：160億
> 東森購物：80億　　博客來：70億

分析國內網路購物快速崛起的原因有：

(一) 商品品項非常多、非常豐富

在網站內可以放下幾十萬到幾百萬的品項。

(二) 物流宅配進步很大

台灣地區由於地方不大，加上國內幾家宅配物流公司（例如：統一速達、新竹物流、東元集團台灣宅配通）也有現代化營運；因此，宅配時間縮短了；目前，已可24小時全台灣快速到貨；台北市甚至可以6～12小時即到家。

(三) 價格便宜，而且可以網上比價

網購產品由於去掉中間通路商，因此定價會比較低一些；而且可以快速比價，享受比價樂趣。

(四) 上網人口快速增加

目前，台灣地區上網人口已達1,700萬人；其中，有1,000萬人曾經網路購物過，故其基礎相當雄厚。

(五) 可以分期付款

由於台灣地區金流服務已很成熟，加上促銷活動，故一些金額比較大的家電、資訊3C、數位產品等均可採取分期付款方式，提高了消費誘因。

(六) 網購安全機制日益強化

網購的安全機制日益強化及改善，使一般消費者不再擔心網上購物；並且敢用信用卡付款。

(七) 推出家用日用品購物

日用品類洗髮精、沐浴乳、奶粉、醬油、沙拉油、餅乾、泡麵、洗潔精、洗衣精、牙膏、飲料等均可在網路上買到，價格跟量販店買的差不多，而且有人送到家可省掉開車去載買的麻煩，因此，這方面的業務成長非常快，滿足了消費者的需求。這些商品的循環性及回購率相當高，可提升業績額，並搶走超市及量販店生意！

(八) 知名國外進口彩妝、保養品、精品品牌也上網站

一些知名品牌過去比較不太敢隨意上架網購，怕影響其品牌形象，而且銷售量也不是很大，因此均未重視此通路。但如今，此通路的營收日益擴大，消費族群也完全普及，成了不可忽視的一個通路。網站上則成立「品牌旗艦館專區」來吸引消費者。當網站上名牌愈多，也就愈加促使消費者來網站購物，形成了良性循環。

(九) 行動購物下單的快速普及崛起，占比已超過7成，成為新一波拉升電商新動能。

電子商務（網路購物）快速崛起原因

網路購物快速崛起原因

1. 商品品項非常豐富
（如momo有300萬品項，2.5萬個品牌）

2. 物流宅配進步很大，早上訂，晚上到
（台北市），全台24小時到

3. 價格便宜（尤其momo具規模經濟效益）

4. 上網人口快速增加，網購人口突破1,000萬人

5. 可以分期付款

6. 網購安全機制日益強化

7. 推出家用日用品購物

8. 知名國外進口品牌也上網站開賣

9. 行動購物下單，占比已超過7成，成為新一波
拉升電商產值新動能

消費者

行動手機購物占總營收之占比日益快速增加

PChome
（60%占比）

momo
（80%占比）

雅虎
（70%占比）

蝦皮
（80%占比）

博客來
（80%占比）

Unit **3-52**
電子商務（網購）通路重要性日增

一、網購虛擬通路日益成為重要行銷通路

（一）網購市場規模據資策會報告指出已達5,000億元（含B2C、B2B2C及C2C），占全國零售總產值4兆元的15%左右；此已成為國內消費品的重要行銷通路之一。

（二）很多知名品牌均已登上前幾大購物網站，另外，中小企業及知名商店亦已加入PChome及雅虎奇摩的商店街、momo摩天商城、蝦皮、台灣樂天等，對中小企業及商店而言，此管道也成為它們重要的銷售通路。PChome、蝦皮及雅虎超級商城的商店街已有近1萬家商店在網上銷售產品。

（三）另外，實體通路的零售公司也紛紛拓展虛擬通路的網購業務，以虛擬與實體並進的方式，希望不流失顧客。例如：SOGO百貨、新光三越百貨、COSTCO、愛買、家樂福量販店、統一超商、誠品書店……等亦建置自己的購物網站。

二、無店鋪（面）販賣經營要點

要成功經營無店鋪販賣，應注意下列幾個要點：

(一) 要建立完善的客戶資料檔案（CRM，顧客關係管理的一種資訊系統）。

(二) 產品要具備足夠之特色（或消費獨特點）。

(三) 定價要合理，不應比店面貴。

(四) 要建立快速的配送系統（一般都是委外處理，宅配公司已日趨普及進步）。

(五) 要有負責任的售後服務作業（客服中心平台）。

(六) 要建立企業形象及商譽，讓消費者信任。

194

(七) 要有一套規劃完善的經營管理制度與資訊系統（電話訂購、物流出貨、信用卡刷卡金流及商品資訊四大系統）。

(八) 要擇定適合做無店鋪販賣之產品類別。

(九) 要努力開展行銷動作，建立消費者心目中的品牌知名度。

(十) 需有可信賴與安全的金流機制與銀行配合。

(十一) 推出分期付款（免息），從3～12期的分期，使消費者減低一次支出消費負擔，提升購買意願。

(十二) 七天鑑賞期之內，可無條件退貨。

(十三) 七天之內必送到家中，都會區內，二天內則會送到。

(十四) 客服中心24小時無休，接受電話訂購及售後服務詢答。

(十五) 免費型錄供人在便利商店取拿，或是免費寄到數十萬會員家裡。

電子商務已成為重要行銷通路

廠商商品上架

（一）
B2C綜合電商模式

➡ momo購物、PChome購物中心、雅虎購物中心、博客來、東森、GoHappy網、蝦皮、生活市集等

全年近 2,000億 銷售產值

（二）
B2C垂直電商模式

➡ ＯＢ嚴選、86小舖、PAZZO、lativ、東京著衣、天母嚴選等

全年近 200億 產值

（三）
B2B2C電商模式

➡ PChome商店街市集、雅虎超級商城、momo摩天商城、台灣樂天、蝦皮等

全年 300億 產值

（四）
專賣各種票券、
美食券電商網站

➡ ＧＯＭＡＪＩ、生活市集、雅虎超級商城、好漁網等

全年 100億 產值

（五）
C2C
個人拍賣網

➡ 蝦皮、PChome露天拍賣及雅虎拍賣中心

全年 300億 產值

Unit **3-53**
全台第一大電商（momo網購公司概述）

　　一、成立：於2004年，初期以電視購物為主力，後來，2009年轉向發展電商（網購）為主力。

　　二、年營收：於2022年達1,038億元，其中，電商營收額超過950億元，電視購物營收額則僅50億元，電商占比超過95%。

　　三、上市櫃：為上市公司，2023年3月股價超過700元，為零售百貨股的股王最高價。

　　四、員工人數：超過3,000人。

　　五、品牌數：目前，在momo電商網站上，品牌總數超過2.5萬個，品項數達300萬項。

　　六、倉儲數：全台北、中、南計有3個大型物流中心，每個坪數達2.5萬坪；另在全台各縣市有60個中小型衛星倉，每個約8,000坪。

　　這些為數眾多的倉儲數，保證了全台24小時快速到貨的物流送貨能力，台北市則12小時內可到貨。

　　七、自有車隊：已經投資建立自己的送貨車隊，名稱富昇物流，占全部貨運量約15%。

　　八、momo會員數：momo會員人數已突破1,000萬人，為全台最多，每月不重覆訪客數、活躍會員年增率、平均訂單數量，均有二位數成長。

　　九、紅利點數：紅利點數的促銷活動，稱為momo幣，有效吸引會員忠誠回購率。

　　十、關鍵成功因素歸納

　　(一) 商品力佳：2.5萬個品牌數，大品牌也很齊全，商品品質佳，品牌數選擇夠多，300萬品項，各種規格都有。

　　(二) 價格低：由於momo年營收已達1,038億元，居全台之冠，且達銷售經濟規模，採購議價能力提高，可用較低價格進貨，故能低價（平價）供應給會員購買，實在是「物美價廉」。

　　(三) 物流快速：由於momo在全台有60個大、中、小型倉儲中心，故可快速送貨到各縣市消費者家中或附近便利商店店取，得到很高滿意度。

　　(四) 服務好：momo退貨或客服中心的服務均很快速處理，也有好口碑。

　　(五) 介面設計佳：momo手機購物占比達80%以上，在手機介面設計方面，非常方便、好用、快速，讓消費者有很好的體驗。

　　(六) 促銷多：momo經常性推出各種節慶促銷或是每天限時／限量促銷價格，回饋實惠給會員，更吸引會員持續性回購。

十一、未來營收額目標

預計2025年年營收即可超越1,200億元。

十二、大數據分析

momo利用大數據分析，能算出各主要品項在各縣市、各倉儲中心的備貨量及庫存數，故能快速安排送貨。

十三、未來成長性

momo認為：目前電商僅占全台零售額的20%而已，因此，未來成長空間仍很大。

全台第一大電商：富邦momo

1. 全年營收額超過1,038億元（超過新光三越百貨的880億元）

2. 品項數達300萬個

3. 品牌數達2.5萬個

4. 全台大、中、小型倉儲物流中心：60個

5. 會員人數達1,000萬人

6. 紅利集點：momo幣

momo成功關鍵6因素

1. 品項及品牌多元，可選擇性高（300多萬個品項）

＋

2. 平價，高CP值

＋

3. 物流宅配快速（全台60個物流中心、主倉及衛星倉，24小時到貨）

4. 售後服務佳（退貨快，免運費）

＋

5. 手機資訊設計介面佳，使用很便利

＋

6. 每天限時、限量促銷多，很低價，吸引人

Unit 3-54
富邦momo電商：2022年度營收突破1,038億元，創歷史新高之分析

一、2022年營收突破1,038億元，創歷史新高

根據富邦媒體科技公司（momo）發布的財報顯示，momo在2022年度的營收額正式突破1,000億元大關，來到1,038億元，持續成為國內遙遙領先的第一大電商（網購）公司。此年營收額，也超過新光三越百貨的880億元及SOGO百貨的450億元；僅次於統一超商本業的1,800億元、全聯超市的1,700億元，以及好市多（台灣COSTCO）的1,500億元，位居全台第4大零售業公司。

二、2022年營收突破1,000億元原因分析

富邦momo在短短二十年之間，在2022年，電商業績即能突破1,000億元的6大原因如下：

(一) 雙11節、雙12節大型促銷檔期，業績大幅成長。

(二) momo每天都有很特別的「限時低價」優惠產品，很受歡迎。

(三) 全台持續投資北、中、南大型物流中心及各縣市中型衛星倉儲中心，全台合計已達60個之多，加速全台各縣市物流宅配運送速度，台北市12小時內可到，全台24小時內可到，顧客滿意度高。

(四) momo手機畫面的資訊系統介面設計非常簡便及順暢，顧客體驗良好。

(五) momo品牌數超過2.5萬個，總品項超過300萬個，消費者可多元化、多樣化選擇性高，也很方便買到想買的東西。

(六) momo會員數超過1,000萬人，深耕會員回購率，會員年營收貢獻率高達90%。

三、總結：momo成功的7大經營優勢

總結歸納來說，momo營收突破1,000億元史上新高，成為第一大電商平台的成功7大經營優勢，如下：

(一) 產品力強大、產品組合完整、品質穩定、產品品項特多，可選擇性高。

(二) 價格低廉，具物美價廉特色，可滿足大眾購物需求。

(三) 促銷活動多，能真實回饋顧客。

(四) 物流宅配速度快，送貨及退貨速度均很快。

(五) momo手機畫面資訊介面力完美、順暢、便利使用。

(六) momo服務力良好，客訴很少。

(七) momo在電商（網路）第一品牌印象及好口碑深入顧客心，使其能具高回購率及不斷提升業績力。

momo：2022年營收額達1,038億元，創史上新高6大原因

1.
雙11節、雙12節
大型促銷檔期
成功

6.
會員人數超過
1,000萬人，貢獻
率高達90%

2.
每天限時低價
促銷時段成功

5.
品項超過
300萬個，品牌
超過2.5萬個

3.
全台60個物流
倉儲中心及衛星
倉，快速送達

4.
手機畫面資訊
系統介面設計
簡單及好用

momo：成為第一大電商的7大經營優勢

1.產品力強大、產品組合及品牌完整，可選擇性高

2.價格低廉，具物美價廉特色

3.促銷活動多，優惠回饋會員

4.宅配物流速度快

5.IT資訊畫面設計良好、便利使用

6.服務優良，客訴少

7.口碑佳、形象良好、回購率高

Unit **3-55**
全台百貨商場最新發展趨勢分析專題

一、2023～2028年：全台將有30個大型百貨商場完工開幕

　　根據實務界人士統計，從2023～2028年的六年間，全台將有30個大型百貨商場完工開幕，合計有40萬坪以上空間。其中，各縣市包括：

(一) 台北市：

1.SOGO大巨蛋館（306萬坪）。

2.南港三井LaLaport購物中心（5萬坪）。

3.新光三越東區中型百貨公司。

4.信義區雙子星商場（5萬坪）。

(二) 新北市：

1.新店裕隆商場（201萬坪）。

2.林口三井OUTLET第二期。

(三) 高雄市：三井LaLaport購物中心（6萬坪）。

(四) 台南市：三井OUTLET第二期。

(五) 台中市：廣三SOGO超級購物城（10萬坪）。

二、大型百貨商場開發擴及全台6都

　　未來五年內，這30個大型百貨商場不止在台北市，而且將擴及到：新北市、台中市、高雄市、台南市及桃園市等6個全台主力消費人口市場。

三、全台商場百貨未來發展5大主流趨勢

　　未來全台百貨商場興建及營運的5大主流趨勢，計有：

(一) 大型化

　　每個百貨商場面積坪數都至少2萬～10萬坪之間，規模愈來愈大已是趨勢。

(二) 複合化

　　係指百貨商場內提供的功能已是複合化趨勢，包括：賣商品、餐飲、影城、娛樂、休閒、趣味、文化、專賣店、超市……等多元化功能複合在一起提供。

(三) 全客層化

　　大型百貨商場鎖定的目標客群，已不是分眾化，而是全客層化；年輕的、學生的、上班族的、親子的、中壯年的、老年的客層，均含括在內。

(四) 量變，質也變

　　大型百貨商場的全台數量日益擴增，量體變化了；質方面，也日益提升更好的大空間、一站購足及美好體驗感，質也變了。

(五) 百貨商場彼此間競爭更激烈了

　　在百貨公司、購物中心、OUTLET三種型態之間的市場爭奪戰，會更加激烈

了，業者們都要做好心理準備。

四、掀起招商品牌戰

　　未來這些大型購物中心、百貨公司、OUTLET，必然要爭取引進受歡迎的大品牌及具有特色的中小品牌進駐，才能提高集客力及業績力。而各品牌也將有機會出現在更多、更大的通路據點，對品牌廠商業績成長潛力也帶來助益。

五、對消費者的影響分析

　　大型百貨商場愈開愈多，對消費者將有3大影響：
(一) 消費者購物、餐飲、娛樂的選擇性將更多、更方便。
(二) 消費行為將轉向更多的大型百貨商場，單一的商店生意恐受影響。
(三) 消費者將是最大贏家。

六、對百貨零售產值影響分析

　　全台每年的百貨公司、購物中心及OUTLET合計的年產值規模，將從過去的3,300億元成長到2022年的4,000億元，以及再成長到2028年預估的4,500億元之多。成長率超過30%，繼續保持最大產值的零售業別，超過便利商店業、超市業、量販店業及電商網購業的產值。

七、目前較大型的購物中心及百貨公司列示

(一) 大型連鎖百貨公司
1.新光三越（20館，年營收880億元）。
2.遠東百貨（13館，年營收570億元）。
3.SOGO百貨（7館，年營收450億元）。
4.微風百貨（9館，年營收300億元）。
5.高雄漢神百貨（2館，年營收170億元）。
(二) 單一型百貨公司
1.台北101百貨。
2.京站百貨。
3.統一時代百貨。
4.大葉高島屋百貨。
5.台中廣三SOGO。
(三) 大型連鎖購物中心
1.三井OUTLET（3館，年營收170億元）。
2.三井LaLaport（3館，年營收250億元）。
(四) 單一型購物中心
1.環球購物（新北市）。
2.大直美麗華（台北市）。

3.華泰OUTLET（桃園）。

4.大江（桃園）。

5.台茂（桃園）。

6.麗寶（台中）。

7.統一夢時代（高雄）。

8.義大世界（高雄）。

9.南紡中心（台南）。

10.宏匯廣場（新北市）。

11.比漾廣場（新北市）。

12.遠東巨城（新竹市）。

八、大型購物中心受歡迎原因分析

大型購物中心近年來大量開幕營運，主要是它有市場性，能夠創造高營收及合理利潤。而就消費者角度看，它們受歡迎的原因有以下5點：

(一) 可享一站購足

可一次滿足購物、餐飲、電影、娛樂、休閒、文化、聚會聊天、朋友見面等多元化顧客需求。

(二) 坪數大、體驗感佳

大型購物中心面積大、坪數多、裝潢新，現場體驗感極佳，滿意度也高。

(三) 方便性、便利性高

可一站購足，可多元、多樣化選擇，顧客感到便利性、不麻煩、不勞累。

(四) 停車方便

大型購物中心地下室及戶外的停車空間大，顧客開車停車方便。

(五) 全客層均喜歡

大型購物中心提供相當多元的業種在裡面，適合全家庭的、親子的、全方位客層的顧客均可來此。

全台百貨商場未來5大主流趨勢

趨勢 ➡ 大型化

趨勢 ➡ 複合化

趨勢 ③ ➡ 全客層化

趨勢 ④ ➡ 量變，質也變

趨勢 ⑤ ➡ 百貨商場彼此間的競爭更激烈了

大型購物中心受消費者歡迎原因

1.可享一站購足

5.全客層均喜歡

2.坪數大，體驗感佳

4.停車方便

3.方便性、便利性高

Unit **3-56**
2023～2024年多家新商場、新購物中心加入開幕營運

在2023～2024年間，由於全球新冠疫情已漸過，因此，國內多家大型商場及購物中心紛紛開張營運，使得國內大型商場及百貨公司競爭更加激烈。多家新商場加入，如下：

1.台北南港三井LaLaport大型購物中心。

2.新光三越在台北市東區的「Diamond Towers」新商場。

3.台北市大直的「NOKE忠泰樂生活」。

4.新北市新店的「裕隆城」購物中心。

5.新竹竹北市的「豐生活購物中心」。

2023～2024年多家大型商場加入營運

1.（LaLaport）三井台北市南港三井大型購物中心

2.（Diamond Towers）新光三越台北市東區鑽石塔中型百貨

3.台北市大直「NOKE 忠泰樂生活」

4.新北市新店「裕隆城」購物中心

5.新竹竹北市「豐生活購物中心」

Unit 3-57
2020～2024年外部大環境5項變化對零售百貨業的影響與衝擊

全球及台灣在2020～2024年面臨外部大環境的動盪不安，也對零售百貨業造成不利的影響與衝擊。包括如下：

(一) 全球新冠疫情

2020～2022上半年，新冠疫情對全球及台灣經濟造成不利衝擊；還好，自2022下半年起，全球新冠疫情漸趨解封及好轉，零售百貨業才回復正常。

(二) 俄烏戰爭

2022～2023年俄烏戰爭導致全球原物料及天然氣短缺與物價上漲（通膨）。

(三) 美國升息與全球通膨

2022～2023年美國為制止通膨，大幅採取升息到5～6%的高利率，影響企業借款利息成本及民眾房貸利息成本。

(四) 中美科技大戰及相互競爭對立

自2022年起，美國開始對中國的高科技、半導體設備及人才的出口採取管制措施，並聯合美國、日本、台灣、韓國，對中國高階晶片及半導體產品進行管制輸出。

(五) 台灣電子業出口衰退

台灣在2022下半年到2023上半年，由於全球電子、電腦、3C、面板等庫存過多、需求不振，使得台灣的電子業出現有史以來的首度出口連續10個月的衰退，影響出口廠商的營收及獲利。

以上5大項是外部大環境不利變化與衝擊，使得台灣各行各業及零售百貨業都面對「大挑戰」的來臨。

2020～2024年外部大環境5項變化對零售百貨業的不利影響

1.
全球新冠疫情（2020～2022年）

2.
俄烏戰爭（2022年～）

3.
美國大幅升息與全球通膨（2022～2023年）

4.
中美科技大戰及相互競爭對立（2022年～）

5.
台灣電子業出口衰退（2022～2023年）

Unit 3-58
SOGO百貨：如何開展新局再創顛峰

一、經營績效佳

雖然在全球疫情期間，但SOGO百貨連二年營收額仍創下佳績。2021年營收額為412億元，年獲利14億元；到2022年解封後，年營收額更上衝到450億元，成長率高達17%，年獲利也上衝到17億元，創下SOGO百貨史上新高。其中，台北SOGO忠孝館及復興館兩館營收均破100億元。

二、SOGO百貨老大哥面臨3大危機

創立已三十多年的SOGO百貨老大哥，雖然近二年營收及獲利均佳，但該公司董事長黃晴雯卻誠實的說出該百貨公司面臨的3大危機，如下：

(一) 電商快速崛起

近十年來，台灣電商（網購）行業快速崛起，尤其「富邦momo」電商公司，在2022年的營收額已突破1,038億元，遠遠超過新光三越的880億元、遠東百貨的570億元及SOGO百貨的450億元。尤其momo上市股價已上衝到800多元，成為零售百貨業的股王。電商快速成長，自然可能瓜分到百貨公司的市場空間。

(二) 主顧客群漸老化

SOGO百貨成立三十多年，它最忠誠、含金量最高的主顧客群年齡已高達45～65歲之間，逐漸老化，可說是最老顧客群的百貨公司，亟須爭取補上年輕客群，但又須兼顧老顧客群的喜好才行。

(三) 競爭對手加多、加劇

近五年來，由於新進者：微風百貨、三井OUTLET、三井LaLaport購物中心、比漾、宏匯等大型百貨公司及購物中心大量出來，亦想瓜分全台百貨公司的生意大餅，彼此間的競爭加劇。

三、改變心態是關鍵

SOGO百貨也面臨轉型期，黃晴雯董事長表示：SOGO百貨現在最難的是要「改變心態（mindset）」，要讓所有組織成員改變過去成功的模式、改變傳統思維、改變長久的心態，才是真正革新SOGO百貨的關鍵點所在。

四、測試1：高雄館減收入、增獲利

SOGO百貨在高雄三多館，因為商圈移轉，使營收大幅下滑，故把樓層分租出去給健身房及商辦，只留下地下2F到7F，轉為社區百貨，加重餐飲樓層，面積雖減半，營收卻增4成，坪數成長30%，這是成功轉型例子。

五、測試2：放下坪效、重客單價及回流率

SOGO百貨忠孝館有90坪空間，原為誠品書局，後來改為美容中心，邀請10個頂級美妝品牌進駐，為VIP會員提供免費護膚體驗，結果提高了這10個頂級美妝品牌

在1樓專櫃的客單價，此為成功轉型例子。

六、承租台北大巨蛋館，有3.6萬坪超級大館

　　SOGO百貨已承租下台北市大巨蛋館，名為「SOGO CITY」（SOGO城市），營業坪數高達3.6萬坪，有4個忠孝館大，結合購物、娛樂、餐飲、電影、運動、KTV……等多元化巨型購物中心，將帶來SOGO百貨更大的變革及創新。

七、結語：走在消費者更前面

　　總結來說，黃晴雯董事長表示，未來十～二十年，SOGO百貨要繼續保持榮景，必須更加努力做到下列3點：

(一) 必須動得比消費者需求更快，永遠走在消費者最前面。
(二) 一定要改變、一定要轉型、一定要創新。
(三) 要誠實面對挑戰、面對自己弱點、要朝轉型大步邁進、永不再走回頭路。

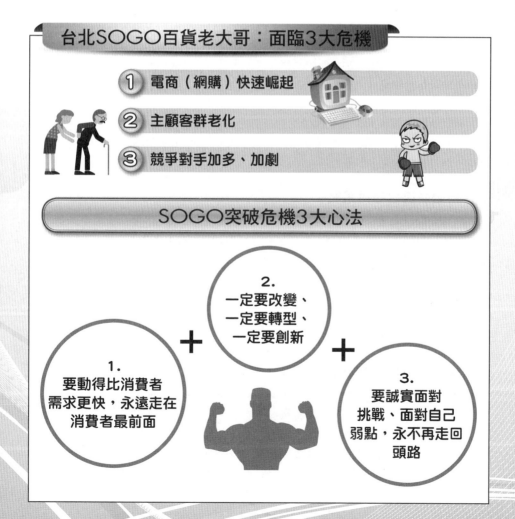

Unit **3-59**
大樹：藥局連鎖通路王國經營成功之道

一、公司簡介及經營績效

　　大樹藥局由董事長鄭明龍創立於桃園，近七年來，營收每年成長率平均達30%。從2014年登上興櫃，當時年營收僅16億元，但到2022年已高達150億元，七年年營收翻6倍成長，而年獲利亦有7.5億元。這種好績效，也得到外資證券投資公司的好評，而加強投入買股。

二、國內藥局連鎖市場未來成長潛力大

　　目前，國內藥局總店數約6,000家之多，每年產值規模達1,200億元。加上國內老年化、高齡化結果，使得對藥局的需求上升，以致於市場潛力大增。

　　根據推估，台灣藥局連鎖店數占比，只占全部的2成，其他均為單店經營。但這與美國、日本、中國相比較，他們的藥局連鎖店數占比卻高達5～6成，顯見國內藥局連鎖市場成長空間仍很大。預估到2030年時，國內藥局連鎖占比，可從現在的2成，成長到占5成比例。

　　目前，國內超過50家藥局連鎖的計有8家公司，分別為：大樹、杏一、丁丁、啄木鳥、長青、佑全、躍獅、維康。其中，以大樹及杏一兩家連鎖店最多，占有率達45%，這二家也均是上市櫃公司。

三、持續展店目標與策略

　　大樹藥局目前連鎖店，包括直營＋加盟合計數已達300店。鄭明龍董事長表示，未來仍將持續展店。預計2025年將達500店，2030年將達1,000店之多。大樹藥局持續拓店的3大策略為：

　　(一) 自己拓店（直營店）。
　　(二) 併購拓店。
　　(三) 加盟拓店。
　　在具體店型方面，未來將以商圈大型店300店，社區小型店200店並進方式。

四、未來營運成長動能的「三跨計畫」

　　除了上述持續展店策略外，鄭明龍董事長表示，大樹藥局將推動「三跨計畫」作為未來的持續成長動能，此「三跨計畫」為：

　　(一) 跨品牌
　　大樹已與日本第二大藥局連鎖公司SUGI戰略合作，包括SUGI入股大樹公司，以及引進SUGI公司的自有產品在台灣上架銷售，並與SUGI開設複合店模式。

(二) 跨產業

將主攻國內龐大的寵物市場，目前國內犬貓的數量已達290萬隻，市場潛力大，將設立寵物門市店。

(三) 跨海外

將首攻中國市場，與中國大陸的百大藥局合作，以授權加盟方式，推展在中國大陸的藥局連鎖市場。

五、打造健康產業的「四千計畫」推動

大樹藥局也已推動「四千計畫」，即：

(一) 千人：千人藥師人才團隊。

(二) 千面：爭取全面向消費者。

(三) 千店：目標1,000家門市店。

(四) 千廠：1,000家供應商。

六、做好OMO全通路策略

在通路策略方面，朝向實體門市店＋電商（網路）平台的OMO全通路策略。

(一) 在實體門市店方面，目前已有300店，未來目標是1,000店。

(二) 在電商平台方面，除自建的官方線上商城外，也將上架到momo、蝦皮等大型電商平台上。

七、大樹藥局的軟實力

大樹藥局的軟實力主要有2點：一是專業，全台計有1,000位藥師，提供藥品及保健品、輔具等專業知識；二是服務，已成立24小時客服，計有30位客服藥師提供貼心服務。

八、優化店內產品組合

為了提高門市店坪數，大樹已持續優化店內的產品組合，把賣很少量的產品下架，換上比較好賣、有需求的好產品，以提高整體門市店的營業額及坪數。

九、大樹藥局的經營理念

鄭明龍董事長表示，他的經營理念有3點：

(一) 強調品質第一：嚴格把關供應商的商品品質，把品質放在第一位。

(二) 講求誠信與專業：藥局經營的根本就是要注重誠信與專業，盡力滿足每一位顧客的需求及期待。

(三) 比別人早一步的創新理念：例如，大樹藥局很早就與國內嘉南及大仁兩所大學的藥學系合作，以吸引年輕藥師，克服目前藥師荒的問題點。

十、吸引藥師的作法

大樹吸引藥師的作法有2點：一是給予入股大樹公司的優惠，使他們與公司能更緊密結合在一起，不輕易離職；二是協助成立加盟店，實現自己是店老闆的夢想。目前，大樹藥師的離職率很低，這是大樹軟實力的最大支撐力量。

十一、大樹後勤支援系統

大樹已導入ERP系統及會員系統，能夠自動補貨。當天叫貨，隔天就到，降低門市店的缺貨。此外，大樹公司也已投資20億元，在桃園建立物流中心，以支援未來全台1,000店目標的快速物流能力。

十二、跨業合作

大樹也與零售異業合作，包括：
(一) 與全家超商打造複合店模式。
(二) 與家樂福量販店打造店中店模式。
這些也都是持續展店的異業合作策略展現。

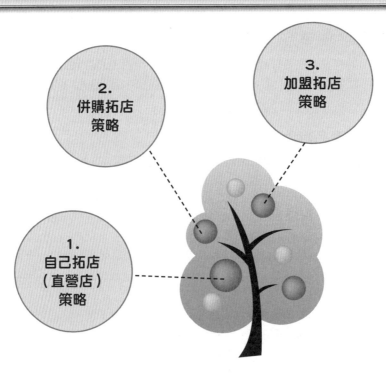

大樹藥局：持續拓店3大策略

1. 自己拓店（直營店）策略
2. 併購拓店策略
3. 加盟拓店策略

大樹藥局：未來成長動能的三跨計劃

1. 跨品牌（與日本大型藥局連鎖品牌合作）	+	2. 跨產業（轉攻龐大的寵物市場）	+	3. 跨海外（以授權加盟方式開拓中國大陸市場）

大樹藥局：3大經營理念

1. 強調品質第一	2. 講求誠信與專業	3. 比別人早一步的創新理念

大樹藥局：吸引藥師的作法

1.
給予入股大樹公司的優惠，成為公司小股東

2.
協助成立加盟店，實現自己成為連鎖店老闆的夢想

Unit **3-60**
日本「全家超商」的最近創新作為及觀察評論

一、公司簡介

　　日本全家超商（FamilyMart）在2016年躍居日本第二大超商，有1.6萬家門市店，它是伊藤忠商社的子公司。2023年，日本全家超商每日單店平均營收，已到53萬日圓（約12萬台幣），逐年有成長；但距第一大的7-11，仍有10萬日圓的差距，正努力追趕中。

二、創新思維

　　日本全家超商社長細見研介是一個具有創新行動的社長，他的創新思維可歸納為3點：

　　(一) 時代會不斷變化，因此，企業經營也要不斷應變。

　　(二) 數位技術進展快速，與其巨變，不如小步快跑。

　　(三) 如果把超商看成是只賣東西的店面，那能做的事就很有限；但如果把它看成是基礎建設，就可以想像各種形式的合作。

三、創新作為

　　日本全家超商近年來努力投入各種創新作為，分別有：

(一) 門市影音化、媒體化

　　日本全家超商已有2,000家店安裝了數位螢幕，稱為「全家超商影音」的新媒體專業，未來希望能帶來一些廣告費播放收入。就像美國最大零售公司WalMart（沃爾瑪）在門市店推送廣告，也有一些廣告收入。

　　目前，日本全家超商在門市店的播放內容，計有：

1.商品訊息。

2.促銷訊息。

3.音樂節目。

4.單曲節目。

5.最新新聞訊息。

　　希望未來能爭取到別人的品牌投放廣告，以增加一些收入。

(二) 成立數據分析公司

　　全家與日本第一大電信NTT Docom及日本第一大網路廣告代理商Cyber Agent公司，合資成立「Data one」數據分析公司。將買商品的客人及在地電信數據結合，知道買過某項商品的人，曾在這裡，而將廣告及優惠券發送給目標客人。

(三) 取藥服務

　　全家與藥局及藥劑師合作，先讓顧客在網路上下單，藥品到達門市後，一週內，

客人均可以到門市店取藥。

(四) 在門市店內販售冬天羽絨衣及夏天**T**恤。

四、實體門市店優勢

全家細見研介社長表示，雖然在數位化時代，但傳統上超商仍是聚集消費者及提供購物的場所，其最主要功能就是：

(一) 提供就近的方便性，顧客很便利的在附近就可買到東西。

(二) 實地的購物樂趣，尤其現在朝向大店化，整個體驗會更好。

五、無人門市店的發展障礙

目前，在日本超商的無人店仍未普及，主要障礙有幾點：

(一) 店內需安裝感應器，但缺半導體。

(二) 無人店缺乏有溫度的真人服務，客人滿意度不高。

(三) 坪效低，不如有人門市店，這種店營收低，不易賺錢，也就不易開展了。

六、結語：作者評論及觀點

本書作者我個人，針對台灣超商現況及日本創新作為，有如下幾點總結評論及觀點：

(一) 商品販售收入及服務手續費收入，仍是未來超商95%以上，最主要的收入來源。

(二) 門市店內裝設的媒體影音畫面，其自我宣傳效果會大於外面開拓的廣告收入，因為，付費的廣告主不易知道到底每天有多少人會看到店內螢幕上的廣告，也不易知道廣告效果如何。因此，恐不易招攬到足夠量的廣告收入。但是，對自己門市店內的產品宣傳、促銷訊息宣傳則是可以的。

(三) 超商無人店未來仍不會看好，台灣推動已五年多了，但成本／效益對照，卻是不佳的，來客太少，每日業績太少，台北市門市店店租費太高，再加上沒人服務的感受度不佳，無人店恐做不起來。

(四) 超商大店化仍是未來趨勢，大店比小店的效益觀感及體驗會更好。

(五) 台灣未來超商持續展店仍有空間，雖然六大都會區的超商店數已算密集了，但顧客要求更近的超商便利性需求仍是在的，只要有需求就仍會有商機存在。

(六) 超商店內的商品組合，仍在不斷的優化中，還是有優化空間。

(七) 超商近年來，流行的跨界聯名行銷、聯名推出商品的舉動，必會再推展，因為，效益不錯，會帶動業績的增加。

(八) 超商店內人員的服務品質已經不錯，未來仍可維持下去，提升顧客更好的印象及感受。

以上8要點是作者我個人對台灣及日本超商經營的觀察、分析及總結，謹供各位參考。

日本全家超商：3大創新思維

1.時代不斷變化，企業經營也要不斷應變

2.數位技術進展快速，與其巨變，不如小步快跑

3.如果把超商店面開成是基礎建設，就可想像各種形式的合作

日本全家超商：3大創新作為

1.
門市影音化、媒體化，帶來一些廣告播放收入

2.
成立數據分析公司，發送廣告及優惠訊息

3.
與藥局合作提供到門市店取藥服務

日本全家超商：「無人門市店」開展3大障礙

障礙 **1** ➡ 店內需裝感應器，但缺半導體

障礙 **2** ➡ 無人店缺乏有溫度的真人服務，客人滿意度不高

障礙 **3** ➡ 業績收入不佳，坪效低，店租成本高，收入低於成本，會虧錢

第 **4** 章

製造商對旗下經銷商的整合性管理與促進銷售

●●●●●●●●●●●●●●●●●●●●●●●●●● 章節體系架構 ▼

Unit 4-1　經銷商可能的因應對策與方向

Unit 4-2　製造商大小與經銷商的關係

Unit 4-3　品牌廠商業務人員應具備技能，以及旗下經銷商提出年度計畫報告

Unit 4-4　大型經銷商應對原廠（品牌大廠）提出他們的年度經銷計畫報告

Unit 4-5　品牌大廠對經銷商的教育訓練概述

Unit 4-6　理想經銷商的條件與激勵通路成員

Unit 4-7　對經銷商績效的追蹤考核

Unit 4-8　安排各種活動，讓經銷商對製造商有信心

Unit 4-9　廠商對經銷商誘因承諾及爭取，以及經銷商合約內容項目

Unit 4-10　代理商合約案例全文介紹

Unit **4-1**
經銷商可能的因應對策與方向

一、對經銷商及批發商改變的力量與對策

　　近五年、十年來，扮演製造商或末端零售商店的經銷商是行銷通路的一環，如今也面臨著如下環境改變的力量，包括：

　　(一) 不少全國性大廠商自己布建下游的零售店連鎖通路，以及建置自己的物流倉儲據點，擔任物流運輸工作

　　當然，其零售店也擔任著最終銷售給消費者的任務。如此，可能會有部分性的比例，取代了過去傳統經銷商的工作任務，此即被取代性，使經銷商生存空間愈來愈小。

　　(二) 資訊科技發展迅速，大幅進步

　　過去廠商與經銷商大部分靠電話、傳真與面對面的溝通協調及業務往來，如今已現代化與資訊化，經銷商也被迫要提升經營管理水準與人才水準，才能呼應全國性大廠的要求與配合。

　　(三) 無店鋪銷售管道的崛起（電子商務通路的快速崛起）

　　網際網路購物、電視購物、型錄購物、預購、行動購物等無店鋪銷售管道的崛起，也影響到傳統經銷商的生意。

　　(四) 物流體系與宅配公司的良好搭配，宅配公司快速發展進步

　　由於物流體系及獨立物流宅配公司的良好發展，使經銷商的這方面功能也受到取代性，台灣最近幾年的宅配物流也發展得很成功。

　　(五) 大型且連鎖性零售商崛起，直接向工廠進貨

　　包括大賣場、購物中心、百貨公司、便利商店、超市、專門店等，這些公司大部分直接跟廠商叫貨、訂貨及進貨，比較少透過經銷商，這也減少了經銷商的生意空間。

二、經銷商可能的因應對策與方向

　　經銷商面對上述不利的環境變化及趨勢，他們所可以採取的對策方向，可能包括了：

　　(一) 應思考如何改變過去傳統的營運模式（business model），亦即要考量如何革新及創新未來更符合時代需求性的新營運模式，並提升自身的價值。

　　(二) 應思考如何尋找新的方法、新的工作內涵及新的創意，而創造他們日益下跌的價值（value），要讓製造商覺得他們還有利用的價值存在，而不會拋棄他們。

　　(三) 應更快速找出新的市場區隔及新的市場商機。

　　(四) 應思考做全面性的改變，以脫胎換骨，展現新的未來願景及新的未來專業方針。

經銷商及批發商面對5大外部環境改變的不利趨勢

2. 資訊科技大幅進步

3. 電子商務通路快速崛起

1. 大型廠商建立自己的行銷通路及物流倉儲

4. 宅配物流公司,快速進步

5. 大型連鎖零售通路崛起,直接向工廠進貨

經銷商及批發商因應的對策

1. 應創造出新的營運模式,提升自己的價值

2. 要尋找新工作內涵及新方法,證明自己存在的價值

3. 應找出新的市場區隔與市場商機

4. 應全面改造、全面革新、全面脫胎換骨、全面採用新科技

Unit **4-2**
製造商大小與經銷商的關係

一、比較需要透過經銷商、代理商或批發商的產品類別

依目前台灣的行銷環境來說，仍然還是有不少產品的銷售過程中，必須仰賴各地區的經銷商或批發商。由於有些全國性品牌大廠的產品，都想要密集將商品遍布在全台每一個縣市、每一個鄉鎮的每一個不同店面上銷售，因此，公司自然不可能到處都設置直營營業所或直營門市店，這樣的成本代價太高，幾乎很少有企業這樣做。因此，比較偏遠地區透過經銷商或代理商，也就成必然的通路決策。

目前，國內仍仰賴經銷商運送到零售商的產品類別，包括有：

1.汽車銷售。　　　　　2.家電銷售。　　　　　3.電腦銷售。
4.機車銷售。　　　　　5.食品銷售。　　　　　6.飲料銷售。
7.菸酒銷售。　　　　　8.農畜產品銷售。　　　　9.手機銷售。
10.工業零組件銷售。
11.大宗物資銷售（如小麥、麵粉、玉米、沙拉油、菸、酒……）。
12.其他類產品。

二、製造商大小與經銷商的關係

(一) 大製造商對經銷商的優點及協助項目

1.大製造商或全國知名品牌製造商，例如：國內的統一、金車、味全、東元、大同、歌林、華碩電腦、光泉、味丹、桂格、松下、台灣P&G、台灣花王、台灣聯合利華、台灣金百利克拉克……等均屬之。

2.大製造商的優點有：(1)品牌大；(2)形象佳；(3)產品線多；(4)產品項目較齊全；(5)忠實顧客較多；(6)公司管理、輔導及資訊系統較上軌道；(7)有一定的廣宣預算。這些優點，對經銷商的銷售及獲利助益與貢獻，也會比較大。

3.換言之，經銷商們都要仰賴這些全國知名製造商的產品經銷，才能賺錢獲利，才能存活下去。

4.另外，全國性大廠也比較能協助、輔導這些經銷商們。包括：

(1)銀行融資上、資金上的協助及安排。

(2)資訊系統連線的協助及安排。

(3)產品、銷售技能及售後服務、教育訓練的協助及安排。

(4)實際派人投入經營管理與行銷操作上的協助及安排。

(5)對經銷商庫存（存貨）水準的協助及安排，以避免庫存積壓過多。

因此，大型製造商對經銷商的影響力很大。

(二) 中小型製造商對經銷商的影響力

中小型製造商或進口貿易商，由於他們的資源力量，不論人力、物力及財力，均不如全國性大製造商，因此對旗下經銷商的協助及影響力就相對小很多。

仍然仰賴經銷商、批發商的行業

2.食品、飲料業

1.大宗物資業

3.農產品業

4.菸酒業

5.汽車、機車銷售

7.麵粉、米、雜貨行業

6.3C、家電銷售

大型製造商對經銷商的優點

① 品牌力強

② 產品線齊全

③ 較易銷售出去

④ 有廣宣預算,產品知名度高

⑤ 公司管理及資訊較上軌道

Unit **4-3**
品牌廠商業務人員應具備技能，以及對旗下經銷商提出年度計畫報告

一、品牌大廠商區域業務經理應具備的11種技能

　　品牌大廠商的區域業務經理應負起輔導及提升經銷商業績的協力工作任務。而區域業務經理（Regional Sales Manager, RSM）應具備11種技能，比較能夠成功與合作順暢。包括：

　　1.RSM應向經銷商的老闆及採購、業務、服務等部門主管，完整的推銷及說明製造商的產品及計畫。2.RSM應對經銷商進行業務、顧客服務、產品、市場、資訊科技知識及流程方面的教育訓練工作。3.RSM應提供定期拜訪時所需的售後服務與技術服務的能力。4.RSM應成為產品專家，對經銷商熱情與專業的推銷此系列的產品項目。5.RSM應該與經銷商建立互助良好與深度友誼的人際關係。6.協調與廠商的相關問題、糾紛或不同意見，例如：退貨服務、品質不良品、售後保證服務及銷售……。7.RSM應協助經銷商完成現代化資訊系統，並與總公司連線完成，雙方同時互享相關資訊情報的流動，以增進雙方的同步作業。8.RSM應對經銷商的財務進行完整與健全化的規劃及推動，希望所有經銷商的財務與會計管理均能有效的上軌道，避免財會出問題。9.RSM應提供該區域內或跨區的相關市場情報、環境變化及其他經銷商的作法等資訊情報，提供給經銷商做參考。10.RSM應提供總公司最新的銷售政策、行銷策略與管理政策給經銷商，讓經銷商能夠了解、遵守及有效使用。11.RSM應努力用對的方法激起區域經銷商的銷售動機、作法及熱情，讓他們努力達成總公司希望他們達成的業績目標。

二、品牌製造商的營運計畫表大綱

　　全國性品牌大廠或國外大廠，大概每年都會在各種重大的經銷商會議上，向全台經銷商們，說明他們今年度的重大計畫與去年度的檢討事項，以讓經銷商們有一個總體的概念及信心。

　　一般來說，這些報告或營運計畫書的大綱內容，包括：

　　1.去年度廠商與經銷商們績效的檢討、銷售預算目標的達成率及原因的分析。2.今年度的市場發展、技術發展、產品發展、通路發展、定價發展及競爭者對手分析說明。3.今年度本公司將推出的新產品計畫說明，包括新產品的機型、功能、技術、製程、代工、品質、定價、時間點及競爭力等。4.今年度配合新產品上市計畫的全國性整合行銷廣宣計畫，包括媒體廣告、公關、媒體報導、事件行銷、促銷活動、定價策略、宣傳品、店招、POP……。5.今年度的經銷商銷售目標額、目標量、銷售競賽、獎勵計畫、訓練計畫、服務計畫、資訊連線計畫、市占率目標、市場地位排名等。6.其他對經銷商要求與配合的事項說明。

品牌大廠的區域業務經理提升協助所屬經銷商業績應具備之技能

① 提出品牌大廠的年度計畫重點報告

② 提供及執行品牌大廠可以具體支協經銷商的工作事項

③ 提供經銷商的專業產品知識訓練及銷售技能訓練

④ 協助經銷商資訊技術升級、售後服務技術升級

⑤ 協助經銷商管理制度及人力資源制度升級

⑥ 提供全國性品牌廣告宣傳一定之行銷預算，打造品牌力

⑦ 雙方要充分的溝通、協調及互動討論，形成良好合作夥伴

⑧ 提供市場整體發展訊息與競業動態訊息

⑨ 全力協助經銷商達成業績目標

1. 今年度各經銷商區業績總檢討

品牌大廠（原廠）新年度發展計畫報告

4. 明年度品牌原廠的主軸行銷及營運重點等廣宣策略

2. 明年度各經銷商區業績目標訂定

5. 明年度協助經銷商達成業績具體支援事項說明

3. 明年度品牌原廠的行銷4P/1S計畫（包括：產品、定價、通路、推廣及服務等5項計畫）

6. 明年度整體市場發展趨勢與變化分析及對策

Unit **4-4**
大型經銷商應對原廠（品牌大廠）提出他們的年度經銷計畫報告

全國經銷商們在參與及聽完品牌大廠商的報告及計畫之後，接下來，就反而應該由製造廠的區域業務經理們，安排他們與旗下區域內負責的經銷商們開會，或要求各地區比較大範圍的經銷商們，提出他們各自區域範圍內的今年度營運計畫書。

就企業實務來說，大概只有知名大製造廠才會有此要求，中小製造商或中小型經銷商就不太能寫出這種營運計畫書。

大型經銷商營運計畫書的內容，可能包括：

(一) 今年度經銷業績檢討

包括：整體業績額、業績量；依產品類別、依市場別、依品牌別、依零售商別、依縣市別等檢討業績狀況，或市占率狀況；競爭對手消長狀況；客戶變化狀況；整體市場環境趨勢狀況等。

(二) 明年度經銷業績目標

包括：整體業績額、業績量目標、各產品別、各品牌別、各縣市別、各市場別等業績目標。

此外，亦包括經銷區域內的市占率目標、市場排名目標，以及成長率目標等。

(三) 明年度的SWOT分析

1.優勢。　　　　　　　　2.弱勢。

3.商機點。　　　　　　　4.威脅點。

(四) 明年度的區域內銷售策略及計畫

包括：

1.業務覆蓋率。　　　　　2.SP促銷。

3.價格政策及彈性。　　　4.對零售商客戶的掌握。

5.獎勵計畫。　　　　　　6.銷售人員與銷售組織計畫與分配計畫。

7.各計畫時程表。　　　　8.主打產品機型或品項計畫。

9.地區性廣告活動及媒體公開計畫。

(五) 請總公司、總部及原廠支援請求事項

以上經銷商年度營運計畫書的撰寫或規劃的訓練，其原則應注意到幾項：

1.盡可能簡單統一，勿太複雜。撰寫格式最好由品牌大廠統一格式項目及寫法。

2.計畫與目標應注意到可行性及可達成性，目標及成長率勿高估，而無法達成。

3.大廠商及區域經理們，應定期每週及每月注意經銷商是否達成目標，並且與他們共同討論因應對策，及時監控、考核及調整改變，並協助他們解決當前最大的困難為主。

大型經銷商應提出年度營運計畫

① 今年度經銷業績檢討

② 明年度經銷業績目標

③ 明年度SWOT分析

④ 明年度區域內銷售策略及計畫

⑤ 請總公司、總部、原廠支援請求事項

經銷商的3種區別

1. 全國總經銷商	2. 區域（地區）經銷商	3. 分銷商（更小地區）

經銷商區分案例

 案例1 某台灣汽車行銷公司

1. 北區經銷商	✚	2. 中區經銷商	✚	3. 南區經銷商

 案例2 某中國大陸進口橄欖油公司

1. 華東區總經銷商	2. 華北區總經銷商	3. 東北區總經銷商
4. 華南區總經銷商	5. 華中區總經銷商	6. 西北區總經銷商

Unit **4-5**
品牌大廠對經銷商的教育訓練概述

一、經銷商教育訓練的原則

廠商對於經銷商的教育訓練，應該秉持以下幾項原則：

(一) 應將教育訓練目標，放在經銷商整個的地區性事業發展目標上，並且提升他們的整個經營管理與銷售水準。

(二) 應將教育訓練與他們所面臨的各種困難問題與狀況連結在一起，目的很清楚，希望能迅速解決他們的問題，讓他們好做生意。

(三) 應將教育訓練以年度的培訓計畫為主，用一整年的事前安排及規劃來對待，而不要片段性的、偶爾性的、即興性的方式。

(四) 應要有考核的一套制度，以確保教育訓練能夠達到預定的成效，而不只是虛應故事而已。

(五) 應要有獎勵誘因，從正面激勵下手，可以提升教育訓練良好的成果。

(六) 應安排一流的優秀講師，不管是內部或外部講師，都要一時之選，對學員們的收穫才有幫助。

(七) 最後，經銷商教育訓練除了正規性與嚴肅性之外，還要考慮到啟發性及趣味性，讓學員們樂於吸收。

二、經銷商教育訓練的地點安排

全台經銷商教育訓練地點安排，大致上有幾個場所可以考量安排或規劃，包括：

(一) 總公司大型會議室所在地。

(二) 總公司附近的大飯店高級宴會場地。

(三) 各大學附屬推廣教育中心的教室場所。

(四) 專業的企管公司或人資培訓機構的教育場所。

(五) 各種遊憩風景景點附近附設的會議室場所。

(六) 國外總公司也可能是一個考量的場所。

三、對經銷商教育訓練的課程安排

基本上，要著重幾個項目：

(一) 對總公司本年度的經營方針與經營目標，要有所認識。

(二) 對總公司本年度的經營策略與行銷策略要有所認識。

(三) 對總公司本年度的業績預算目標與達成率要求。

(四) 對本年度主力產品的介紹、參觀及說明。

(五) 對本年度總公司行銷推廣、廣告宣傳、媒體公關與店頭行銷支援投入的介紹說明。

(六) 對本年度總公司在後勤管理作業支援投入的介紹說明。

(七) 對經銷商銷售技巧與提案寫法的傳授。

品牌大廠對經銷商培訓的4大融合方式

1.
傳統單向授課及Q&A方式

2.
採取個案式（case study）互動討論方式

3.
赴實地、赴現場參觀訪談及座談方式

4.
用角色扮演（role play）演練方式實戰磨練

品牌大廠對各經銷商教育訓練的項目

1.
新年度業績目標的下達

2.
介紹新年度新產品上市規劃與

3.
算規劃說明新年度廣告宣傳與行銷預

4.
說明新年度各項後勤支援規劃

5.
隊戰力提升規劃說明經銷商銷售技巧與銷售團

6.
略與營運方向布達新年度品牌大廠的重要戰

品牌大廠對各經銷商訓練評估方式

225

　　總公司及區域業務經理對於經銷商的教育訓練，事後當然也要進行考核評估才可以，如此才知道經銷商到底有沒有吸收進去。

① 請經銷商撰寫上課學習心得報告，此為事後書面性的報告

② 可以做隨堂課後的考試測試

③ 可以指定一些專題，請他們分組討論後，提出專題研究報告，並且進行分組競賽

④ 亦可以用口試或口頭表達方式，進行課後學習心得的綜合表達，並上台報告

⑤ 最後，在一段時間後，要觀察學員們在自己工作單位上的績效是否有所精進、進步與改善

Unit **4-6**
理想經銷商的條件與激勵通路成員

一、理想經銷商的條件

如果品牌廠商站在強勢全國性品牌立場上，自然有優勢去挑選理想經銷商的條件，這些條件包括：

(一) 產品線的適合度：即這個經銷商是否以販售本公司的產品線作為他的專長產品。

(二) 經營者的信譽（信用）：這個經銷商老闆，在過去以來的十多年中，在此地區做生意，是否已搏到好名聲、好信譽，大家都喜歡跟他做生意。

(三) 地區包括性：該地區是否為我們業績比較弱的地區，而他又能填補我們的迫切需求性。

(四) 業務能力：該經銷商在過去以來，在該地區的業務拓展能力，是否表現得很理想，包括有很強的業務人員、業務組織、業務人脈關係與業務客戶等。

(五) 財務能力：經銷商老闆過去是否有穩定且充足的資本與財務能力，也是一項關鍵，如果財務能力夠強，就能配合公司大幅拓展市場的要求能力；然而如果財務能力不穩定或弱，則就會隨時倒閉。

(六) 售後服務能力：光有業績開發力，但售後服務力不佳，也不會得到顧客的滿意度及忠誠度，故服務能力也是經銷商整合能力之一。

(七) 負責人與總公司老闆的契合度：有時候，兩個老闆在工作上及個人友誼上也許很契合、投緣、成為患難之交或好朋友，此亦為評選指標之一。

二、激勵通路成員

品牌大廠商通常對旗下的通路成員，包括經銷商、批發商、代理商或最終的零售商等，大抵有的幾種激勵各種通路成員的手法，包括：

(一) 給予獨家代理、獨家經銷權。

(二) 給予更長年限的長期合約（long-term contract）。

(三) 給予某期間價格折扣（限期特價）的優惠促銷。

(四) 給予全國性廣告播出的品牌知名度支援。

(五) 給予店招（店頭壓克力大型招牌）的免費製作安裝。

(六) 給予競賽活動的各種獲獎優惠及出國旅遊。

(七) 給予季節性出清產品的價格優惠。

(八) 給予協助店頭現代化的改裝。

(九) 給予庫存利息的補貼。

(十) 給予更高比例的佣金或獎金比例。

(十一) 給予支援銷售工具與文書作業。

(十二) 給予必要的各種教育訓練支援。

(十三) 協助向銀行融資貸款事宜。

理想經銷商的條件

4.
業務拓展能力

3.
地區涵蓋性

2.
經營者的信譽

7.
與負責人老闆
的契合度

1.
產品線適合度

6.
售後服務能力

5.
財務資金能力

如何激勵通路成員

1.
給予獨家權

2.
給予更長合約
年限

3.
給予價格折扣
優惠

4.
給予店招牌補
助

8.
協助門市店頭
改裝

7.
協助銀行融資
貸款

6.
給予出國旅遊
獎勵

5.
給予各種必要
後勤支援

Unit **4-7**
對經銷商績效的追蹤考核

一、對經銷商績效考核的13個主要項目

品牌廠商對經銷商拓展業務績效的考核大致如下：

(一) 最重要的，首推經銷商業績目標的達成。業績或銷售目標，自然是廠商期待經銷商最大的任務目標。因為，一旦經銷商業績目標沒有達成，或是大部分旗下經銷商業績目標都沒有達成，那麼廠商的業績目標也會受到很大影響，這會連帶影響到財務資金的調度與操作。

此外，也會影響到市占率目標的鞏固等問題。

(二) 其次，對於經銷商拓展全盤事業的推進，還必須考核下列13個項目：

1.經銷商老闆個人的領導能力、個人品德操守、個人的正確經營理念與個人財務狀況變化？

2.經銷商的庫存水準是否偏高？

3.經銷商的客戶量是否減少或增加？

4.經銷商的業務人員組織是否充足？

5.經銷商的資訊化與制度化是否上軌道？

6.經銷商的店頭行銷及店面管理是否良好？

7.經銷商對總公司政策的配合度如何？

8.經銷商給零售商的報價是否守在一定範圍內，而未破壞地區性行情？

9.經銷商及其全員的士氣及向心力如何？

10.經銷商是否求新求變，及不斷的學習進步？

11.經銷商是否正常性的參與總公司的各項產品說明會或各種教育訓練會議？

12.經銷商下面的零售商對他們的服務滿意度如何？專業能力提供滿意度如何？

13.經銷商是否定期反應地區性行銷環境、客戶環境與競爭對手環境的情報給總公司參考？

二、對經銷商績效的處理與調整

對經銷商績效不佳的，或是配合度、忠誠度不夠好的，那麼品牌廠商可能會對旗下的經銷商採取一些必要的處理措施與調整作法，包括：

(一) 必要性的調降此地經銷商的業績目標額或相關預算額。

(二) 適當的協助、輔導、指正、支援該地區經銷商能夠改善他們過去的弱項及缺失，希望能夠強化他們經銷能力與工作技能。

(三) 對於少數真的工作表現不行的經銷商，可能要採取取消他們的資格、找另一家取代或增加另一家經銷商等措施。

(四) 最後，可能總公司會評估是否要改變通路結構。例如：建立自己的地區銷售據點（營業所）、或門市店、直營店等，直接面臨大型販售公司或直接由門市店面對消費者等，又或是透過網路銷售等改變作法，都是可能的措施之一。

對各區經銷商考核項目

1. 業績目標是否達成

2. 經銷商老闆個人經營理念的正確性

3. 經銷商業務人員組織戰鬥力是否足夠

4. 經銷商的財務狀況如何

5. 經銷商的庫存量是否過多

6. 經銷商在該地區的競爭力是否充足

7. 經銷商是否配合總公司的政策

對各區經銷商績效的處理及調整

① 是否增加或調整各區經銷商業績目標

② 如何加強輔導、指導與支援的重點在哪裡

③ 少數較弱的經銷商，考慮要更換撤掉

④ 評估整個通路政策及通路變化的必要性及改革性

Unit **4-8**
安排各種活動，讓經銷商對製造商有信心

一、製造商協助經銷商的6項策略性原則

　　不管是中小型或大型製造商，基本上都會想到如何協助旗下的經銷商們增強他們策略、行銷與管理能力。製造商如果期望他們與經銷商合作成功，應考慮以下6項策略性原則：

　　(一) 應不斷推出強而有力的創新產品，以領先市場地位。

　　(二) 強化自身的差異化與特色，讓經銷商好賣：應清楚展現相對於競爭對手們，製造商產品或服務性產品的優點、差異化及特色所在，以讓他們比較好推銷出去。

　　(三) 應使策略保持一致性，勿經常變動，使無所適從：製造商對經銷商的指導及要求策略，應盡可能的一致性、單純性，不要經常性的改變行銷及業務策略，免得過於混亂。

　　(四) 應選擇適當的推出（**push**）與拉回（**pull**）的策略比例：push行銷策略的重點在推給經銷商熱賣商品；pull行銷策略是在拉消費者回來買我們的產品。

　　pull策略比較著重於要製造商運用大眾媒體廣告提升知名度或做促銷型活動拉回顧客；而push策略則比較著重在經銷商在店頭的銷售努力、直效行銷活動或密集性的鋪貨活動。

　　(五) 應更有效打造及提升具有全國性知名度及指名度品牌。

　　(六) 更有效的真正支援、協助經銷商達成業績的各項具體作為與行動措施。

二、安排各種活動，讓經銷商對製造商有信心

　　企業實務上，有時候是各大品牌製造商反過來拉攏全國各地有實力的區域經銷商，例如：台灣地區的手機銷售，就是透過各縣市有實力的經銷商來銷售手機，而這些優良經銷商也很有限。因此，各手機品牌大廠也都搶著跟這些優良手機經銷商示好及拉攏。

　　一般來說，大概有幾種手法，可以使用：

　　(一) 邀請經銷商們參訪他們在海外的總公司及工廠：例如：三星手機在韓國，而且參訪行程是全程免費招待，包括機票、飯店、用餐、參觀及附加的旅遊觀賞活動等。由於國外總公司、工廠規模及研發中心都頗具規模，因此都令這些經銷商們大開眼界。

　　(二) 訂定更具激勵性的各種獎勵措施與計畫：包括各種競賽獎金、折價計算、海外旅遊……等誘因。

　　(三) 舉辦全國、全球經銷商大會，凝聚向心力：兼具教育型、知識型、工作型、團結型及娛樂型等多元型態，以凝聚經銷商們的向心力及戰鬥力。當然，有時候經銷商大會舉行的地點，並不一定在大都市區內，也會移到風景優美的旅遊地點，以提高不同的感受。

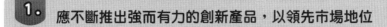

製造商協助經銷商的策略原則

1. 應不斷推出強而有力的創新產品，以領先市場地位

2. 應強化自身差異化與特色，讓經銷商好賣

3. 應保持策略一致性，勿經常變動，使無所適從

4. 應適當運用推出與拉回的行銷策略

5. 應更有效打造及提升具有全國性知名度及指名度品牌

6. 更有效的支援及協助經銷商達成業績的各項具體行動措施

如何讓經銷商對品牌廠商更具信心

1. 邀請全國經銷商參訪在國內或海外的總公司或工廠，提高信心

2. 訂定比其他競爭對手更具激勵性的各種物質與心理獎勵措施

3. 定期舉辦全國、全球經銷商大會，凝聚向心力

Unit **4-9**
廠商對經銷商誘因承諾及爭取，以及經銷商合約內容項目

一、廠商對經銷商誘因承諾及爭取之項目

優良的經銷商畢竟不是處處有，有時候處於相對弱勢的中小企業廠商，倒還不容易找到好的、優秀的、強勢的地區經銷商。因此，這些廠商經常也會提供下列比大廠更為優惠的誘因條件及承諾，包括：

(一) 全產品線經銷承諾。

(二) 快速送貨承諾。

(三) 優先供貨承諾。

(四) 不包底、不訂目標達成額度承諾。

(五) 價格不上漲承諾。

(六) 廣告補貼承諾。

(七) 店招補貼承諾。

(八) 促銷活動補貼承諾。

(九) 付款及票期條件放寬承諾。

(十) 協同銷售支援。

(十一) 加強培訓支援。

(十二) 展示支援。

(十三) 庫存退換方案承諾。

(十四) 其他特別承諾。

二、經銷商合約內容項目

有關一份地區性經銷商合約的內容，其範圍項目，大致可能包括下列項目：

主題	考　　　量
產品	授予分銷商購買和銷售附件所列出的產品的權利，附件的內容可不時更新。
地域	授予分銷商權利，在附件中所界定的地域、市場或責任領域，販售製造商的產品，附件內容可能不時更新。製造商可以保留在該地域增加其他分銷商的權利。
表現標準	詳細說明雙方將盡最大的努力去達成附件內指明的表現標準，而附件內容可能不時更新。
定價與條款	詳細說明在不用預先知會的情況下，價格可能會變動。
合約期限	永久（evergreen）或固定期限（fixed term）。
直接銷售	製造商保留直接銷售和全國客戶的權利。
商標的使用	說明預期和指導方針。
可適用的法律	確認該合約受哪一地區的法律規範。
終止合約	詳細說明原因、時間和利益。
限制	配合產業和環境。

資料來源：陳瑜清、林宜萱（譯），《通路管理》，頁106。

232

品牌廠商對經銷商的誘因承諾項目

1. 全產品經銷

2. 優先供貨

3. 價格不上漲

4. 廣告及店招補助

5. 業績目標可彈性協調

6. 加強培訓支援

7. 付款及票期放寬

8. 協助銀行融資貸款

9. 協同銷售出面支援專業人力

經銷商合約項目

1. 經銷地區範圍

2. 經銷產品項目

3. 經銷年限

4. 經銷價格限制

5. 終止合約條件

6. 訴訟條款

7. 進貨付款、票期規定

8. 其他條件

Unit **4-10**
代理商合約案例全文介紹

一、引言及歸納說明

　　本節蒐集了中國大陸兩家知名外資企業的總經銷合約，以及給○○公司目前的總代理合約版本，總結總代理合約的要點如下：

- ·競爭關係
- ·風險及所有權轉移
- ·業務計畫及商情資訊
- ·推廣支持
- ·最低銷售量
- ·財務條款
- ·產品責任
- ·退換貨
- ·商標
- ·審計

(一) 競爭關係

1.代理商不得在銷售區域內銷售與代理具有競爭力的產品。

2.代理商不得在銷售區域以外銷售代理產品，亦不得在銷售區域以外設立分支機構。

(二) 風險及所有權轉移

1.風險轉移：交付商品，風險轉移（可以是供應商交付承運人時轉移，也可以是交付至代理商指定倉庫後轉移）。

2.所有權轉移：通常約定貨款付清後，才發生所有權轉移。

(三) 業務計畫及商情資訊

1.供應商要求經銷商提供全年度的分銷預測、廣告計畫、促銷計畫等。

2.供應商有權要求經銷商提供庫存量、產品流向、銷售訂單、銷售網點、同業競爭訊息等，以供供應商審查備案。

(四) 推廣支持

推廣支持主要包括促銷廣告費支持、上架費用支持、返利等。

(五) 最低銷售量

蒐集的合約基本上都有最低銷售量的規定，且基本上都是按年度進行考核。

(六) 財務條款

1.價格：合約只約定供貨價格，零售價格可視產品特性而定，一般只建議定價，或有指導定價權。

2.保證金或信用狀擔保：通常會要求經銷商向供應商提供保證金或信用狀，進行擔保。

3.貨款結算：在有擔保的情況下，通常是60天結算支付完畢。

(七) 產品責任

1.產品責任：品質問題而產生的責任承擔應由供應商承擔；若是存貨、銷售等而引發的產品責任則由經銷商承擔。

2.保險：供應商投保時需涵蓋供應商義務的保險，經銷商投保時也需涵蓋經銷商義務的保險。

(八) 退換貨

1.通常情況下，都會約定退換貨條款，但是前提不一，有些需要有產品瑕疵的情況，才可以退換貨，有些是按比例退換貨。

2.合約終止後的庫存處理：可能為供應商原價購回，或者供應商配合繼續銷售，直到售完庫存為止。

(九) 商標

商標屬於供應商所有，且經銷商應當對代理產品的註冊商標盡到保護義務。

(十) 審計

供應商可以對經銷商的品質標準、廣告、許可證、經營數據等進行審查。

二、「○○有限公司銷售代理合約書」範例

編號：＿＿＿＿＿＿

供貨單位：　　　　　　　　　　　　　（以下簡稱甲方）
經銷單位：○○貿易（上海）有限公司　　（以下簡稱乙方）

為了開拓市場，擴大銷售，明確甲、乙雙方責任，加強營銷管理，提高經濟效益，確保雙方實現各自的經濟效益，經甲、乙雙方充分協商，在平等互利的基礎上，甲、乙雙方就乙方銷售代理甲方產品達成如下條款。

(一) 代理項目

1.1　代理產品：＿＿＿＿＿＿＿＿＿＿（下稱「代理產品」）。

1.2　代理區域範圍：中華人民共和國（香港、澳門、台灣地區除外）行政區域範圍的總代理經銷商。在該代理區域範圍內，甲方不得以任何形式再行委託其他經銷商銷售代理產品；乙方不得超出該代理區域範圍銷售代理產品，但是在該代理區域範圍內，乙方可再行委託分銷商分銷代理產品。

1.3　代理權限：代理產品的銷售以及與銷售相關的行銷、策略、售後服務項目等。

1.4　代理價格：如附件（略）。經乙方書面同意，甲方可以對代理價格進行調整。

1.5　零售價格：甲方可以提供建議零售價格，乙方也可以根據銷售通路、銷售區域的不同，對零售價格作出適當調整。

1.6　代理期間：五年，自＿＿＿年＿＿＿月＿＿＿日至＿＿＿年＿＿＿月＿＿＿日，代理期限結束後，在相同條件且乙方對本合約無異議的情形下，代理期限自動延長五年。

(二) 甲方的權利義務

2.1　甲方需提供代理產品進入市場的相關證件（包括但不限於授權書、商標證書、特許經營證書等）及代理產品的詳細資料。

2.2　甲方保證代理產品的品質完全符合中華人民共和國相關法律法規的規定，符合代理產品的企業生產標準。

2.3　甲方應保證提供充足的代理產品交給乙方經營。

2.4　甲方免費提供完善的市場推廣協助，提供相應產品宣傳資料支持，提供相應的培訓協助。

2.5　甲方應根據市場的發展需要，提供促銷協助。

2.6　甲方有權要求乙方提供庫存量、產品流向、銷售訂單、銷售網點等，以供甲方審查備案。

(三) 乙方的權利義務

3.1　乙方利用甲方提供代理產品的相關資格證件及資料，保證合法經營。如乙方在代理產品的經銷過程中出現違法行為，由乙方承擔相應責任，與甲方無關。

3.2　乙方對代理產品進行宣傳、推廣、開發市場，乙方保證不得代理與本合約產品具有競爭關係的產品。

3.3　乙方需要在每月月底對銷售業績和庫存進行統計，並傳真到甲方，以便配合甲方進行銷售統計和及時安排生產。

3.4　乙方應經常或定期把當地的市場競爭變化等訊息與甲方及時的交流，並制定相應的調整計畫和促銷計畫與甲方交流。

3.5　乙方保證只在授權代理區域內開展產品銷售和推廣工作，不得向授權代理區域以外的地方銷貨，否則依據本合約約定，甲方得追究乙方違約責任。

3.6　乙方應積極的維護代理產品形象，不得以任何方式和名義做有損甲方品牌形象的事情，保證不利用甲方名義經營假冒偽劣產品，一經發現，甲方將嚴格處理，有權隨時取消乙方的代理經銷資格，並追究由此帶來的損失和法律責任。

3.7　乙方有權根據自己的營銷策略進行產品廣告製作等營銷手段，其中涉及的智慧財產權成果歸乙方所有。

(四) 銷售指標及返利

4.1　銷售指標：本合約簽訂後，乙方首年進貨量不得低於＿＿＿條。自本合約簽訂之日起至五年內，每年完成的進貨量分別不得低於：＿＿＿條；＿＿＿條；＿＿＿條；＿＿＿條；＿＿＿條；以此作為乙方取得總代理經銷權的基本條件。

4.2　前述銷售額的統計以甲方實際向乙方交付的代理產品予以計算，甲方發貨日期與乙方到貨日期跨越兩個會計年度者，以甲方發貨日期為準，進行統計。

4.3　如遇客觀情況發生重大變更，雙方應協商對銷售指標進行調整。

4.4　銷售指標返利：若乙方到達銷售指標，甲方應根據當年度銷售總額的＿＿＿%返利給乙方，如乙方當年度完成的銷售總額達到銷售指標的＿＿＿%以上（含本數）者，則甲方應根據當年度銷售總額＿＿＿%返利給乙方。

(五) 業務操作方法

5.1　訂貨方式：乙方分批下達要貨計畫，每批貨要訂貨時，需提前十天向甲方發出正式通知，甲方需以書面形式加以確認（傳真件有效）。

5.2　付款方式：乙方於甲方確認該貨計畫後三天內，支付該批貨款的＿＿＿%，乙方於收到貨物並確認無誤後三天內，向甲方支付該批貨款的＿＿＿%，甲方應開具相應的增值稅專用發票。

5.3　交貨方式及運費承擔：甲方按照乙方指定地點交貨，甲方承擔從發貨地到乙方指定地點的運輸費用。

圖解通路經營與管理

(六) 退換貨

6.1 因產品自身（品質與非品質）原因造成的滯銷，甲方予以乙方調換其他不同產品，換貨額度不超過乙方此前三個月進貨額的50%，若產品為單一產品，無法換貨者，甲方同意乙方不得超過25%的退貨（滯銷貨物的有效期必須在6個月以上），由此產生的運費由乙方承擔。

6.2 若因運輸問題造成的貨物擠壓、破損、變異等，甲方承諾予以換貨。但發生費用由責任方承擔。

6.3 基於甲方原因導致本合約終止，甲方應同意乙方退回所有庫存代理產品；基於其他原因導致本合約終止，合約終止後，甲方應同意並配合乙方繼續銷售代理產品，直至代理產品銷售完畢為止。

(七) 市場公關及廣告宣傳

7.1 甲方應就代理產品的品牌，每年提供不少於人民幣＿＿萬元的廣告播放，且該廣告播放應當覆蓋代理區域範圍。

7.2 乙方有權在代理區域範圍內進行市場開拓和廣告宣傳工作，以達到雙方約定的銷售指標。

7.3 乙方如舉辦大型公關活動，需要甲方對其提供技術和談判協助時，可以提前十五天向甲方提出書面申請，甲方應予以配合。

7.4 甲方每年應按乙方進貨總額的＿＿%向乙方提供市場公關及廣告宣傳費用，該費用於每年乙方分批進貨時，由甲方按百分比向乙方支付。

(八) 商標權

8.1 代理產品的商標（如附件）（略）由乙方在中華人民共和國申請註冊，該商標權屬乙方所有。

8.2 如基於第1.6條原因，雙方終止合作，則乙方有權要求甲方以代理期限內銷售總額的＿＿%購買該商標，如乙方要求甲方購買，則甲方應當購買。

(九) 保密原則

甲、乙雙方均對本合約所有內容具有保密義務，若一方因洩密，而造成另一方損失，洩密方應將以損失金額150%賠償對方。

(十) 違約責任

10.1 甲方的違約責任

　　10.1.1 甲方所供產品的品質不符合企業執行標準，乙方要求退貨者，甲方有義務返還該批貨物的貨款，乙方要求甲方提供品質達標的產品，甲方應同意予以換貨，由此該批產品產生的往返運費由甲方承擔。

　　10.1.2 甲方若無法定或約定理由，單方面終止本合約時，應當承擔向乙方賠償五年銷售目標總額＿＿%的違約金。

10.2 乙方的違約責任

　　10.2.1 乙方必須於指定代理區域範圍內經銷甲方提供的代理產品，否則，其銷售額一律不計入銷售目標，同時，按進類金額的＿＿%向甲方支付違約

金。

10.2.2 乙方違反甲方的價格體系，以低價銷售、惡性競爭者，甲方有權要求乙方予以修改，並要求乙方向甲方支付違約金人民幣＿＿萬元。

(十一) 合約變更

本合約的變更或附加條款，應以書面形式為準，由雙方協商確定後作為補充合約執行。

(十二) 不可抗力

任何一方由於不可抗力（地震、颱風、火災、戰爭等）不能履行本合約時，應在不可抗力事由結束後之三日內用書面方式向對方通報，在取得有關機構的不可抗力證明後，允許延期履行、部分履行或不履行本合約，並可根據實際情況，部分或全部免於承擔違約責任。

(十三) 法律適用

本合約簽訂、履行、變更、解除、爭議等均適用中華人民共和國法律（香港、澳門、台灣地區法律除外）。

(十四) 爭議解決

本合約所生爭議，由雙方本著友好協商的原則協商解決，協商未能達成一致時，提交上海仲裁委員會，按該會仲裁規則裁決。

(十五) 送達

15.1 各方之間的任何通知必須以書面形式，以傳真、專人派送（包括特快專遞）或掛號信件之形式發送。未經書面通知更改通訊地址，所有的通知及通訊均應發往下列通訊地址：

甲　　方	乙　　方
地址： 郵遞區號： 傳真：	地址： 郵遞區號： 傳真：

15.2 通知及通訊應依下列規定被確定為已送達：

15.2.1 如為傳真形式，則應以傳送記錄所顯示之時間為準，如上述傳真發送於當日下午五時之後，或如收件人所在地之時間並非營業日，則收件日期應為接收地時間之下一個營業日。

15.2.2 由專人派送時，按收件方簽收日期為準；若收件方拒絕簽收者，以投遞憑證上記載的最後投遞日期或拒絕簽收日期（視何者為後）為準。

15.2.3 以掛號、快遞方式遞送時，按第三方遞送公司收件郵戳之日起第三日為準。

(十六) 附則

16.1 本合約一式二份，甲、乙雙方各執一份，自雙方簽署之日起生效。

16.2 本合約附件是本合約的必然組成部分，與本合約具有同等法律效力。

合約附件：

甲　　方	乙　　方
單位名稱：	單位名稱：
單位地址：	單位地址：
法定代表人：	法定代表人：
委託代理人：	委託代理人：
日期：	日期：
電話：	電話：
傳真：	傳真：
開戶銀行：	開戶銀行：
帳號：	帳號：
稅號：	稅號：

第 **5** 章

台商進入海外市場通路研究

章節體系架構

Unit 5-1　台商進入海外市場運用代理商策略之優點

Unit 5-2　台商找尋海外潛在代理商的方法

Unit 5-3　台商對海外潛在代理商的評估重點

Unit 5-4　少數台商的海外自設行銷通路據點之優點

Unit 5-5　台商拓展海外市場國際行銷通路全方位架構

Unit 5-6　供貨廠商營業人員對大型零售商通路的往來工作

Unit 5-1
台商進入海外市場運用代理商策略之優點

一、海外代理商之研究

　　台商進入國際市場的方式，最初步的作法就是在國外尋找合適的代理商（agent）、配銷商（distributor），或自設行銷據點（marketing subsidiary），下面將針對這些內容再做進一步說明。

二、海外代理商策略的優點

　　廠商跨入國際市場，在初始階段頗常採用的進入市場策略就是利用代理商。此策略之優點在於：

(一) 可望迅速進入市場及拓展市場，較快有成績

　　由於語言和社會風俗習慣的隔閡，利用當地的代理商從事行銷，應該比由台派出的銷售人員較易拓展市場。

　　利用當地代理商擔任當地市場的行銷工作，雖然不能完全控制代理商的銷售狀況；但是設立銷售分支機構，建立銷售網，則需要大量的人才及投資，且往往需要相當時日才能看出績效，因此，在爭取市場時效的狀況下，可考慮利用代理商。

(二) 可進行市場試銷，看看市場的可行性

　　廠商利用國外代理商拓展國外市場業務，可視為一種試銷；若銷售情況良好，亦可結束代理商關係，而投下資金，建立自己的配銷網。

(三) 配銷成本較低，不必自己投入大筆資金，避免大損失

　　若代理商擁有散布各地的倉庫或銷售連鎖店，且具有足夠的促銷能力，雖然他們的確從此配銷中賺了不少利益，但若考量自己來負責全盤行銷作業，不僅增加不少人事成本，且因租倉庫、設立門市部等諸多費用，均可能使得銷售利潤所剩無幾，尤其若代理商跟偏遠地區的顧客，已有非常深厚的關係，此時當然由代理商負責該地區的銷售業務，比自己長途運送及拓銷更佳。

　　基於前述優點，國外代理商的利用，已成為廠商國際行銷必須考慮利用的行銷通路。

三、台商在海外，為何仍須要國外當地代理商之原因

　　對於大部分台灣中小企業的國際行銷而言，在評估內部優點及經營資源後，基於下列4項因素，國外代理商的利用是必須的。

　　(一) 廠商無足夠資金，也無足夠國際行銷人才。

　　(二) 缺乏在當地的行銷技巧、決策及管理經驗。

　　(三) 產品線範圍太窄，無法獲致足夠的銷售量與利潤。

　　(四) 海外客戶眾多且分散各地。

台商進入海外市場2種選擇

較多

尋找當地總代理商、
總經銷商
（花小錢）

較少

自建行銷通路系統
（要花大錢）

運用海外代理商之3大優點

1. 可望迅速進入該
市場，且較快拓
展該市場；較快
有成績

2. 可進行市場試
銷，看看市場
可行性

3. 配銷成本低，
不必自己投入
大筆資金，避
免大損失

台商仍須仰賴海外代理商之4大原因

1. 台商無足夠資金，也無人才
做全球行銷

2. 台商缺乏國際行銷經驗與專
業

3. 台商產品線不夠做國際行
銷

4. 海外客戶太多、太分散，分
布全球各國，無集中性

Unit 5-2
台商找尋海外潛在代理商的方法

一、尋找海外代理商方法

初入國外市場找尋合適代理商時，首先即面臨如何找到潛在代理商以及洽商代理事宜的問題。

國外市場備選代理商可區分為以下幾種方式：

(一) 直接信函或e-mail詢問：首先必須蒐集欲拓展之國外市場當地，所有可能賦予行銷重責公司之名冊。蒐集這種名冊有許多方法，例如：自國外一般或專業機構出版之廠商中勾選，亦可經由銀行政府機構、徵信公司、商業同業公會或國外相關網站上等機構獲得有關資料，再將具資格的代理商之名單列出。

代理商名冊備妥之後，更可寫信或e-mail給名冊上各潛在代理商，簡介本公司概況及欲銷售產品，並詢問他們是否有代理意願。

(二) 公開廣告徵求：透過國外市場之各相關專業報紙、雜誌、專刊或網路等，刊載廣告以傳達徵求代理商訊息，再等候有興趣公司之回音。

(三) 國外參展徵求：廠商在國外著名國際展覽上，經常會有很多知名的客戶來參看展覽，包括連鎖公司、進口商、配銷商、百貨公司等各種客戶。從這些客戶中，可以挑選較具規模與潛力的客戶，進一步與其洽談成為我方代理商的意願及條件。

(四) 此外，還包括：1.友好廠商介紹、2.國外當地外貿協會介紹、3.當地國公會協會介紹、4.銀行介紹、5.主動拜訪約見等方式。

二、中國大陸企業如何尋找代理商直接打入美國市場

「尋找與北美代理商合作，是中國大陸製造商進入美國市場最好的途徑。」美國製造業代理商協會（MANA）資深專家Paul Pease先生來廣州作「如何與歐美代理商打交道」的主題演講時說。作為北美地區最大的製造業代理商協會和國際知名的製造業代理商協會，MANA協會擁有近2萬家會員，其中包括4,800家銷售代理商會員，2,200家製造商會員，這些會員遍布全美國各地、加拿大、歐洲等地。來華目的，就想為中國製造商與北美代理商之間成功地搭建溝通的橋梁而提供幫助。

為什麼要選擇代理商方式？

Paul稱，代理商是聯繫製造商和進口方的橋梁，當客戶合併重組後，製造商一般也透過代理商維護客戶的關係。美國代理商通常是些生意不大、比較穩定的企業，一般從事代理都有20年的時間，在開拓市場方面都很有經驗。「代理商有很多名稱，有的叫製造商代理。另外還有稱獨立銷售代理的，在美國銷售人員不需要專業教育，一般由代理商專門建立自己的銷售團隊，並對他們進行培訓。還有稱在原產地外的專門銷售者、廠家代表、銷售代表或者代表，當然叫得最多的還是銷售代理。」

所謂「直接進入市場」中的「直接」的涵義是：

　　一是快速，能幫你快速地與客戶發展關係，為你尋找新的業務；

　　二是代理商能廣泛的市場滲入。代理商顧客群廣，並且可以很好的幫助製造商拓展新市場。

　　美國代理商一般從業都在20年以上，而製造商自己的銷售團隊平均只有2年的從業經歷，因此代理商的銷售經驗要比製造商自己的銷售代表多。同時，代理商甚至自己就是工程師，並可以幫製造商促收貨款，進行市場調查或其他的配套技能，因此代理商是多面手，具備複合技能的銷售團隊。所以代理商就有能力促進製造商長期的經營穩定性。

要選擇功能完善的代理商

　　最初代理商會給製造商要進入的市場進行調查，2～3個月的市場推廣期；而市場發展期時間較長，大概6個月至3～5年，因為代理商是需要使顧客對陌生的產品留下印象；最後就是爭取訂單。這些都是代理商基本的職能，其他的，代理商還會提供進口後勤服務、倉庫儲存、售後服務以及客戶支持等服務，甚至還有代理商幫製造商代收貨款，有些代理商可以發揮以上所有的功能，但有很多代理商不能，並且增加的這些服務，一般都是要另付佣金或是增加抽成的。因此，中國大陸製造商要嘛自己在北美設立辦事處，要嘛與功能完善的代理商建立聯繫。

台商尋找海外代理商6大方法

① **直接信函或e-mail**

② **參加國外大型展覽會尋找**

③ **在國外專業雜誌上，刊登廣告徵求**

④ **友好廠商朋友的推介**

⑤ **當地銀行介紹**

⑥ **當地外貿協會及公會介紹**

尋找代理商打入美國市場

**美國市場
及幅員太大** → **必須仰賴
各州代理商** → ・才能快速有效、節省成本的開拓美國市場
・在地化經營策略

Unit **5-3**
台商對海外潛在代理商的評估重點

如何篩選與評估外國代理商，廠商可從以下幾個角度深入了解：

一、營業規模與多少年經驗

(一) 該潛在代理商員工總人數及營業部門人數為何？長期發展計畫如何？所屬經銷商有幾家？

(二) 已成立多久？目前營業額多少？代理商的營業額經由外界經銷商而來者有多少？

(三) 目前的營業區域？是否將擴充營業區域？如果增加，則將是哪些地區？如何發展？

二、目前代理商產品特性的條件及能力

(一) 目前代理哪些項目？

(二) 與其他國外廠商來往情形？

(三) 目前所代理的產品與自己的產品是有相輔相成的效果，或會造成利益衝突或惡性競爭？

(四) 是否願意改變代理產品的種類？

(五) 如果願意，打算以何種方式經營？代理商在經營新產品時，其最低營業額的標準是多少？

三、目前的銷售通路與能力

就消費性產品而言，最終購買者通常都是在零售店選購，因此選擇一個與這些零售組織關係良好，而且有良好行銷效率的代理商，是非常重要的。

當然，若代理商本身有設立直接控制的專賣店則更佳。

四、財務狀況好不好

對消費性產品而言，往往有賴代理商以其財力來打開市場，因此在選擇代理商時，應特別注意財力狀況是否足以承擔商品在市場拓展初期的鉅額支出。基本上，假如期待代理商的財務功能，包括大量庫存，對客戶較寬鬆放帳、大量廣告等，則財力雄厚和資金調度能力即非常重要。

業務拓展能力

(一) 該代理商有無專用倉庫？該專用倉庫是自有抑或承租？倉庫的容量多大？使用情形如何？採行何種庫存管理方式？

(二) 該代理商對推銷人員有無獎金制度及福利措施？有無人員訓練制度？有無特別獎勵或激勵計畫？

(三) 該代理商是否願意提供廠商重要市場情報？主要使用哪一種傳播媒體來促銷產品？是否願意提供擬訂行銷策略？

(四) 該代理商是否願意提供廠商要求的某些特別服務（例如：準備報價單、協助對顧客的教育）？該代理商是否能提供各項售後服務，或僅是負責銷售？

總之，在評估潛在代理商能力時，應要求備選公司提出當地行銷計畫及競爭者分析，而該公司人員專業水準、從事此業年數、目前營業額、與客戶的關係、與廠商產品的互補性、專業技術能力等很多的評估重點，這些均可能在某些個案上成為主要考慮要件。

台商仰賴海外代理商拓展市場的主要行業別

1.汽車零組件

2.電子、電器零組件

3.運動、健身器材

4.聖誕用品

5.休閒、居家、廚房用品

6.園藝、修整、清潔用品

評選海外代理商之5大面向條件

| 1. 營業規模與多少年經驗 | 2. 目前代理產品的狀況 | 3. 目前的銷售通路與能力 | 4. 財務狀況好不好 | 5. 未來業務拓展能力 |

Unit 5-4
少數台商的海外自設行銷通路據點之優點

廠商在國外自設負擔行銷的功能，採取直接銷售策略的優點，可包括下列幾項：

一、便於進行市場研究

企業若欲將國外市場有關的經營情報，適切而完整的回報本部，直接銷售體制的建立，是絕對必要的。

在國外市場設立行銷分支機構，不僅便於就近作市場調查，擬定行銷方案便可深入了解市場競爭情況，有效地進行行銷活動。

二、便於加強服務顧客

一般而言，代理商承銷商品項目繁多，可能無法專心拓展特定廠商商品之市場，且在國外市場上，非價格競爭日趨重要，特別是分期付款、迅速交貨、接受小額訂單、加強售後服務等策略之應用，使得自行建立配銷網的問題更形重要。

尤其是耐久性產品，顧客在決定是否購買某一品牌產品時，往往將其售後服務的品質列為重要的考慮因素。

三、可加強產品價格競爭力

採取直接銷售，可減少中間利潤剝削，以提高價格競爭力。一般而言，外國產品若欲打入當地市場，往往必須透過當地一系列的全國性及地區性的經銷商，方能到達消費者手中，由於價格逐層遞增而使得外國產品競爭力遞減。在此情況下，廠商應在當地設立銷售分支機構，將產品直接售予零售商或自設門市部門直接銷售，此雖然短期上配銷成本高，卻是打入當地市場的最直接方式。

四、能掌握行銷目標

基本上，廠商與代理商間之利害關係是相互衝突的，也許剛開始合作時，雙方可以追求一致的利潤，但是合作時日一久，利害對立關係就會表面化。

譬如，有時國外當地代理商常為了搭配其他價位的產品，而同時經銷其他競爭廠商的產品。此種利害關係之衝突下，廠商在當地的銷售，自然受到限制。

五、沒有合適代理商下的必然作法

透過國外代理商的銷售方式下，若代理商不同意廠商某些行銷政策，或者代理商規模有限，其市場行銷能力已不符合廠商對市場的期待時，廠商往往被迫自行設立銷售網。

儘管有前述直接銷售的好處，在台不少廠商仍認為，若國外代理商績效符合所期待的，則委由代理商銷售，最省事又獲利。

少數台商海外自行設立行銷通路據點之優點

2.便於加強服務客戶

3.可加強價格競爭力

1.便於市場研究

4.能掌握行銷目標

5.沒有合適代理商下的必然作法

台商自設行銷通路據點之缺點

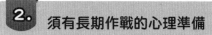

1. 面臨較大資金投入的準備及壓力,以及損失風險

2. 須有長期作戰的心理準備

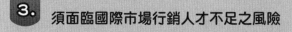

3. 須面臨國際市場行銷人才不足之風險

4. 應不斷推出強而有力的創新產品,以領先市場地位

5. 面臨既生產又銷售的雙重負荷風險

Unit **5-5**
台商拓展海外市場國際行銷通路全方位架構

如果從國內廠商角度來看，台灣廠商對全球銷售通路的規劃，大概可以區分為直接銷售及間接銷售兩種路徑。如下圖所示：

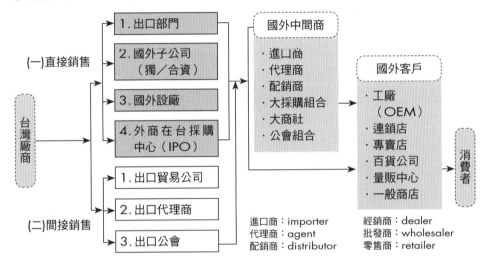

自設據點與代理商融合並用

廠商即使在國外自設行銷據點，在行銷業務上仍須運用當地代理商，下列有3種策略可供融合運用：

1.設立國外分支機構並採代理商策略：在實務上，廠商也可能設立海外分支機構，但仍尋求當地代理商負責行銷作業，分支機構僅擔任協調功能。因此，廠商可在國內設立公司後，自行擔任進口功能，但當地銷售業務仍委由當地代理商。

2.直接與間接通路併用：廠商也當採直接銷售與間接銷售兼施的作法，在國外市場除利用擁有廣大配銷系統的代理商，同時自己也保留一些最大客戶的直接銷售，因為可能僅須僱用一位業務代表，就可負責好幾家大客戶的銷售業務。

有些廠商常規定，某種採購規模以上的客戶，由廠商直接接觸；採購量過小的客戶，則交由代理商往來，如此可省下廠商業務，甚至支援服務部門之人事費用。

3.對代理商投資少部分：以投資下游通路方式進入國外市場，若國外廠商占該公司少部分股權，則仍可視為代理商；行銷控制力雖不如獨資設立公司，但是在當地人士的貢獻之下，行銷績效會比獨資好，而且比一般獨立代理商更具控制力。

因此，透過代理商比自行直接銷售簡單的多，只要加強產品支援之服務，省下人員管理問題，而由於投資少部分股權，可強化與代理商之關係，使雙方利害較趨一致。

海外代理與自設據點融合並用

海外大客戶
（採取直接設立行銷公司，
予以最即時服務與滿足）

＋

海外一般廣大市場
（透過代理商協助銷售，
在地化經營管理）

海外中間通路商的各種英文名稱

4.零售商
（retailer）

3.經銷商
（dealer）

2.代理商
（agent）

7.分銷商
（中國大陸名詞）

1.進口商
（importer）

6.批發商
（wholesaler）

5.配銷商
（distributor）

Unit 5-6
供貨廠商營業人員對大型零售商通路的往來工作

一、主要往來工作項目

　　通常製造廠商或供貨廠商的營業部人員，他們的工作主要是針對大型的連鎖零售商的業務往來工作，其工作包括如下各項（見右圖所示）：

(一) 新產品上架的洽談、協商工作。

(二) 對產品價格變動（含漲價或降價）的洽談與告知。

(三) 對零售商所舉辦的大型促銷活動的配合工作。

(四) 對廠商個別零售商所舉辦促銷活動的配合工作，例如：零售商的DM促銷商品。

(五) 對在零售店內特別陳列位置的爭取與洽談工作。

(六) 對定期性供貨數量及供貨速度的配合工作，避免店內缺貨現象。

(七) 對與零售商每月定期結帳與請款的執行工作。

(八) 對廠商產品銷售狀況與市場反應的資訊蒐集及電話聯絡。

(九) 對售後服務工作的及時性解決與配合。

(十) 對零售商委託自有品牌產品代工製造的洽談、安排及規劃工作。

(十一) 對退貨、破損產品的處理工作。

(十二) 其他營業部與零售商互動及供貨往來的相關事項。

二、廠商營業人員的工作態度與原則

　　廠商及供應商均將大型零售商視為很重要的通路客戶，而給予最好及最快的服務與應對往來。一般來說，廠商營業人員的工作態度及原則大致有下列幾點：

(一) 完全與快速的配合。

(二) 凡事站在零售商及消費者立場上設想。

(三) 以能創造出在零售端的高業績收入為最高原則，一切作為均為達成此目標而行動。

(四) 對於有變動的事項及變化，應於事前要充分與零售商採購人員多做溝通、面對面洽談及協調，使事情能圓滿解決。

(五) 逢年過節應考慮贈送禮品給零售商採購人員，以表達心意。

(六) 對零售商採購人員要索取回扣、佣金問題時，應小心、謹慎的評估，及視狀況而彈性處理。有些採購人員如因您不給他回扣、佣金，他就不讓您產品上架，此為市場上常見的狀況，有時候也不得不給，否則上不了架，有些則不會。

(七) 對採購人員提出的問題及需求，供貨商營業人員應快速予以回應及解決。

(八) 廠商營業人員應努力建立與零售商平時的友誼及私交，有空時，雙方亦可餐敘一下，於公於私建立友好關係，如此廠商有事情委託零售商時，才能得到較佳的回應。

供貨廠商與大型零售商的往來工作項目

(一) 廠商、供貨代理商、經銷商

主要工作事項：

1. 定價工作
2. 上架工作
3. 聯合大型促銷工作
4. 個別促銷工作
5. 專區陳列工作
6. 供貨及時工作
7. 請款、結帳工作
8. 市場反應資訊蒐集工作
9. 服務性工作
10. 其他工作

(二) 各大連鎖性零售商的採購部或商品部的人員：

EX：
 ・家樂福
 ・全聯福利中心
 ・大潤發
 ・愛買
 ・統一超商
 ・屈臣氏
 ・康是美
 ・燦坤3C
 ・全國電子
  ⋮

通路業務人員應具備之工作精神

1. 快速配合及回應大型零售商之各種需求及要求

2. 建立與大型零售商採購人員良好人脈關係

3. 多做溝通、互動、見面、協調及洽談

4. 要為大型零售商創造更多業績及價值

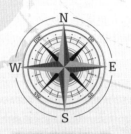

第 6 章
消費品供貨廠商的通路策略

●●●●●●●●●●●●●●●●●●●●●●●●●●●●● **章節體系架構** ▼

Unit 6-1　供貨廠商對零售商的策略

Unit 6-2　P&G（台灣寶僑）公司如何深耕經營零售通路

Unit 6-3　P&G公司為拉攏大型連鎖零售商，所做的7項努力工作

Unit 6-4　P&G公司的CBD部門為市場競爭力加分

Unit **6-1**
供貨廠商對零售商的策略

一、設立大客戶組織單位，專責人員對應

大型供貨廠商通常會設立零售商大客戶（key account），例如：將全聯福利中心、家樂福、統一超商、大潤發、屈臣氏⋯⋯都視為大客戶，因此設立專員小組或高階主管的組織制度，以統籌並建立與這些大型零售商的良好互動人際關係。

二、全面善意配合大客戶的行銷促銷活動及政策

品牌大廠應全面善意配合這些零售商大客戶的政策需求，合理要求及其重大行銷促銷活動，對方才會視我們為良好合作的往來供應商。

三、加大店頭行銷預算

大型零售商為提升他們的業績，經常也會要求各個大型供貨品牌大廠多多加強店頭行銷活動的預算，亦即多舉辦價格折扣促銷優惠活動、贈獎、抽獎、試吃、試喝、專區展示、專人解說⋯⋯等活動，以拉攏人氣並促進買氣等目的。

四、全台性密集鋪貨，讓消費者便利購物

供貨大廠基本上都會朝著全台大小零售據點全面鋪貨的目標，除了大型連鎖零售據點外，比較偏遠的鄉鎮地區，也會透過各縣市經銷商的銷售管道而鋪貨出去。達到預期在全台密集性鋪貨的目標，此對消費者也是一種便利性。

五、加強與大型零售商獨自合作促銷活動

現在大型零售商除了全店大型促銷活動外，平常也會要求各品牌大廠輪流與他們舉行獨家合作推出的價格折扣SP促銷活動，因為大廠的銷售量平常占比較高，故也能帶來零售商業績的上升。

六、加強開發新產品，協助零售商增加業績

供貨廠商同一樣舊產品賣久了，銷售自然略降或平平，不易增加，除非開發新產品上市，因此，零售商也會要求供貨廠商新產品上市，以吸引提振買氣。

七、爭取好的與醒目的陳列區位、櫃位

供貨廠商業務人員應該努力與零售商爭取到現場比較有利、比較醒目的產品陳列位置及空間，如此也較有利消費者注目到或便利取拿。

八、投入較大廣告費支援銷售業績

供貨廠商在大打廣告期間，理論上銷售業績都會有部分增加，或是大幅提升業績。因此，零售商也都會對供貨廠商要求有廣告預算支出，來強打新產品上市及促銷零售據點的業績增加。這些都是品牌大廠比較容易做到的，對中小企業就困難些，因為中小企業營業額小，再打廣告可能就沒利潤了。

九、同意為大零售商自有品牌代工

現在大零售商也紛紛推出自有品牌，包括洗髮精、礦泉水、餅乾、清潔用品、泡麵⋯⋯，這些無異都跟品牌大廠搶生意，因此引起品牌大廠的抱怨，所以，大零售商都找中型供貨廠代工OEM，因為其受影響性比較小；但幾年發展下來，目前已有不少一線大廠同意為大型零售商代工製造自有品牌。

供貨廠商的零售通路模式

消費品供貨廠商的通路策略

1. 對零售商

- (1)設立零售商大客戶專責人員組織制度，建立與大型零售商良好人際關係
- (2)全面善意配合零售商大客戶的政策及合理要求的行銷促銷計畫
- (3)加大預算在店頭行銷操作方面工作
- (4)全面性、全國性密布各種零售據點，達到全面鋪貨目標
- (5)加強與大型零售商的單一SP促銷活動
- (6)加強開發新產品，協助零售商新業績的增加
- (7)爭取在好的區位及櫃位設點陳列
- (8)投入較大量廣告費支援，以提升自己及零售商的銷售成績
- (9)同意為大零售商自有品牌代工

2. 對直營門市店

- (1)評估設立旗艦店（館）策略
- (2)評估設立直營連鎖門市店可行性
- (3)評估併購別家連鎖店可行性
- (4)設立店中店策略

3. 對全台經銷商

- (1)選擇及找到最優秀、最穩定的經銷商對象策略
- (2)改造、協助、輔導及激勵提升經銷商水準策略
- (3)評鑑及替換經銷商的策略
- (4)與經銷商互利互榮的雙向策略

257

品牌大廠對大型零售商策略

1.派遣高級業務經理，專責應對，不應怠慢

2.全面、合理、必要的配合他們的年度促銷檔期活動

3.爭取好的陳列空間、區位、面積與陳列排面

4.持續開發出暢銷好商品，為零售商帶來新的成長業績

5.互利共榮為最高原則

Unit **6-2**
P&G（台灣寶僑）公司如何深耕經營零售通路

一、廣告效益漸下滑，通路行銷重要性上揚

面對日益強大的通路勢力與競爭壓力，即使強勢如P&G，也不能不正視巨型化通路的重要性與影響力，並採取積極的因應對策。在台灣市場，除了藉由專業的行銷部門持續拉攏消費者，寶僑家品更積極地透過業務部門，企圖拉攏與通路客戶之間的關係。P&G曾經自認旗下擁有諸多強勢品牌，只要持續把資源砸在拉的策略上，消費者自然會到賣場去指名購買，對於通路客戶沒有投資許多資源與心力，結果使得P&G曾經發生與通路之間的關係不甚融洽。問題在於，隨著廣告有效性的滑落，消費者忠誠度降低，競爭壓力日高，以及通路勢力的日益抬頭，P&G逐漸體認到，光靠品牌優勢已不足以號令天下，於是開始認真思考應如何改弦易轍，積極與通路客戶建立良好關係，有效打通通路這個行銷運作的任督二脈。

在這個前提下，寶僑家品對業務部門的期待與資源投入迥異於前。例如：業務部門積極與通路合作，進行聯合行銷與店內行銷等活動。如DM廣告、加強促銷活動、特殊陳列、店內展示、派駐展售人員、加強新產品上市，以及派樣等，以換取通路客戶對寶僑家品旗下品牌的善意與配合。

二、成立CBD專責單位（客戶業務發展部）

對通路策略的調整，及顧客導向的經營理念，寶僑家品於1997年將業務部門重新命名為「客戶業務發展部」（Customer Business Development, CBD），並由P&G體系裡請一位專家前來主持，專心致力於跟顧客一起改善管理，藉由效率提升來賺錢，爭取顧客的信任與對CBD的專業肯定，使客戶與公司的業務發展達到雙贏。

重新定位後的CBD有下列4個努力方向：

(一) 幫助客戶選擇銷售P&G的產品。

(二) 幫助客戶管理產品陳列空間及庫存。

(三) 建議客戶合適的定價，幫助他們獲利，並增加業績。

(四) 幫助客戶設計有效的行銷手法吸引顧客，並增加銷售量。

由上述任務可以清楚地知道，CBD是典型顧客導向的組織，所有任務都是站在巨型零售商客戶的立場，提供客戶所需的專業銷售建議與協助，以提升顧客的業績與獲利，連帶地也能賣更多公司產品。

圖解通路經營與管理

成立CBD部門，專責服務大型零售商

CBD部門
（Customer Business Development）
（零售客戶業務發展部）

專責服務

 全聯超市

 家樂福

 大潤發

 愛買

 7-11

 全家

 屈臣氏

 康是美

 專櫃(SK-II)

 寶雅

強化CBD部門優勢策略

CBD部門4個努力方向

策略   幫助客戶選擇銷售P&G的產品

策略   幫助客戶管理產品陳列空間及庫存

策略 ③ 建議客戶定價的合適性，幫助他們獲利，並增加業績

策略 ④ 幫助客戶設計有效的行銷及促銷手法吸引顧客，並增加自己及零售商的銷售量

Unit **6-3**
P&G公司為拉攏大型連鎖零售商，所做的7項努力工作

　　根據輔大廣告系教授蕭富峰對台灣P&G（寶僑家品公司）所做的優良深度研究，他指出，台灣P&G公司為了建立與大型零售商通路的互信雙贏夥伴關係，大量的做了下列7項的努力內容。茲摘述如下：

　　(一) 經過專業的訓練之後，寶僑家品將業務人員轉型為專業的客戶經理（account manager），職司客戶管理，並扮演類似銷售顧問的專業角色，提供客戶專業的銷售規劃與建議。在與客戶洽談的時候，客戶經理是以公司代表的名義出面，為客戶提供一個跨品類的全方位解決之道，以節省客戶的寶貴時間，並提升雙方的運作效率。

　　(二) 針對特定的策略性客戶，寶僑家品會自行幫客戶進行通路購物者調查，以深入了解特定客戶的購買者描繪與需求狀況，並建立購物者資料庫。這些資料在擬定專業銷售建議時非常管用，並可以充分展現出寶僑家品對客戶的關心。

　　(三) 設置CMO（Customer Marketing Organization）一職，由表現優異的資深客戶經理出任，專門負責通路行銷相關作業，並擔任與其他部門的溝通窗口，使客戶獲得專業的行銷協助，並保持與其他部門之間的溝通暢行無阻。

　　(四) 依照顧客導向的理念，按通路型態及生意規模，如量販、個人商店暨超市、經銷商及家樂福等通路別設置通路小組（channel team），專門負責經營特定通路客戶，以提供客戶群更專業的服務。

　　(五) 每位通路協理旗下均設多功能專業小組（multi-functional team），其中包括產品供應部、資訊部、財務部及品類管理等專業人員，直接歸通路協理管轄，負責提供客戶多功能的專業服務。因此，客戶的資訊人員可直接與小組的資訊人員進行專業對談，而客戶的財務人員也可以與多功能小組的財務人員直接溝通。溝通工作變得迅速而有效率，並對問題的解決與效率的提升大有幫助，客戶也對這種專業團隊的專業服務，感到印象深刻。

　　(六) 藉有效的新產品導入、產品組合管理、有效的促銷，以及其有效率的物流配送與倉儲管理，協助客戶降低成本、提高效率，並帶動客戶的來店人潮與業績。

　　(七) 大力推動有效率的消費者回應（Efficient Consumer Response, ECR），透過零售商與供應商的共同努力，創造更高的消費價值，並將供應鏈從昔日由供應商推動的不效率，轉變成由消費者拉動的顧客滿意系統，從而達到供應商、零售商、消費者三贏的結果。寶僑家品在ECR的專業上有很大的優勢是可以提供客戶專業建議與服務，以便在需求面上，從消費者的角度思考如何有效創造消費者需求，並提供有效率的商品化；在供給面上商討如何提高供應鏈效率；以及支援技術面上如何知道消費者的需要與心中的想法、如何知道供應鏈的機會，以及如何衡量與應用等有所突破。一旦順利推動ECR，零售商因為效率的提升度與成本的降低，能以更低廉的售價回饋消費者，從而建立消費者忠誠度，創造更大的利潤空間。

P&G為建立與大型零售商的合作關係，所做的多種努力工作

1. 將一般業務人員升級培訓為專業零售客戶經理

2. 為大型零售商建立地區附近消費者調查市調資料

3. 設置零售客戶的行銷活動組織，搭配客戶需求

4. 成立跨部門功能小組，提供商品開發、資訊、財會對口單位

5. 自行舉辦促銷活動，帶動來店人潮，提升業績

6. 導入效率化客戶回應資訊系統（ECR），提高客戶經營效率，降低客戶成本

ECR系統導入，降低成本，提升效率

降低成本！

1.供應商（供應鏈）

提高效率！

2.大型零售商（客戶）

3.消費者（顧客）

Unit **6-4**
P&G公司的CBD部門為市場競爭力加分

　　輔大廣告系蕭富峰教授的研究結果，也認為CBD的專責組織模式，的確為P&G的產品在市場競爭力上，得到加分效果。他的研究認為：

　　今日，寶僑家品的CBD部門已經成為許多客戶的策略合作夥伴，扮演專業銷售顧問的角色，並與行銷部門緊密合作，有效拉攏客戶與購物者的心，在第一關鍵時刻裡，爭取最多購物者選購P&G旗下的產品，並讓客戶有利可圖。寶僑家品今天之所以能在台灣市場上擁有領先地位，固然行銷部門貢獻不少，但因CBD的專業銷售能力也絕對要記上一筆。CBD為市場競爭力加分的原因大致如下：

(一) 與客戶建立互信雙贏的夥伴關係。

(二) 顧客導向的組織結構與運作邏輯。

(三) ECR與產品類別管理know-how。

(四) 豐沛的購物者與消費者資料庫。

(五) 行銷專業能力提升。

(六) 雙方高階主管的默契與信任。

　　為了有效通過兩個關鍵時刻的考驗，除了CBD持續耕耘客戶關係與掌握購物者習性之外，行銷人員必須作市調資料的分析與解讀，並與市場保持持續的接觸，以累積對消費者的了解與認識，再從中逐漸萃取出消費者洞察（consumer insights）。

　　然則，「要如何洞察消費者呢？」這需要長期的專業訓練，持續的教導與學習，冒險與嘗試錯誤的勇氣，與市場的持續接觸，豐沛的資料庫與知識庫，大量的市調資料，一堆的努力與用心，以及一點點慧根，除此之外，還需要耐心與時間的累積。不過，擁有深入的消費者洞察與優異的行銷能力，並不意味寶僑家品所有行銷活動都可以每戰皆捷，只不過成功機率較競爭者高出一截罷了，寶僑家品與競爭同業的差別在於對消費者的洞察掌握的深入程度、專業行銷能力的優異程度，以及跨部門團隊合作的有效運作程度等因素上，這些因素的差異足以影響到行銷運作成功機率的高低，可謂失之毫釐、差之千里。

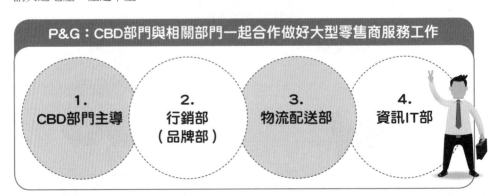

P&G：CBD部門與相關部門一起合作做好大型零售商服務工作

| 1. CBD部門主導 | 2. 行銷部（品牌部） | 3. 物流配送部 | 4. 資訊IT部 |

P&G：積極發揮CBD部門作用

CBD部門為零售競爭力加分

① 與零售客戶建立互信雙贏的夥伴關係

② 實踐顧客導向的組織結構與運作邏輯

③ 建立ECR系統與產品品類管理know-how

④ 豐富的購物者與消費者資料庫

⑤ 行銷專業能力提升

⑥ 雙方高階主管的默契與信任

P&G：客戶端與顧客端均下功夫經營

P&G
CBD部門

(一)顧客端	(二)大型零售客戶端
① 洞察消費者	① 專責、專心、即時服務及回應
② 建立市調資料庫	② 交流資訊及回饋資訊
③ 掌握消費行為與需求	③ 舉辦行銷活動吸客

第 **7** 章

日本廠商成功掌握 未端零售通路情報 案例介紹

● 章節體系架構 ▼

Unit 7-1　日本花王販賣公司如何情報共有，使營業力強化（Part I）

Unit 7-2　日本花王販賣公司如何情報共有，使營業力強化（Part II）

Unit 7-3　日本萬代玩具公司如何運用IT情報力，根植營業力

Unit 7-4　日本企業運用IT系統，提升營業戰力案例（Part I）

Unit 7-5　日本企業運用IT系統，提升營業戰力案例（Part II）

Unit 7-6　日本企業運用IT系統，提升營業戰力案例（Part III）

Unit **7-1**
日本花王販賣公司如何情報共有，
使營業力強化（Part I）

花王公司乃日本第一大日用品製造公司。在1999年時，該公司將全國8家分布在各大地區的銷售公司，整併為一家新的子公司，名為花王販賣公司，2003年營業額達500億日圓，員工人數為3,700人，其中，有2,200人是督導各零售店面的區督導，英文稱為SA（Store Adviser）。

花王公司將產銷切割開來，將原來在內部的行銷業務功能切割出去，成立專責銷售的子公司，而原來的花王公司則負責商品開發、製造生產及相關總部幕僚規劃及管控工作。花王販賣子公司成立的原因，主要有4大項：

1.希望跨越日本幅員廣大區域，達到銷售情報與銷售資訊共有的目的。

2.希望對日本全國業務推展，能夠進一步提升效率性。

3.希望相關各地區的行銷活動，都能一致性的推進，而非各地做自己的一套，分散行銷力量。

4.希望透過整合全國業務督導部隊在每人的分配管區，做到地域密著與提案型營業之目的。

一、與零售點共享情報，深化兩者關係

花王販賣公司有很先進的IT資訊科技軟體系統，該公司已開發出一套CPM系統（Category Profit Management，產品類別利益管理資訊系統）。如右圖所示，該系統可以計算出某些零售店面的某些產品類之最適商品庫存量，及賣場空間計畫等，以得出這個店面賣場的最大利益，以及如何有效降低滯銷品的庫存資金成本。此CPM系統對零售點的小老闆們帶來顯著的助益。

另外，此CPM系統，也具有自動下單功能，比較不會產生嚴重的產品缺貨現象，而能較精準地預測需求。此CPM系統實際上也構築了花王與各賣店的信賴關係。

二、情報共有，使營業力強化

目前花王販賣公司每個業務員每天必須拜訪5家賣店，全公司2,200名的店督導SA人員，全天下來，就累計拜訪1萬家零售點。目前，這全國2,200個SA人員，除PDA外，亦配備筆記型電腦。每位SA必須把每天拜訪零售點的業務日報告輸入筆記型電腦內，所有的SA都可以看到各地區人員的工作報告內容，因此，大家也都可以參考利用。例如：北海道某個賣點有業務成功案例，隔天，在南部福岡地區的SA人員也仿用。透過這種銷售情報的公開、共有以及共用的發端，將大大提升全國2,200個SA的營業效率。

日本花王導入CPM系統，與零售點共享情報，深化兩者關係

庫存（庫存資金）　　　　　　　　　陳列空間

CPM系統
（產品群利益系統）

算出各產品群最適數量及陳列方法

各賣店利益最大化及降低庫存資金成本

日本花王使零售情報系統共有，全花王2,200名營業人員戰力強化

POS data

提案

賣店最適合的庫存量、陳列方法、促銷方案等

店面顧問
（SA）

分析

對地區內顧客動向、商品銷售等

筆記型電腦

情報蒐集與發出

訪問賣店之當天銷售狀況及營業日報表撰寫

Unit **7-2**
日本花王販賣公司如何情報共有，使營業力強化（Part II）

目前每一個SA配備的筆記型電腦裡，輸入可查詢的項目，包括了訪問行程、銷售實績、賣場布置方法及圖片、新產品情報、銷售計畫提案書、販促成功集錦、競爭者動態、地區消費者動態……等內容。

而整個SA筆記型電腦功能，主要可以歸納為3個方面說明：

(一) 分析

在訪問賣店之前，SA人員應準備好相關資料，包括當地的顧客動向、正在販賣的商品、AIS（Area Information System）全國各地區人口分布、所得、性別、賣店數、商業統計、國勢調查……。例如：如果想要一公里以內的住家、女性、20～30歲的資料，均可以立即調查出來。花王公司在二年前，還做過一次全國性家戶訪問大調查，以了解消費情報。

(二) 提案與商議

接著SA人員要備妥產品廣告計畫表、賣場提案、銷售量預估、促銷品、POP廣告物、陳列方法、該店最適商品庫存量等，供該店老闆參考。

(三) 情報蒐集與發出

最後，SA人員必須把與該賣場負責人的訪談狀況、銷售狀況及其他相關訊息等，以營業日報的要求格式，輸入筆記型電腦內，並傳回總公司。

三、全國統一接受訂單，作業一元化

過去接受訂單，是分散在全國各地區分公司及營業所，在2001年時，花王販賣在東京投資2億日圓，成立一個共同統一接收受訂單作業的客服中心（call center），目前約有60名人員。此中心的成立目的，主要有二個：第一是希望降低訂單業務人員，過去全國有230人負責此業務，現在只有130人，減少了近一半人力。第二是希望訂單服務品質提升，做到賣場滿意的目的。這套最新的CTI（電腦電話系統）在訂單作業中心裡，每一位人員都可以在畫面上看到這1萬多家賣店的相關背景與過去歷次訂購資料，發揮很好的情報關係效果。

四、在價格激戰下，業績效率需不斷提升

花王販賣公司香川尊彥社長表示，日用品及清潔用品的價格競爭非常激烈，平均售價不斷下滑，較四年前平均下滑10%。未來銷售存活之道，只有把這1萬多家零售據點，當成是您的好夥伴（partner），將兩者的利益「一體化」，深化兩者關係，並透過業務督導人員的情報共有，提升2,200人銷售作戰部隊的素質與戰力，才能保持持續領先局面。

日本花王全國統一接受零售商訂單

建立全國統一接單的客服中心及應用CTI電腦電話系統

1. 過去230人負責此業務，
   現在130人，減少一半

2. 即時掌握全日本1萬多賣
   店的進、銷、存資訊情報

在價格激戰下，業務效率須不斷提升

供貨廠商 ÷ 零售店（1萬多家）

- 攜手成為好夥伴
- 共享資訊情報
- 及時應對策略

廠商與通路業者全面資訊連線，共享情報

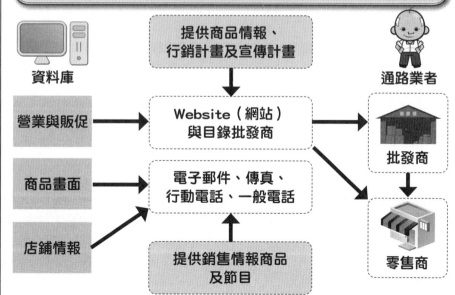

資料庫

通路業者

提供商品情報、
行銷計畫及宣傳計畫

營業與販促 → Website（網站）
與目錄批發商 → 批發商

商品畫面 → 電子郵件、傳真、
行動電話、一般電話

店鋪情報 →

提供銷售情報商品
及節目 → 零售商

269

Unit **7-3**
日本萬代玩具公司如何運用IT情報力，根植營業力

　　萬代（BANDAI）玩具公司是日本第一大玩具公司，該公司亦已充分發揮IT科技工具，蒐集店面情報，作為行銷策略之用。該公司目前有市場開發擔當人員及營業擔當人員各25人，專責百貨公司及玩具銷售賣點的陳列狀況、販促企劃、賣場改善提案、庫存確認及銷售檢討等工作。

　　該公司業務人員及市場開發人員每天必須把在百貨公司及零售據點巡訪報告書輸入電腦系統畫面，包括有客訴資料，會自動轉到相關部門去解決，並答覆客戶。此外，有關商品idea、商戰情報、賣場現況發展等，也會傳到商品開發部及營業本部去，讓各單位能即時了解最新市場第一線動向情報。此外，各店販促計畫及其效果也都能查詢到，可供業務擔當代表參考使用。而在零售流通業者方面，亦可透過上網、e-mail、簡訊、目錄等工具，了解到萬代公司相關商品、宣傳、節目及販促等最新訊息情報。目前全國已有2,000個零售據點營業與萬代公司做好資訊連線工作，這對兩者間的情報流通及互用，提供雙方利益，發揮良好效益。

一、IT情報力，是全方位營業力的根基

　　過去的營業，重視的是由營業人員的內涵、商品知識、業務人脈關係、殺價競爭、客訴服務、施予小惠、多跑勤跑及交際應酬等方面。但是，現在的營業革新與革命方向，已轉到如何有效的運用IT情報力，以全方面蒐集上千、上萬零售據點的各種行銷情報訊息，並讓上百、上千個業務代表同仁能夠情報共有與吸收學習，以提升整個營業團隊的作戰力量。此外，亦要有效運用IT情報力，以協助各零售賣點們的經營力量及效益，這種IT附加價值服務優勢，也正是差異化特色的展現，如右圖所示。

二、日本萬代玩具公司簡介

　　萬代（BANDAI）創業時稱為「万代屋商店」，1961年改為現在的名稱。萬代開始發展塑膠模型事業的契機，是從1969年收購了當時陷入經營危機的模型廠商「今井科學」的靜岡工廠以及在內的各種生產模具而開始。以再版今井模型為基礎，從而開發了各種軍事與汽車的模型。

　　1980年代後期，萬代從設計並銷售任天堂FC遊戲機的相關遊戲開始，進入電子遊戲產業，而主要的遊戲類別也以動漫畫角色為主。在1997年由於連續的經營赤字，曾考慮與世嘉公司合併，但由於以「電子雞」為首的一系列電子寵物熱賣，使得危機解除，以及萬代員工的反對，而中止了這項合併計畫。之後以「PROJECT PEGASUS」與南夢宮公司成立共同持股的子公司，專責開發高達M系列遊戲。最後在2005年9月29日與南夢宮實施合併，共同成立南夢宮萬代發展股份有限公司，成為日本電子遊戲業界僅次於任天堂以及SEGA-SAMMY集團的第三大企業體。

過去與現代營業重心的差異點

過去營業的重心

- 1. 商品知識
- 2. 人脈關係
- 3. 殺價競爭
- 4. 客訴服務
- 5. 施予小惠
- 6. 多跑勤跑
- 7. 交際應酬
- 8. 個人內涵

現代營業重心

1. 運用IT業務情報共有與學習應用，有效提升營業團隊全員戰力

2. 運用IT，歷經每日蒐集上千、上萬家零售點之情報訊息，並加以彙整、分析及對策因應

3. 運用IT情報力，以協助各零售點客戶的經營績效，互助共榮及利益一體化

IT情報力，是全方位營業力的根基

上萬個零售據點的資訊情報

╬

上千個業務員的資訊情報

資訊情報共有，提升全方位營業力

Unit **7-4**
日本企業運用IT系統，提升營業戰力案例（Part I）

S.T.化學日用品公司：營業日報系統共有的利益

　　S.T.化學（エステー化學）公司是日本銷售芳香劑、除濕劑第一名的公司。該公司鈴木橋社長，每天七點一定準時進公司，進公司後的第一個動作，即是從電腦螢幕上，叫出營業日報的系統畫面資訊。鈴木橋社長檢索兩個資料，第一個是有關商品販售情報；第二個是有關競爭對手販賣情報。特別是大賣場採購人員對本公司及對手公司的商品評價、價格狀況及陳列狀況等。鈴木橋社長認為透過每天即時的營業日報表系統的情報，才能掌握市場動向，以利他的經營判斷及創造出好業績出來。

　　目前S.T.化學日用品公司在全國有200位營業人員，每天每人都要輸入來自訪談完各大批發商及零售商之後的資料內容。這些輸入內容，包括了商品、販促、成功事例、競爭對手、新商品、新開店、企業別情報、Q&A等幾大類的內容。

　　這些在網路上的情報，除了200位營業人員可看到外，對商品開發部門及販促部門等，亦都有參考使用的價值。身為一個社長，鈴木強調他是一個數據導向的管理者，他很重視幾個數據，包括每日損益表、每日股價、每週POS資料、每月市占率以及每天營業日報系統等。他認為重視自身及競爭對手的情報，然後使自己的營業手段比競爭對手更進一步行動領先，而這需要仰賴來自營業末端情報，才能做好一切的經營決策。

　　這套營業日報系統，還可以連動庫存計畫、工廠出產計畫、物流配送計畫等，而其效果則對庫存品的成本，發揮了降低30%的績效。

SEGAMI藥妝店：開放單品銷售資料給供應商閱覽

　　日本大型藥妝品連鎖店DRUG SEGAMI，自2003年10月起，正式開放連鎖店90種類別，計全國280家連鎖店的每日單一產品的交易銷售資料，給包括花王、武田藥廠等64家工廠及18家批發商查詢閱覽。這82家供應廠商，都可以透過電腦連線看到各店的販售資料，包括每一個商店前一天賣掉多少數量等資料，以及來自哪一區、哪一個店。該公司還在2004年底，正式再開放目前150萬名持有會員卡的顧客會員情報系統的相關資料，包括性別、年齡、職業、地區等CRM資料庫給供應商參考，這些都是非常珍貴的資料。

SEGAMI連鎖公司這種作法，主要是希望透過提供情報，以使供應商進一步做好產品規劃、促銷規劃及營業提案等。如此，製販大合作，才能互利互榮。

| SEGAMI 280家
藥妝連鎖店 | 提供每天即時的
單品銷售資料
→
←
提案營業強化 | 82家廠商及批發商 |

日本S.T.化學日用品公司：營業日報系統共有的利益

全國200位營業人員每日輸入下列資訊情報

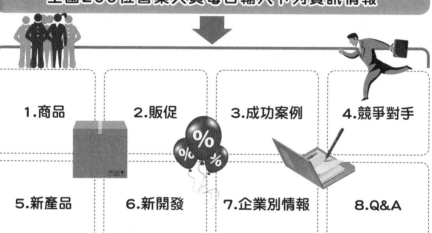

| 1.商品 | 2.販促 | 3.成功案例 | 4.競爭對手 |
| 5.新產品 | 6.新開發 | 7.企業別情報 | 8.Q&A |

老闆、商品開發部、行銷部、業務部共享

日本SEGAMI藥妝店：開放單品銷售資料給上游供應商看

| 1.全國280
家連鎖店每
日交易銷售
資料 | → 開放給64家供
應廠商及18家
批發商查詢閱覽 ← | 2.開放150
萬會員的會
員卡銷售資
料 |

Unit **7-5**
日本企業運用IT系統，提升營業戰力案例（Part II）

圖解通路經營與管理

案例 3　安田生命保險公司：綜合顧客資料庫及相互溝通

　　日本安田生命保險公司，已將數百萬個壽險契約的顧客資料，建立一套完整的CRM database。此資料庫將來自不同的營業通路來源所獲得顧客的最新異動資料，自動的告知不同的營業相關人員。例如：在客服中心（call center）接到某位顧客變更地址通知情報時，隔天客服人員即將此情報轉到該營業員的營業分公司去，讓此人知道保戶地址的變動。

　　安田生命保險公司建立這套CRM系統，主要有3個原因：

1. 顧客保戶的各種訊息情報累積並在內部共有化，是不可或缺的。
2. 以累積的各種情報為基礎，然後再進行分析，是不可或缺的。
3. 各種營業通路來源的提攜互通，可以提高營業活動。

案例 4　富士全錄影印機：蒐集顧客聲音，強化營業提案力

　　富士全錄（Fuji Xerox）影印機公司自幾年前，就要求各地分公司的全體營業人員及技術服務人員，把每天的相關活動，包括顧客的抱怨、申訴、反應建言、滿意狀況及潛在需求等企業型顧客情報輸入電腦，以作為營業提案力的提升、商品的改良及新商品開發的參考依據。

　　富士影印機公司目前已累積了6萬件VOC（Voice of Customer，顧客聲音），平均每個月新加入的有3,000件，該公司指派兩名專人處理這些情報來源，每月還召開一次會議，討論有益的顧客建言，並且做成提案改善的重要依據來源。

案例 5　SARI服飾連鎖店，共有店面經營know-how

　　日本SARI女裝服飾連鎖店，在全國500家店面，已全面導入新店鋪情報系統。該系統主要有兩個資訊情報共有，第一個是來自總公司的業務指示；第二個則是要求各店每天必須把當天的營運情況輸入到資料庫內，包括業績狀況、來客數、販促效果、消費心理狀況、顧客反應、成功案例等。

　　特別是業績好或是資深優秀店面的經營know-how，正好可以提供給經驗不足或業績較不理想的店面人員，作為學習參考的最好範例。該系統推出後，各店平均業績水準已明顯提升一成。

日本安田生命保險公司：綜合顧客資料庫及相互溝通

1.顧客

交易的維持及擴大　　　　情報蒐集

(1)DM　(2)e-mail　(3) call center　(4)網路　(5)店面

2.來自不同的營業通路

feedback　　　情報統合

3.統合顧客資料庫　　　　→　　　　分析

日本SARI女裝服飾：共有店面經營情報

日本SARI女裝服飾店（500店）

每日輸入

1.每日業績	2.每日來客數	3.販促效果

4.顧客反應	5.成功事例	6.消費者心理狀況

Unit **7-6**
日本企業運用IT系統，提升營業戰力案例（Part III）

案例 6　明治乳業：營業支援IT系統，有效提升戰力

　　明治乳業公司是日本第一大乳品公司，該公司主要是仰賴量販店通路，幾乎占了一半營業額。該公司在資訊軟體公司協助下，在2002年即已啟動「營業支援IT系統」。此套營業系統，在支援營業人員透過系統內完整豐富的資料，可以加強對各大賣場的商圈分析、地區住戶分析、生活型態分析及販促提案計畫書的撰寫等。在提案計畫書方面，可以按地域、季節、商品等範圍，組成700種格式的對大賣場提案計畫內容。

　　目前明治乳業全日本量販店的營業人員總數有200人之多，在導入這一套營業支援系統後，這200名業務作戰部隊的戰力，一下子提升很大，每個人的素質都已相當接近。他們戲稱這是一種「營業武裝」，即代表IT資訊科技工具對營業人員戰力提升，以及更加精確掌握地區內的消費情報和消費洞察，並強化對賣場的銷售績效。

案例 7　日立液晶電視機：對顧客「追蹤調查」，深入了解真相

　　LCD-TV（液晶電視機）在日本非常火熱暢銷，廠商包括日立、松下、SHARP、SONY、Pioneer等競爭激烈。其中，日立市占率是最高的。該公司在一年前，由野田哲央營業本部長下指示，對曾經購買過日立液晶電視的其中200名顧客，展開到顧客家裡的追蹤調查行動。他們意外發現，購買高價液晶電視的顧客群，雖然有醫生、律師、企業家等高所得人士，另外，也有不少是中等收入的中產階級家庭。在訪談中，也請顧客填寫愛用卡的問卷調查，內容包括購入動機、最終購買決定原因、與其他公司商品的比較、可以接受的價位、適合大小的尺寸、購入後的滿意度、安裝服務滿意度以及其他家庭基本資料等。此調查結果，對總公司商品開發部及販促部門提供了助益導引。另外，還把客廳的現場畫面拍下來，編成日立液晶電視愛用顧客的「專例集」，對全國2,000家家電賣場，提供銷售過程與掌握顧客購買心理的參考資料。

　　野田本部長自我反省說，過去家電業界太老大心態了，對顧客的行銷基本研究及資訊情報了解太少，現在在激烈競爭且供過於求的狀況下，只有洞察及掌握顧客的動向最快、最先與最多者，才會有勝出的機會。

結語

有效掌握每日營業5大情報內容

在參考完上述7個日本企業如何蒐集分析及運用IT資訊科技軟硬體工具，然後透過全體營業人員、市場行銷人員及相關單位人員，同時在第一線的業務現場或顧客現場，蒐集相關全方位的市場競爭情報，並且立即輸入資料庫內，成為大家的共有情報，以及總公司高階主管的決策參考情報。

本文最後整理出有效掌握好每日營業情報的5大類內容，如下圖所示。掌握及良好運用營業末端情報，確實是今日變化多端且激烈競爭下，行銷致勝最大的來源與根基。

高階營業主管及行銷主管必須掌握的每日營業情報5大類明細表

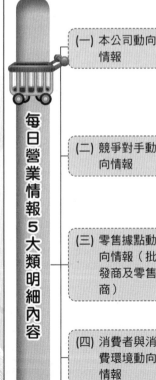

每日營業情報5大類明細內容

(一) 本公司動向情報
1. 本月銷售額情報
2. 廣告推出情報
3. 本月市場占有率情報
4. 公關；公益活動情報
5. 新產品上市情報
6. 銷售組織異動情報
7. 價格異動情報
8. 生產、庫存、物流情報
9. 成功事例情報
10. 販促活動情報
11. 其他

(二) 競爭對手動向情報
1. 價格動向
2. 銷售狀況
3. 販促動向
4. 併購動向
5. 新商品動向
6. 銷售組織與人事動向
7. 成功事例
8. 廣告宣傳動向
9. 其他

(三) 零售據點動向情報（批發商及零售商）
1. 本日本店銷售狀況
2. 大賣場推動自有品牌狀況
3. 各品項陳列狀況
4. 販促提案
5. 採購人員建議及要求配合事項
6. 各競爭品牌銷售狀況
7. 採購人員抱怨事項
8. 各品項庫存狀況
9. 其他

(四) 消費者與消費環境動向情報
1. 消費者所得、職業、家庭結構、偏好、品牌忠誠、購入頻率、品牌轉換、價格敏感度、通路選擇等
2. 消費環境與變遷變化

(五) 外部環境情報
1. 商圈環境變化
2. 成功事例
3. 市場環境變化
4. 政府財經與產業政策
5. 天候變化

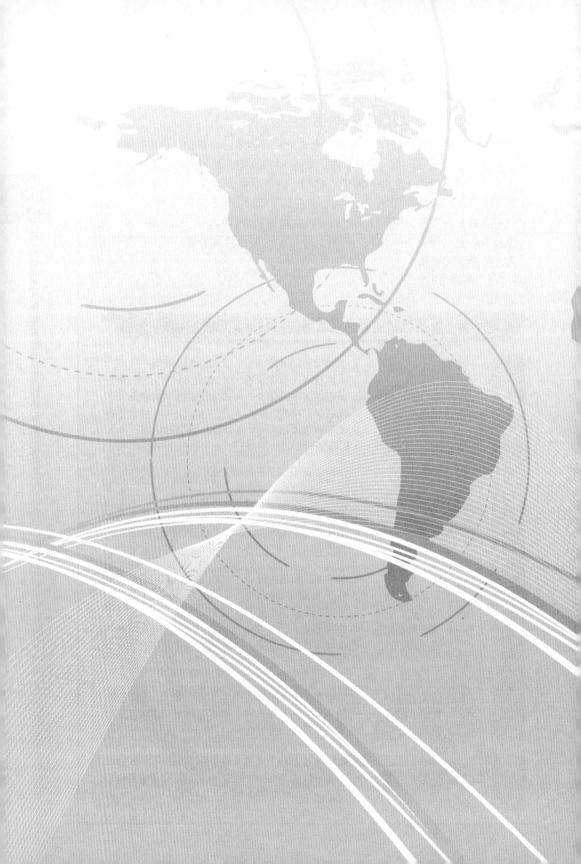

第 **8** 章
整合型店頭行銷及促銷

章節體系架構 ▼

Unit 8-1　整合式店頭行銷策略

Unit 8-2　日本企業店頭行銷案例（Part I）

Unit 8-3　日本企業店頭行銷案例（Part II）

Unit 8-4　最後一哩的4.3秒，是行銷成敗的決戰點

Unit 8-5　店頭行銷公司的服務項目

Unit 8-6　整合型店頭行銷案例：立點效應媒體公司服務項目簡介

Unit 8-7　通路促銷方式概述

Unit 8-8　「滿千送百」及「滿萬送千」促銷

Unit 8-9　「無息分期付款」及「贈品」促銷

Unit 8-10　「包裝附贈品」及「特賣會」促銷

Unit 8-11　紅利集點折抵現金或折換贈品促銷

Unit 8-12　「折價券」及「抽獎」促銷

Unit 8-13　「來店禮」、「刷卡禮」及「試吃」促銷

Unit 8-14　「買一送一」、「均一價」及「集點贈」促銷

Unit 8-15　「刮刮樂」及「展示會」促銷

Unit 8-16　促銷活動的效益如何評估

Unit 8-17　促銷活動成功要素

Unit 8-18　促銷活動應注意事項及年度大型促銷活動準備工作

Unit 8-1
整合式店頭行銷策略

一、店頭POP的種類呈現

店頭或賣場POP（Point of Purchase，即賣場廣告宣傳物），對廠商的行銷活動而言，已日趨重要，而且成為必要的作為。不管就零售流通業者的賣場，或是對品牌廠商業者而言，都是同樣重要。一般來說，店頭（賣場）POP的種類呈現，大致有以下幾種：

(一) 某品牌置物專櫃（或專區）。

(二) 店外看板、招牌、霓虹燈、布條等。

(三) 店內吊牌、立牌、插牌、布條、海報、布旗等。

(四) 店內的液晶顯示電視機畫面。

(五) 店外電子螢幕跑馬燈。

(六) 店外氣球。

二、店頭POP優點

當消費者進到有上萬上千種商品的大賣場，通常都能夠經由現場POP的指引而得到視覺上的突顯及刺激，然後誘導顧客進一步購買思考及行動。因此，簡單說，就是具有「突顯」效果及「誘導」效果。

三、效益

根據國內外行銷研究的結果顯示，大概有30%高比例的消費者，是在賣場才決定他要選購哪些品樣的產品。換言之，電視及報紙的廣告效果並不是全部，而現場（賣場）的感受、認知、衝動、利益或氣氛等，也扮演影響購買決策的重要因素。因此，店頭（賣場）POP的效益是有存在必要的，否則也不會有現在賣場內那麼熱鬧與活潑的現場感。

四、執行注意要點

(一) 賣場POP活動應該配合各種「節慶日」的行銷活動，或是「主題式」的行銷活動，讓店頭與賣場的現場感，貼近於節慶、節日及主題的行銷計畫。

(二) 賣場POP軟硬體執行與規劃，應該委託專業處理單位，這樣會比較有效，包括從設計規劃、發包製作、全國各大賣場、安置執行等，均委外執行為宜。

(三) 賣場POP應爭取到最後與最醒目的位置，才會突顯出其效益。

(四) 目前各大品牌的置物專櫃或專區已愈做愈大，這是大品牌的談判優勢點。

(五) 賣場POP雖然很重要，但應該搭配其他促銷活動，例如：贈品、抽獎、折扣等其他活動，才會發揮更大的效益。

(六) 對零售流通業者而言，將賣場的布置視覺感，提高到令消費者彷彿置身在一個快樂、豐富、便宜、實惠與清潔明亮的購物環境中，是一個很大的努力目標。

總合行銷戰力

1. 產品力 + 2. 品牌力 + 3. 店頭力 = 總合行銷戰力

當消費者心態趨於保守，市場競爭愈來愈大之後，業者除了過去重視的商品力與品牌力之外，必須更加重視店頭力，讓賣場的銷售力更深入打動消費者的心。

行銷致勝要贏，除了商品力要比競爭對手更強、更有特色外，店頭行銷力最近一、二年也受到廣泛重視。很多剛上市的新產品或既有產品放在店頭或大賣場裡，但如何引起消費者的注目、吸引力及促購度，是當前廠商專注的重點。

店頭POP種類

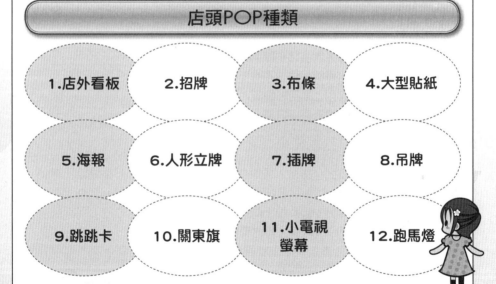

1.店外看板	2.招牌	3.布條	4.大型貼紙
5.海報	6.人形立牌	7.插牌	8.吊牌
9.跳跳卡	10.關東旗	11.小電視螢幕	12.跑馬燈

店頭行銷效益

30% 消費者

賣場

受促銷活動影響

受POP廣告宣傳影響

Unit **8-2**
日本企業店頭行銷案例（Part I）

案例 1　日本ESTEI（S.T.）化學

　　ESTEI化學是日本的芳香除臭劑、脫臭劑、除濕劑等生活日用品大公司之一。根據該公司近幾年的研究發現，消費者有目的型、忠誠型及品牌購買型的比例很低，幾乎有8成的消費者都是到了店頭或大賣場才決定要買什麼。而且他們發現來店客很關心哪些產品有舉辦促銷活動。

　　為此，ESTEI在2006年4月專門成立一家SBS公司（Store Business Support，店頭行銷支援）。在SBS裡，配置了433個所謂的「店頭行銷小組」人員。ESTEI的產品在日本全國有2萬7,000個銷售據點，包括超市、大賣場、藥妝店、藥房店及一般零售點等。這433個店頭支援小組人員，奉命先針對營業額比較大的2,500店做店頭行銷的支援工作。這些人，每天必須巡迴被指定負責的重要店頭據點，日常工作包括：

　　(一) 在季節交替時，商品類別陳列的改變。

　　(二) 檢視POP（店頭販促廣告招牌）是否有布置好。

　　(三) 暢銷商品在架位上是否有缺貨。

　　(四) 專區陳列方式的觀察與調整。

　　(五) 配合促銷活動之陳列安排。

　　(六) 觀察競爭對手的狀況。

　　另外，在IT活用方面，這些人員還要隨身攜帶數位相機、行動電話、iPad、筆記型電腦，每天透過SBS所開發出來的IT傳送系統，即時地將他們在上百、上千個店頭內所看到的實況，以及拍下的照片與情報狀況，包括自己公司與競爭對手公司的狀況等，都傳回SBS總公司的營業部門參考。

　　過去ESTEI新產品導入，要求在四週內必須在全日本店頭上架，現今有了SBS的協助後。將四週的要求改變為二週內全面上架完成，才能進一步提升廣告宣傳及大型促銷活動三者間的配合效益。

　　SBS成立一年多來，已看到一些具體成效，包括ESTEI產品營收額成長了3%，對這樣大型的公司實屬不易。另外，每天提供給營業部人員新的店頭情報及分析，也是重要的無形效益。

日本花王

注重店頭行銷力的公司，像日本花王，早在1999年就成立了專屬「花王行銷公司」，這些公司除了負責銷售花王母公司的產品之外，亦有專屬的800人負責店頭行銷支援行動，他們被稱為「KMS部隊」（Kao Merchandising Service，花王產品服務），他們與營業人員兩者是有區別的。

日本ESTEI化學日用品的店頭行銷小組

433個店頭行銷人員

負責：2,500家大型零售店

1. 暢銷品在架位上是否缺貨

2. 新品上市是否陳列OK

3. POP是否有布置好

4. 配合促銷活動之陳列安排

5. 競爭對手陳列及POP之觀察與蒐集

日本花王店頭行銷支援小組

花王KMS部隊（Kao Merchandising Service）

專屬800人

負責：花王產品在大型賣場的店頭行銷支援工作

Unit **8-3**
日本企業店頭行銷案例（Part II）

案例 3　日本松下

　　日本松下公司也成立400人店頭行銷支援部隊。松下在全國有1萬8,000家門市，這400人先以比較重要的5,600店為對象，負責協助這些店面定期舉辦各種event活動，包括把各種上市家電或數位資訊產品移到店頭外面，並舉辦各種試用、試看或促銷送贈品、體驗行銷的各種演出與熱鬧活動，目的就是要打破寧靜營業的店，而希望能達到店頭內外都集客的功能。這支400人部隊，被命名為PCM（Panasonic Consumer Marketing，松下消費者行銷小組）。

案例 4　西武百貨

　　近來才改裝完成的西武百貨有樂町館，則用其他方式來輔助賣場的銷售工作。他們在賣場的二樓手扶梯後面成立一個專區，稱為Beauty Station（美容保養站）。該區塊有2名肌膚診斷專家，免費為消費者做儀器的肌膚診斷，總計有10個皮膚診斷項目，最後會列印出一張結果表給消費者。目前，每天大約有20名消費者接受這種30分鐘免費服務。此種貼心服務，最終目的還是希望女士們可以在二樓選購化妝或保養品。

結語
整合型店頭行銷應注意要點

　　綜合以上作法，有些人或許會稱它是店頭行銷、賣場行銷或通路行銷，都需具備一個有效的「整合型店頭行銷」（Integrated In-Store Marketing）內涵，不管從理論或實務來說，大致應包括下列一整套同步、細緻與創意性的操作，才會對銷售業績有助益：

　　1.POP（店頭販促物）設計是否具有目光吸引力？

　　2.是否能掙得在賣場的黃金排面？

　　3.是否能專門設計一個獨立的陳列專區？

　　4.是否能配合贈品或促銷活動（例如：包裝附贈品、買3送1、買大送小等）？

　　5.是否能配合大型抽獎促銷活動？

　　6.是否有現場event（事件）行銷活動的舉辦？

　　7.是否陳列整齊？

8.是否隨時補貨,無缺貨現象?

9.新產品是否舉辦試吃、試喝活動?

10.是否配合大賣場定期的週年慶或主題式促銷活動?

11.是否與大賣場獨家合作行銷活動或折扣作回饋活動?

12.店頭銷售人員整體水準是否提升?

由各家企業的積極態度可以發現,店頭力時代已經來臨,長期以來,行銷企劃人員都知道行銷致勝戰力的主要核心在「商品力」及「品牌力」。但是在市場景氣低迷,消費者心態保守,以及供過於求的激烈廝殺的行銷環境之下,廠商想要行銷致勝或保持業績成長,勝利方程式將是:店頭力+商品力+品牌力=總合行銷戰力。

日本松下店頭行銷支援部隊

400人店頭行銷支援小組 → 負責5,600家較大型零售店

1.舉辦各種試用與體驗活動

2.各種促銷送贈品活動

3.各種展演吸引人潮活動

整合型店頭行銷應注意要點

1.POP設計是否吸引目光

2.是否爭取到黃金排面

3.是否有獨立陳列專區

4.是否有配合促銷活動

5.是否陳列整齊

6.是否隨時補貨而無缺貨

7.是否舉辦試吃、試喝活動

8.是否有熱鬧表演活動

9.店頭行銷支援小組人員的投入用心

Unit **8-4**
最後一哩的4.3秒，是行銷成敗的決戰點

一、奧美集團的研究結果：要贏得最後的4.3秒

奧美集團Headcount亞洲董事長麥法倫（R. Macfarlane）觀察指出，店頭行銷愈來愈能影響消費者的購買決定；換句話說，成功的店頭行銷，會使廠商傳達的品牌訊息，有效改變消費者的購買行為。品牌訊息、展示方式、促銷活動及價格，則是店頭行銷成功的4大關鍵。

奧美促動行銷公司在一場品牌促動行銷研討會中，提出最後一哩（last mile）的概念，並指出70%的消費者都是在店內（in-store）決定購買，且決策時間是在關鍵的最後4.3秒。因此，即使上述4大關鍵做對了，贏得這4.3秒的最後一哩，才是店頭行銷成功與否的決勝點。

根據一份2004年的消費者研究，奧美促動行銷亞太區營運長庫倫（G. Cullen）指出，英國有51%的人不看促銷活動資訊，49%的人喜歡注意促銷訊息。由於喜歡看促銷訊息的人口多達近半，許多知名企業紛紛調整行銷策略，加重店頭行銷預算的比重。

二、加強有效互動的「最後一哩」

影響店內購物者選擇商品的決定因素很多，像是購物者與商品訊息接觸點的互動、非貨架陳列的方式、價格促銷、隨包附贈式的促銷及促銷人員在賣場裡展示品牌等，一旦這些陳列或行銷方式發揮功能時，就會讓消費者樂意掏錢購買，但有些時候，這些方式根本無法發揮作用，消費者對店頭訊息視而不見，所以，如何確定品牌與消費者的最後一哩有效互動，變成銷售商品的關鍵。

三、奧美發展出科學化分析工具搭配現場立即性面對面市調

因應最後一哩行銷的重要性，科學化的分析系統工具變得愈加重要。奧美促動行銷對企業客戶的此一需求，發展出ShopperPulse、MarketPulse等工具，透過市場人員在全球50個不同市場，蒐集及評估「最後一哩」的相關資料，並將資料即時傳送到公司位於紐約及新加坡的伺服器，透過軟體即時分析更新報告，讓客戶可即時上網看到每天在市場上正在發生的改變。

奧美指出，透過ShopperPulse，客戶可以看到商品訊息接觸點的功能是否有效運作、不同的購買族群有哪些不同的消費行為、而消費者在不同的通路哩，會有哪些不同的反應，以及競爭品牌是否正在「偷走你的客戶」等。

店頭行銷教戰守則

1.品牌訊息

NEWS

2.展示方式

店頭行銷
成功4大
關鍵

3.促銷活動

SALE

4.價格

70%消費者在店內決定購買

| 70%消費者 | 到了店裡面 | 關鍵最後4.3秒 | 決定購買什麼品牌及產品 |

Unit **8-5**
店頭行銷公司的服務項目

一、通路（店頭）行銷服務公司的工作項目

(一) 假日賣場人員派遣	(十三) 體驗行銷活動
(二) 門市巡點布置	(十四) 零售店神祕訪查
(三) 商品派樣適用體驗	(十五) 零售店滿意度調查
(四) 市場調查分析	(十六) 產品價格通路市調
(五) 街頭活動	(十七) DM派發
(六) 店內活動	(十八) 賣場試吃試喝活動
(七) 解說活動	(十九) 通路商情研究分析
(八) 展示活動	(二十) 賣場銷售專區規劃、設計與布置執行
(九) 商品特殊活動	(二十一) 通路結構與趨勢分析
(十) 通路布置及商品陳列	(二十二) 包裝促銷印製設計與生產服務
(十一) 促購傳播力	(二十三) 產品包裝設計
(十二) 通路活動內容設計	(二十四) 賣場布置設計

二、通路（店頭、賣場）行銷服務公司列示

(一) 通路行銷公司

1.大予行銷公司（02-8770-5557）。
2.安瑟整合行銷公司（02-2587-2389）。
3.彼立恩國際行銷公司（02-8773-5001）。
4.益利整合行銷公司（02-2563-6028）。
5.創勢媒體整合行銷公司（02-7716-8678）。
6.奧亞整合行銷網（02-2883-5260）。
7.奧美促動行銷公司（02-3725-1627）。
8.傳揚行銷廣告公司（02-2502-1929）。
9.裕雅行銷公司（02-2785-1789）。
10.萬瑞創業行銷公司（02-2964-0098）。
11.環球整合行銷公司（02-2879-1989）。

(二) 通路陳列設計公司

1.杰傳行銷公司（02-2226-3879）。
2.拾穗設計公司（02-2501-0796）。
3.惟楷印刷公司（02-2248-4916）。

通路（店頭）行銷服務公司的服務項目

① 賣場整體布置設計

② 產品包裝設計

③ DM派發

④ 賣場試吃、試喝活動舉辦

⑤ 通路商情研究

⑥ 特別陳列專區布置設計施工

⑦ 零售店神祕客訪查

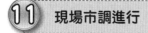

⑧ 體驗行銷活動

⑨ 展示活動及人員派遣

⑩ 店內活動舉辦

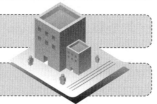

⑪ 現場市調進行

⑫ 免費贈送及派樣

⑬ 假日賣場人力派遣

⑭ POP現場布置

⑮ 顧客滿意調查

Unit **8-6**
整合型店頭行銷案例：立點效應媒體公司服務項目簡介

一、貨架招貼（shelf vision）：突顯產品特性，提高品牌利益喜愛程度的媒體

貨架招貼是最接近產品的傳播工具，有效吸引消費者的注意力，使您的產品得以從貨架跳脫出來，透過具創意的執行，消費者可以經由五感來了解產品；藉此，您可以達到一次有效的接觸，貨架招貼能使您的廣告與商品緊密結合在一起。

二、360數位媒體（360 digital media）：新品上市招貼（shelf indicator）；醒目的LED燈光，提高消費者對新上市商品的注目度

以「新品上市」在貨架上提醒消費者，閃爍的LED燈可以有效吸引消費者的目光，幫助做到上市提醒，並提高消費者初次購買率。小小預算可以讓新上市商品穩操勝算。

三、優勢頻道（advantage channel）：行銷新紀元的開始

讓您的廣告永遠是第一個出現在廣告時段！
讓您擁有第一個專屬的電視頻道！
讓您用最少的廣告預算，接觸到更多的目標消費群！
讓您的廣告能出現在消費者想深入了解您商品時播出！

四、地板廣告（floor vision）：滿足建立品牌和品類知名度的需要

獨家鎖定產品走道，可以創造消費者深刻的印象及視覺效果，引導式地板廣告更可於賣場中指引消費者到您的產品品類位置，您可以利用有趣的互動設計來吸引消費者的注意。

五、商化服務（shelf merchandising）：增加商品周轉率的基礎工程

由訓練有素的全職商化人員，每週固定在全台350多個消費性商品的主要銷售通路，根據商品的貨架棚割圖，進行清潔、抄貨、補貨、查價、訂貨，並依先進先出原則整理排面。讓消費者能夠買得到、看得到、也容易拿得到您的商品，減少因缺貨空排面所產生的銷售損失及失望的消費者。

六、陳列服務（display）：讓商品在賣場中脫穎而出的法門

商品陳列的根本要點，就是要吸引消費者的目光優先看到您的商品，增加您的商品直接跟消費者對話的機會。立點專業的陳列人員能夠辨識最好的陳列位置，並根據

不同的賣場狀況做彈性變化，以豐富的陳列主題吸引消費者目光，進而刺激消費者的購買慾望。商品陳列服務包括特殊陳列、陳列架陳列、端架陳列、中島落地陳列、主題式陳列等。從規劃、設計、製作、到進店執行，讓您的陳列活動一次到位。

七、商品資訊蒐集：知己知彼，百戰百勝

幫助您了解您的商品在通路上的狀況，例如：商品的排面位置、缺貨狀況、產品價格，以及競爭品牌的通路行銷活動，運用商品資訊蒐集服務，幫您掌握最即時、最全面、最正確的市場資訊，讓您運籌帷幄，做出最佳的通路行銷決策。

八、派樣（sampling）：快速散播品牌的法寶

由穿著品牌鮮明服裝的推廣人員，在街頭派發試用品，這樣的街頭創意，除了能快速建立起品牌的知名度，同時能讓消費者聯想到商品的特性，進一步可以傳遞商品訊息給消費者，同時建立起品牌形象，是推廣新商品時，既快速又經濟的方法。

九、活動行銷（event marketing）：最有力的品牌造勢

經由事前縝密的規劃及為商品量身訂做的創意，舉辦整合性店頭促銷推廣活動，可以在短時間內就吸引眾多消費者，與其進行互動式品牌溝通，是接觸人數最廣、最易提升品牌形象的方法。

十、完全品牌體驗（total brand experience）

建立品牌忠誠度的祕方

以互動式的體驗行銷，設計有趣的遊戲與消費者的五感（視覺、聽覺、嗅覺、味覺、觸覺），這種體驗過程，可以讓這些目標消費者經過一次的接觸，就把品牌特性牢牢記在腦海裡，是最易博得消費者信賴，對於品牌忠誠度的建立有極高的效益。

品牌效益的深度發展

由經過專業訓練的推廣人員，在賣場中穿著特別設計的服裝及配合展示器材，笑容可掬地將商品介紹給目標消費群，讓他們親身體驗商品的特性及對消費者的利益，特別適合新品上市、商品促銷及鼓勵消費者做品牌轉換時使用。

十一、手推車廣告（cart vision）：提高品牌知名度的媒體

手推車廣告是消費者於賣場中接觸最久的媒體，從消費者進入賣場開始，到離開賣場為止，您的廣告一直為您的產品與消費者進行溝通，不僅增加品牌知名度，亦能擴大廣告效益。

十二、傳單貨架張貼（shelf vision take-one）：有效傳播品牌訊息

貨架傳單招貼能於促銷活動中，加強您的品牌認知。使用傳單貨架招貼可以有效並且專業的將產品的食譜、訊息及相關的印刷品，傳遞給消費者。

AC Nielsen媒體調查

媒體對消費者初次購買的影響率比較表

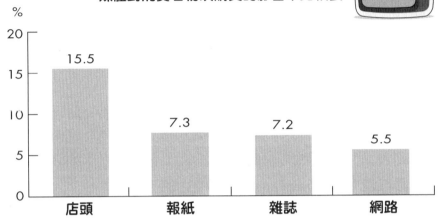

292

4大服務項目
立點效應公司

1.店頭媒體
・貨架招貼
・優勢頻道
・地板廣告
・傳單貨架招貼

2.商品陳列
・大位陳列
・賣場商化

3.展示推廣
・試吃及商品介紹
・體驗展示
・派樣

4.活動行銷
・賣場嘉年華
・店頭event活動

Unit 8-7
通路促銷方式概述

一、促銷方法彙整：開啟促銷戰

「促銷」（sales promotion）已成為銷售4P中最重要的一環，而且經常是被用來運作的工具。促銷之所以日趨重要，是因為當產品的外觀、品質、功能、信譽、通路等都日趨一致，而沒有差異化時，除了極少數名牌精品外，所剩下的行銷競爭武器，就只有「價格戰」與「促銷戰」了，而價格戰又常被含括在促銷戰中，是促銷戰運用的有力工具之一。

既然促銷戰如此重要，本節蒐集近年來，各種行業在促銷戰方面的相關作法，經過歸類、彙整及扼要說明，供各位讀者參考。

茲彙整大約21種對消費者促銷活動的方式，如下頁圖所示。

二、節慶打折（折扣）促銷活動

廠商或零售流通業者，利用各種節慶時機，進行各種不同折扣程度的促銷活動，是業界常見的促銷手法與方法，對業績提升，亦算是有力與有效的途徑。

(一) 節慶時機

一般來說，主要節慶時機包括下列幾項：

週年慶、年中慶、聖誕節、春節（農曆年）、母親節、父親節、中元節、端午節、中秋節、元宵節、元旦、兒童節、教師節、國慶日、情人節、其他節慶（例如：春、夏、秋、冬季購物節等）。

此外，還經常包括業者自己的節慶活動，例如：

1.正式開幕。

2.重新裝潢開幕。

3.店數突破100店、200店、500店、1,000店等慶祝活動。

4.其他各種名目而舉辦的折扣活動（如季節變化等）。

(二) 優點分析

利用節慶時機，進行折扣促銷活動，主要有以下幾項顯著的優點：

1.實惠性

此項活動對消費者而言最具實惠性，因為折扣活動已明顯將消費者所支出錢省下來。此對廣大中低收入上班族而言，最具有吸引力。

例如：化妝品全館9折活動，如果買了5,000元化妝品，相當於省下500元，全館服飾8折起，如果買了8,000元服飾，就可省下1,600元的支出。

2.立即性與全面性

全館或某類商品的節慶折扣活動，可以使所有消費者，都能立即、全面性地享受此種購物優惠，既不限會員對象，也不限購買的金額，或買哪些商品。

圖解通路經營與管理

294

對消費者21種促銷方法

1. 節慶打折（折扣）

2. 無息分期付款

3. 紅利積點

4. 送贈品

5. 折價券（抵用券、購物金、商品券）

6. 大抽獎

7. 附包裝贈品

8. 特賣會

9. 滿千送百、滿萬送千

10. 來店禮、刷卡禮

11. 店頭POP布置

12. 試吃、試用、試聽

13. 代言人廣告

14. 新產品說明會、展示會

15. 企業與品牌形象廣告

16. 服務增強促銷

17. 刮刮樂

18. 報導型廣告

19. 均一價

20. 買一送一

21. 集點送精美產品

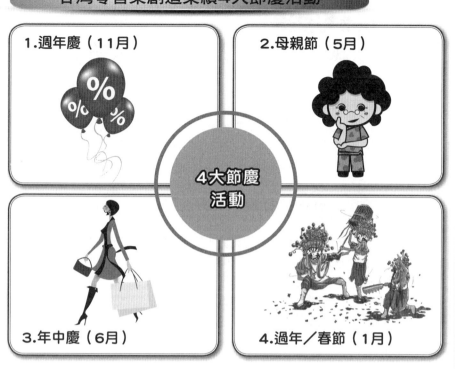

台灣零售業創造業績4大節慶活動

4大節慶活動

1.週年慶（11月）

2.母親節（5月）

3.年中慶（6月）

4.過年／春節（1月）

消費品類最受歡迎的3種促銷方式

1.全面折扣

2.買一送一

3.滿千送百

SALE!

Unit **8-8**
「滿千送百」及「滿萬送千」促銷

一、滿千送百的意義

「滿千送百」已成為重要的促銷活動，是各大百貨公司在年中慶或週年慶時，及各大購物中心經常推出的SP促銷活動。所謂「滿千送百」即指：

· 購買2,000元→送200元抵用券、禮券。

· 購買5,000元→送500元抵用券、禮券。

· 購買10,000元→送1,000元抵用券、禮券。

本項活動之優點為：

(一) 具有很大刺激購物誘因，會想買更多的東西來湊齊千元整數或萬元整數。事實上，「滿千送百」也是一種折扣促銷，即是9折的意思，

(二) 口號響亮，易聽、易記、易懂、易形成口碑流傳。

(三) 具有立即性回饋的感受，拿到的抵用券或禮券，可以立即到百貨公司附設超市或麵包店去折換商品，具高度實用性。

二、效益分析

基本上是具有正面效益的，會提升營收業績的增加。至於此活動之10%（1折）的成本負擔，主要有2種方式：

(一) 由品牌廠商及零售流通業者雙方依規定比例，各自負擔一部分的兌換損失。

(二) 完全由零售業者負擔全部的換送成本。例如：百貨公司週年慶時的滿千送百活動，即由百貨公司全部負擔，故要算入行銷費用預算內。

三、案例

案例

隨著夏季即將到來，是否已鎖定哪些繽紛彩妝組？或是眾人超推的臉部保養品？快趁上半年度，女性朋友們高度關注的「初夏購物節」，購入您期待已久的化妝品、保養品！

這次，不僅「化妝品滿3,000送300」，還推出「新光三越全台獨家六大品牌限定首賣商品」，幫您提早保養面子，夏季出遊才能展現您的好膚質喔！

1F化妝品區滿3,000送300

【活動時間】

4/10(四)～4/23(四)

（新竹中華店／嘉義垂楊店／高雄三多店／高雄左營店4/3(四)～4/16(三)、台中中港店4/3(四)～4/14(一)，搶先開跑）

【兌換地點】

　　全台新光三越贈品處

【活動方式】

　　活動期間，當日單店於1F化妝品區累計消費滿3,000元，即可憑銷貨明細表（不含商品禮券、贈品禮券、提貨單、二三聯手開式發票及禮券購買憑證）或持台新銀行新光三越聯名卡（申請無紙化發票者）至贈品處兌換「新光三越贈品禮券300元」，消費滿6,000元可兌換600元，以此類推。（台北四店也可使用新光三越APP線上兌換，擇一方式兌換）（1F化妝品區發票僅限參加滿3,000送300活動，不得重複參加館內其他贈獎活動）

滿千送百，滿萬送千，已非常普及受歡迎

滿千送百

滿萬送千

滿2萬送2千

廣受歡迎

大部分優惠由賣場及百貨公司吸收成本支出

1成付出　→　由百貨公司、大賣場負擔吸收　→　50億營收 ×10% ＝5億 支出負擔

Unit **8-9**
「無息分期付款」及「贈品」促銷

一、無息（免息）分期付款促銷活動

(一) 應用時機

無息分期付款的促銷方式，在近幾年來，已成為熱門且普及化的促銷有效工具。

1.它主要是配合廠商在進行促銷活動時，都可以做有利的搭配，包括各種週年慶、折扣戰、特賣活動、節慶活動時，均可看到它的使用。

2.現在很多百貨公司3C連鎖通路、量販店、購物中心、電視購物、型錄購物、汽車銷售公司、家電公司、國外旅遊等，均經常使用此促銷工具。

(二) 優點

1.無息分期付款的促銷活動，已被證明是有效的促銷工具，尤其在現今極低利率的金融環境下，廠商較能負擔銀行利息的支付。

2.此種促銷工具，對於高總價的耐久性產品尤為有效，包括大家電、通信手機、資訊電腦、音響、傢俱、名牌精品、鑽石珠寶、化妝品、保養品、汽車等均是。

(三) 對消費者的誘因最大

無息分期付款可以分期支付，又可以購入使用，因此對廣大中低收入的上班族及家庭主婦而言，是很大的誘因。

舉例：一部完整配備的NB電腦，如果一次支付要3萬元，和一年12期支付，每月只支出2,500元相比，當然差別很大。

二、贈品促銷

送贈品促銷的執行方式，大概可以區分為以下幾種：

(一) 將贈品附在產品的包裝旁邊。此種作法希望增加消費者在銷售現場進行挑選（選購）時的刺激誘因。

(二) 將贈品放在賣場的客服中心櫃台，消費者在結帳之後可至櫃台換領。

(三) 將贈品放在銷售專櫃旁或加油站旁，由銷售人員直接拿給顧客。

(四) 有些廠商在報紙廣告上要求顧客必須填好「顧客資料名單」，並寄回公司後，才會領到贈品。

(五) 另外，有些廠商則要求必須集結幾個瓶蓋、商標或標籤、條碼後寄回公司，才會收到贈品。

(六) 另外，有些型錄購物或電視購物廠商，則把贈品放在訂購產品的箱子內，寄到顧客家裡。

(七) 再者，像有些百貨公司，在每年一次卡友「回娘家」活動中，直接到百貨公司賣場兌換。

(八) 大部分情況下，都是要求消費者購滿多少錢之後，才會附贈贈品，畢竟，羊毛出在羊身上。

無息分期付款常使用行業

1.汽車業

2.家電業

3.資訊3C業

4.機車業

5.機械設備業

1年12期，2年24期，3年36期付款

購滿贈、集點贈之顧客促銷活動

購滿多少
金額以上
送贈品

集多少點以上
送贈品

鼓勵消費者
盡量來店消費購買

有效果！

Unit **8-10**
「包裝附贈品」及「特賣會」促銷

一、包裝附贈品促銷的應用方式

(一) 買大送小：例如買大瓶，就附在包裝上送小瓶，包括洗髮精、沐浴乳、洗衣精、鮮奶、巧克力……。

(二) 直接附贈品：將小贈品直接附在塑膠包裝上，一看就可以知道是什麼樣的贈品。

(三) 買一送一或買二送一或買三送一：包裝在一起的三瓶商品，只算二瓶的錢，此即是買二送一；或是買二瓶，但只算一瓶的錢。

(四) 加量不加價：例如買2.3公斤克寧奶粉，加送200公克（約10%），即加量不加價，等於是折扣10%，省10%的錢。

(五) 兩種相關產品的合併優惠價：例如把洗髮乳與潤髮乳合併包裝在一起銷售，給予特別優惠的價錢，不是1＋1＝2瓶的錢，而是1＋1＜2的價錢。

(六) 兩種合購回饋價：此即1＋1＜2的合購回饋價。例如：買2瓶洗衣乳，算1.5瓶洗衣乳的錢。

(七) 關係企業產品贈送：例如：賣某鮮奶，但加贈另一家關係企業的某項新商品作為促銷。

二、特賣會

(一) 特賣會的方式

1.最大型的特賣會，仍屬台北世貿中心所舉辦的各種展場銷售或展覽會，例如：像台北世貿資訊展，經常在數天內湧入數十萬人，大家都在搶購便宜的資訊電腦產品。

2.其次，是在特定地點舉行的「特賣會」。通常會找一間較大的室內或郊外的空地舉辦特賣會，包括各種過季、過期的名牌商品、家電、傢俱、國內各地名產特賣會等。

(二) 優點

1.對廠商而言，可以透過特賣會促銷一些過期、過季、退流行，或是有些瑕疵的庫存商品。

2.對消費者而言，可以趁機在特賣會上撿便宜，是吸引消費者上特賣會的最大誘因。

(三) 效益

對廠商而言，固定在全台各重要消費地點舉行特賣會，確實可以達到出清庫存、降低庫存率及增加營生現金流量的資金周轉等，均使廠商可以達到最大效益。但是特賣會只是輔助性的促銷活動，不太可能成為全國性的促銷活動。

on-pack promotion 包裝式促銷在賣場非常常見

1.買一送一，買二送一

2.買大送小

3.加量不加價

4.直接附贈品

有效果的直接促銷方式

特賣會促銷活動

快過期產品

過季產品

零碼產品或瑕疵產品

5折、2折特賣會

吸引消費者

Unit **8-11**
紅利集點折抵現金或折換贈品促銷

一、紅利集點的呈現方式

　　紅利集點是普遍被使用的一種重要促銷工具。它的運用呈現方式有下列幾種：

　　(一) 以信用卡為例，當卡友刷卡時，其刷卡額可以折抵為某些點數，當額滿多少點數時，可到便利商店換一些低單價的食品飲料。

　　(二) 全聯福利中心推出「福利卡」，每消費1,000元可折抵3元，回饋率是千分之三，但會搭配些特價品活動的優惠。

　　(三) 屈臣氏寵i卡回饋率也是千分之三，但每週六購賞時，點數會5倍加倍送，吸引人去購買。

　　(四) 家樂福的好康卡回饋率也是千分之三；統一7-11的icash二代卡回饋率也是千分之三，都可以折抵現金或換贈品；中油卡也是大致如此。以上這些卡的效果都不錯。

　　(五) 紅利集點折抵購物現金的卡，英文稱為「cash back card」（現金退回卡），是一種「店內卡」的設計，而不是可以刷卡的聯名卡（信用卡），此2種卡是不同的。當前各大型連鎖零售通路都很積極推動，一方面是種促銷卡外，也是一種忠誠再購卡，卡的活用率達70%以上，以使用比例來說是很高的，對零售商的穩定業績有很大貢獻。

　　(六) 例如：SOGO百貨的HAPPYGO卡已超過1,000多萬張，信用卡使用率高達70%以上。

　　(七) 當然，另外也有信用卡業者基於方便性與實用性，將紅利集點應用在便利商店折換商品的方式上，也很受歡迎，這是因為便利商店的產品及產品價格比較大眾化、實用化與日常化。比起過去要累積到很高點數才能兌換某一項贈品的方式，是一種很大的改進，也是顧客導向的實踐。

二、效益

　　(一) 此種促銷有一些效果，廣為各大賣場及信用卡業者所選用。

　　(二) 其實有些換贈品率不是100%，有些消費者，特別是收入高的男性，換贈品的比例是很低的。根據很多實例顯示，會換贈品的比例大概在20～40%而已，但折現金比例，則高達90%以上。

　　(三) 至於商品或零售流通業者，應該都把這些換贈品或折抵現金的成本計入。

　　(四) 紅利集點卡對女性消費者的誘因較大，大致占70%的使用量，男性占30%。

國內知名的紅利集點卡及其發行量

3.屈臣氏
寵i卡
（550萬卡）

7.康是美卡
（200萬卡）

1.全聯卡
（750萬卡）

5.SOGO百貨
HAPPYGO卡
（1,200萬卡）

4.中油卡
（350萬卡）
（汽車、機車
加油使用）

8.中國信託
信用卡
（300萬卡）

2.家樂福
好康卡
（450萬卡）

6.7-11
icash卡
（1,000萬卡）

全聯紅利集點卡的具體效益

之前全聯擁有750萬福利卡會員，會員每年消費總金額占全聯總營業額高達85%，以2015年700億元營業額來計算，福利卡會員竟貢獻了595億元的營業額。福利卡卡友享有消費「滿100元即贈紅利點數3點」的優惠，因此，以福利卡會員消費金額595億元來說，全聯2015年就贈送會員17.85億點數。再加上商品促銷活動贈送的紅利點數（如：購買指定品牌商品滿額，點數N倍送），該年全聯就提供了會員20多億點數。

根據全聯的統計，約有80%的福利卡會員是以「現金折抵」的方式來消化點數，而福利卡點數10點可折1元，因此每年會員折抵的現金高達1.6億元，也就是說，全聯1年回饋給福利卡會員的現金達1.6億元。

紅利集點的回饋率

0.3%
（千分之三）

≈

2%
（百分之二）
（富邦數位生活卡）

可折抵下次購買現金

或

可換贈品

Unit **8-12**
「折價券」及「抽獎」促銷

一、折價券（抵用券）促銷活動

(一) 折價券（coupon）的各種名稱：折價券在實務上運用也頗為普及，包括下列各種名詞：折價券、抵用券、購物金、嚐鮮券、禮券、商品券、優惠券。

(二) 折價券呈現方式：比較常見的方式有幾種：

1.以刊登報紙廣告並夾附折價券截角方式呈現。

2.以DM（直傳單）夾報方式呈現。

3.以網站下載方式呈現或購物金儲蓄在購物網站上，下次可使用。

4.在店內現場直接拿DM折價券給消費者。

(三) 優點：折價券（抵用券、購物金）具有吸引消費者再購率提升的效果，亦即可以增強顧客會員的忠誠度。例如：像電視購物經常免費的100元、200元或500元的購物金（折價券），下次再買時，可以用此購物金來扣抵200元。因此，假如買了2,000元的商品，實際支出只要1,800元，亦即打9折的優惠。折價券上面的折價金額，可以彈性多元的設計規劃。

二、抽獎促銷

(一) 抽獎活動的呈現方式

1.在各種賣場週年慶時，經常會有「購滿多少錢以上即可參加抽獎活動」，即刻參加，即刻揭曉，或是一定時期之後，才知道是否得獎。

2.有時候，某些品牌廠商也會配合賣場要求，推出抽獎活動，亦即返購滿某品牌系列的哪幾種產品，即可領取抽獎券，在櫃台即可抽獎，或投入摸彩箱以後，定期再抽。

3.另外，也經常看到集瓶蓋、截角或標籤、條碼，寄回公司參加抽獎活動。

(二) 宣傳管道

1.在產品包裝上，及印有抽獎活動。

2.報紙、雜誌、廣播、網路、簡訊、DM及在大賣場裡等，都可傳達抽獎活動訊息。

(三) 缺點：獎項及得獎機會太少，是抽獎促銷活動的最大缺點，所謂「不患寡，而患不均」。幾次對獎之後，即會興趣缺缺。不過，有些家庭主婦或低收入或比較有閒的人，倒是樂此不疲，即使得獎率低，仍經常做此活動。

(四) 優點：抽獎確實會使人抱著中大獎（如汽車、國外旅遊行程、高級3C家電、鑽石、機車等）的希望，不妨試一試，總有一天會抽中。

(五) 注意要點

1.應將抽獎活動辦法，在網站、報紙或會員刊物上詳細刊登，包括抽獎獎項、活動期間、活動辦法及得獎名單和公告等。

2.大獎獎項應具有震撼力（如車子），而普獎也應多一些名額。

折價券、抵用券、購物金、促銷方法

1.50元折價券

2.100元折價券

3.200元折價券

→ 下次購買時，可抵用

→ 吸引消費者下次再購買

大抽獎促銷方法

1.送汽車

2.送iPad平板電腦

3.送出國旅遊

4.送家電

↓

人人抱著得大獎的願望！

Unit **8-13**
「來店禮」、「刷卡禮」及「試吃」促銷

一、來店禮、刷卡禮促銷

(一) 呈現方式：過去百貨公司經常在週年慶或重大節慶舉辦促銷活動時，安排免費的來店禮，贈送給每一個進館的消費者；另外，還有至少購滿多少錢以上的刷卡禮等兩種。

不過近年來，免費的來店禮並不常見，主要是因為成本耗費大而且人人有獎，並沒有鼓勵人們去消費購買的誘因。因此，現在通常是「來店刷卡禮」居多。

(二) 優點：來店刷卡禮主要目的有兩個，第一個是希望吸引人潮進來，愈多愈熱鬧；第二個則是希望人潮來了以後，多少買一些商品，這是一種形式上的條件限制。如此一來，將可避免人人來免費領獎的現象發生，也就不會失去來店禮的真正意義。

二、試吃促銷

(一) 優點：在各大賣場（超市、量販店）經常會有廠商擺攤，做「試吃」活動。

試吃活動的最大優點，是對新產品的知名度及產品的了解度會得到進一步的提升。

在幾千幾百項產品中，有些新上市產品或老產品，可能因為沒錢打廣告，因此品牌知名度並不響亮，買過的人也不太多。因此，透過現場的試吃，以增強消費者對新產品的好感度及記憶度。

其實有些默默無聞的產品，它的口味還不錯，可以利用試吃的方式加以宣傳。

(二) 缺點：不過，畢竟試吃活動的據點數量、人員、天數，可能也不是相當普及，因此與電視廣告的大眾媒體宣傳相比，試吃宣傳的廣度就顯得小很多。它所接觸到的人，每天可能只有幾十人或幾百人而已。

(三) 效益：如前所述，試吃活動主要針對下列三種商品：

1.新商品上市。

2.舊商品重新改變口味。

3.過去較不具知名度的既有商品。

試吃活動算是地區性的搭配活動，具有小型效益。

(四) 注意要點

1.試吃活動的現場人員，除了會烹飪之外，最好也應具銷售技巧，能夠推銷消費者購買商品。

2.試吃活動最好也能搭配產品的其他促銷誘因，例如：舉辦買二送一或是8折折扣優惠價等訴求，以打動消費者的購買慾望。

來店禮、刷卡禮促銷活動

百貨公司週年慶

來店禮
（送精美雨傘、
皮包等）

刷卡禮
（銀行送禮）

吸引消費者週年慶來店消費

試吃／試喝促銷活動

大賣場

量販店

週六、週日舉辦試吃、試喝

• 認識產品、體驗產品
• 促進購買誘因

Unit **8-14**
「買一送一」、「均一價」及「集點贈」促銷

一、買一送一、均一價

(一) 優點

「買一送一」、「買二送一」或「買五送一」等，是廠商經常使用的促銷手法。其優點是能夠誘使顧客多買一件或多買一包，達到量購目的。雖然會損失那一件的成本，但是如果真能一次買五件、買八件，那麼總毛利額的增加，可以cover（補足）那一件的贈送成本，還是有利可圖的，特別是在廠商為現金流量急須周轉或想出清庫存時，都會使用此招數。

(二) 注意要點

1.均一價的實施，經常是要一起買三個以上，才會有均一價享受；如果只是買一瓶、一包，則會提高促銷成本。

2.均一價在賣場經常會設計一個「專區」來銷售，並有POP指示宣傳。

二、集點贈

超商集點活動推陳出新，統一超商在適逢集點10週年時，再與凱蒂貓合作，針對女性族群推出碗盤杯組；同時間，全家主打男性粉絲的美國漫威人物應戰，訴求不同性別策略，較勁意味濃厚。

超商消費族群主要集中在上班族與年輕人，集點贈品的交流與討論，成為同儕間的重要話題，加上網路的傳播與渲染，往往容易形成一股風潮，這次大超商集點活動，針對男女不同的喜愛，作出差異化行銷策略，對於分眾化的客層，競爭態勢十分明顯。

7-11全店集點活動滿10週年，回頭再與攜手初試啼聲就獲佳績的卡通角色HELLO KITTY，以全球經典名人變裝，推出全新經典偶像造型設計並搶先全球在7-11首次曝光。

統一超商說，所推出4大實用兼具特色的系列商品，包含HELLO KITTY 3D公仔磁鐵吊飾、仿琺瑯造型大杯碗及杯墊組、2合1絨毛頸枕與加價購下午茶杯壺組商品。

其中，特殊之處在於，7-11把自家肖像公仔OPEN小將列在杯碗杯墊組與午茶杯壺組中，吸引大批粉領族、女性學生族與KITTY迷們的換購，許多門市皆沒有現貨，需要用預購方式等待商品到店。

買一送一，誘因很大，相當於打5折

買一送一

相當於打5折

誘因很大

效果很大，大幅提升業績

但毛利犧牲很大，幾乎不賺錢

集點贈有效果

便利商店

集點贈可愛公仔

頻繁到便利商店購物，加速完成累點

全聯超市

集點贈德國高級菜刀

頻繁到全聯超市買東西，提升全聯業績

Unit **8-15**
「刮刮樂」及「展示會」促銷

一、刮刮樂促銷

(一) 優點

刮刮樂促銷活動大都在賣場（現場）進行，買完東西之後，即可在櫃台刮刮樂，具有一種立即性與刺激感，符合速戰速決的感受與期待揭曉，是刮刮樂活動最大優點與特色。

(二) 注意要點

1.刮中率應該高一些，最好統統有獎，即使是一些小贈品也好，這樣會讓消費者心中感到中獎的快樂。

2.獎品不一定是商品，一些餐飲的招待券也是很受歡迎的。

(三) 效益

這是一種小型的促銷活動，可視為SP促銷活動組合中的一個小曲。

二、新產品說明會／展示會促銷

(一) 經常舉行新產品說明會的產品

透過新產品說明會或展示會，以達到推廣目的，是應用的工具之一。

下面是經常舉行新產品說明會的產品類別，包括：

汽車、手機、資訊電腦、服裝、液晶電視、珠寶鑽石、名牌皮件、信用卡、現金卡、頂級卡、食品飲料。

(二) 效益

透過說明會或展示會，可以達到宣傳造勢效果，打出企業形象與品牌知名度雙雙提升的目的。

此種活動預算費不多，大致數十萬到數百萬元，但若能配合記者的大量媒體報導，其效益頗高。

三、服務增強促銷

(一) 優點	(二) 效益
1.透過細心與完美的服務，可以提升顧客對本零售賣場的「好感度」，及購物進行中的「便利性」及「舒適性」。在擁擠人潮中購物，是很不舒適的，會影響不想湊熱鬧的購物心情。 2.因此，以服務增強的促銷活動，是屬於間接性與無形性的輔助功能。 雖然它不會直接促進多少的具體營收業績，但這是一種「服務策略」的必要性投資與堅守顧客導向理念的實踐。	服務增強的效益發生，是緩慢的、由口碑傳播的、中長程的、累積久遠的一種必要追求的效益。很多廠商及賣場也愈來愈重視並加強此項活動的推廣。服務品質及服務用心，可能是企業行銷的重要競爭力之一。

服務的增強，關鍵還是在人，也就是人的執行力問題，包括服務人員的學經歷素質、敬業態度、教育訓練的落實、服務績效指標的考核，以及上自老闆、下至各主管對服務增強的根本信念與認知。因此，廠商在甄選服務人員、制定服務內容，以及對人員教育訓練與企業文化的建立，都必須用心去做。

刮刮樂促銷

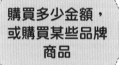

購買多少金額，或購買某些品牌商品

贈送刮刮樂

看看運氣好不好，刮到哪些好贈品的心理

展示會、展銷會、鑑賞會適用行業——促進現場下單訂購

1.高級鐘錶展示會

2.高級皮件／皮包展示會

3.高級珠寶／鑽石展示會

4.高級名牌服務展示會

Unit **8-16**
促銷活動的效益如何評估

一、SP促銷活動「效益評估」例示

(一) 評估業績成長多少

在執行促銷活動後的當月分業績，較平常時期的平均每月營收業績成長多少。

(二) 評估參加促銷活動消費者的踴躍程度，例如：多少人次。

(三) 評估此次活動所投入的實際成本花費是多少。

(四) 評估扣除成本之後的淨效益是多少。

1.增加業績×毛利率＝毛利額的增加。

2.毛利額的增加－實際增加支出的成本＝淨利潤的增加。

(五) 舉例

・某飲料公司在八月分舉辦促銷活動，過去平常每月業績為2億元，現在舉辦促銷活動後，業績成長30%，達2.6億元，淨增加6,000萬元營收。

・此次促銷活動實際支出為：獎項成本500萬元，媒體宣傳成本500萬元，合計1,000萬元。

・營收增加6,000萬元，以3成毛利率計算，則毛利額增加1,800萬元。故毛利額1,800萬元減掉成本支出1,000萬元，故得淨利潤800萬元。

・此外，無形效益尚包括：此活動可增加顧客忠誠度、增加品牌知名度及增加潛在新顧客效益等。

二、SP促銷活動效益如何評估

案例 1　折扣促銷活動（全面8折）

	(1)過去	(2)折扣月	(3)如不做折扣戰
每月營收	1億 ──────→	2億 ──────→	7,000萬（業績下滑）
毛利額	4,000萬 ────→	4,000萬 ────→	2,800萬
	（毛利率40%）	（毛利率降為20%）	（毛利率40%×7,000萬）
	（1億×40%）	（2億×20%）	
管銷費用	（3,000萬） ──→	（3,500萬） ──→	（3,000萬）
		（廣宣費增加500萬元）	
獲利	1,000萬元 ───→	500萬元 ────→	－200萬元（虧損）

〈分析〉

1.如不做折扣戰促銷，很可能營收業績下滑，導致毛利額從4,000萬元降為2,800萬元，以及從獲利1,000萬元，轉變為虧損200萬元。

2.如果做了折扣促銷，雖然使毛利率降為20%，但因營收業績上升1倍，故毛利額仍穩住在4,000萬元，扣除掉3,500萬元的管銷費用，則獲利為500萬元。

3.雖然獲利從景氣時的1,000萬元，降為500萬元，但總比不做折扣促銷時的虧損200萬元為佳。

另外，此舉也使公司現金流量增加（由1億元→2億元營收）以及商品存貨減少避免過季存貨的產生。

4.當然，假設折扣月活動，使營收僅上升到1.5億元而已，則毛利額僅為3,000萬元，再扣除3,500萬元管銷費用，亦為虧損500萬元。

案例2 大抽獎活動的數據效益評估案例

	(1)過去	(2)抽獎月	(3)不做抽獎
每月營收	1億 ——→	1.2億（+20%）——→	7,000萬（−30%）
毛利額	4,000萬 ——→	4,800萬 ——→	2,800萬
	（毛利率40%）	（40%×1.2億）	（40%×7,000萬）
	（40%×1億）		
管銷費用	（3,000萬）——→	（4,000萬）——→	（3,000萬）
		（3,000萬＋1,000萬）	
獲利	1,000萬元	800萬元	−200萬元（虧損）

〈分析〉

1.如不辦抽獎活動，反而會虧損200萬元；若辦抽獎，則業績會上升20%，而且獲利仍可望有800萬元。

2.不辦抽獎活動而使營收衰退，係假設市場景氣不佳，且競爭過度之所致。

案例3 折扣促銷活動的效益分析案例

原來狀況	（9折）折扣狀況
1雙鞋售價$1,000元	1雙鞋售價$900元
一進貨成本（$700元）	一進貨成本（$700元）
毛利額$300元	毛利額$200元
故，毛利率＝300元÷1,000元＝30%	故，毛利率＝200元÷900元＝22%

折扣戰效益分析的3種狀況（示例）：

狀況1	狀況2	狀況3
原來狀況	如不做折扣，因不景氣，使業績下滑	做了及時促銷活動，使業績上升
每天營業額1,000萬 毛利率30%	每天營業額700萬 毛利率30%	每天營業額1,500萬 毛利率22%
每天毛利額300萬×7天	每天毛利額210萬×7天	每天毛利額330萬×7天
每週毛利額2,100萬 每週營銷費用 （1,000萬）	每週毛利額1,470萬 每週營銷費用 （1,000萬）	每週毛利額2,310萬 每週營銷費用 （1,000萬） 廣告費（500萬）
每週淨賺1,100萬元	470萬元	810萬元

狀況3比狀況2為佳，故仍必須做促銷活動為宜。

三，餐廳業促銷成功6大要素

成功的促銷活動，涉及很多因素，包括促銷策劃、促銷場地、促銷方法、促銷費用、促銷宣傳、具體分析等6個要素。

(一) 尋找促銷理由

每當看到餐廳展開促銷活動時，有心計的消費者就會想道：「這家餐廳為什麼要辦促銷活動？」因此在促銷活動開始前，創業者必須明確告訴消費者辦促銷的理由，這個理由一定要讓消費者感到真實、可信，比如店慶、慶祝節日、慶賀餐廳獲得榮譽等。只要促銷理由合情合理，消費者就會積極參與促銷活動，來餐廳用餐。

(二) 制定促銷規則

要讓促銷活動達到預期效果，就必須制定切實可行的促銷規則。這份規則應用簡明扼要、通俗易懂的文字向消費者進行介紹，使消費者感到餐廳的誠意。

在制定促銷規則時，切忌不要要「小聰明」，在文字上要手段，以免讓消費者產生上當受騙的感覺。例如：活動方案最好不使用「（菜名）價格最低100元」之類的字眼，因為消費者一旦來餐廳用餐，發現大部分菜名的促銷價格都在最低價格之上，就會產生受騙上當的感覺，如此一來，消費者就會不再踏進這家餐廳的大門。

(三) 策劃醒目標題

無論促銷規模大小，促銷標題一定要醒目，這樣才能夠吸引消費者進餐廳用餐。否則，促銷標題表意不清，消費者看完促銷標題如墜五里雲霧，除了感覺這家餐廳缺乏文化品味外，再也不會有進餐廳消費的意願。

(四) 明確優惠條件

促銷活動最吸引人的一點，就是菜品價格優惠，讓消費者以低廉價格食用可口的菜品。當然，這個優惠價格一定要適度，要讓消費者得利、餐廳獲利，不能讓餐廳賠本。餐廳要將優惠條件明確告訴消費者，做到餐廳和消費者心理「兩清楚」。餐廳明示的優惠條件一定要兌現。千萬不要用「優惠促銷」引誘消費者用餐，一旦消費者發現餐廳設置「優惠促銷」陷阱，就會氣惱，不到這家餐廳用餐，餐廳就會留下壞名聲。經營也會愈來愈差。

(五) 劃定活動期限

隨著餐飲業的發展，消費者開始理性消費，在進餐廳之前，大多數會對促銷活動的海報進行仔細審視。

所以，餐廳不能一年四季總是辦促銷活動，在某個時段舉辦，一定要明確標示促銷活動的起止時間，到了結束日期，堅決停止優惠活動。只有這樣，才能讓消費者對促銷活動的真實性產生信任感。

如果為了一時之利，活動結束後仍然在促銷，或者根本就沒有促銷活動結束的準確日期，就會大大降低促銷活動的吸引力，以後再辦促銷活動，就很難吸引消費者。

315

(六) 資訊要實際有用

餐廳舉行促銷活動，必須將活動內容、優惠條件、餐廳地址、聯絡電話等告知消費者。萬一消費者有不明白的地方，可以很方便地與餐廳取得聯繫，避免消費者因對促銷活動了解不清楚，以致有「乘興而來，敗興而歸」的情況產生。

這6條建議，適合任何形式的促銷，只要把辦促銷活動的必要條件準備充分，經過全體店員共同努力，促銷活動一定會達到預期效果。

Unit **8-17**
促銷活動成功要素

一、促銷活動成功要素

不見得每家廠商的促銷活動都會成功,有時候也會失敗或成效不佳,促銷活動成功要素,有以下幾點:

(一) 誘因要夠

促銷活動的本身誘因一定要足夠,例如:折扣數、贈品吸引力、抽獎品吸引力、禮券吸引力……。誘因是根本本質,缺乏誘因,就難以撼動消費者。

(二) 廣告宣傳及公關報導要充分配合

促銷活動若完全沒有廣告宣傳及公關報導的充分配合,那麼就完全沒有人知道,效果也將大打折扣。因此,適當的投入廣宣及公關預算是必要的。

(三) 會員直效行銷

針對幾萬或幾十萬名特定的會員,可以透過郵寄目錄、DM、EDM或區域性打電話通知的方式,告知及邀請該地區內的會員到店消費。

(四) 善用代言人

少數產品有代言人的,應善用代言人做廣告宣傳及公關活動引起報導話題,來吸引人潮。

(五) 與零售商大賣場互動密切

大賣場或超市定期會有促銷型的DM商品,廠商應該每年幾次好好與零售商做好促銷配合,包括賣場的促銷陳列布置、促銷DM印製及促銷贈品的現場取拿活動等。

(六) 與經銷店保持良好關係

有些產品是透過經銷店銷售的,例如:手機、家電品、資訊電腦品等,如果全國經銷店店長都能配合主動推薦本公司產品給消費者,那也會創造好業績。

二、年度大型促銷活動分工小組

廠商大型的促銷活動,例如:百貨公司、大賣場的週年慶、年中慶、會員招待會、破盤4日活動等大型促銷活動,由於時間較長,活動較盛大,宣傳費花得也多,因此,常會成立專案小組負責此案,其分工小組的組織分工架構,大致如右圖所示。

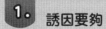 必勝的販促手法

促銷活動成功要素

1. 誘因要夠

2. 廣告宣傳及公關報導要充分配合

3. 會員直效行銷

4. 善用代言人

5. 與零售商大賣場互動密切

6. 與經銷店保持良好關係

大型促銷活動的專案小組組織表

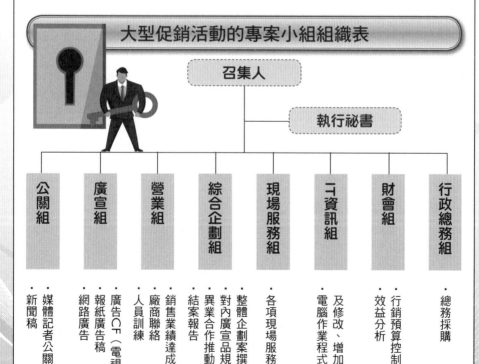

召集人

執行祕書

公關組	廣宣組	營業組	綜合企劃組	現場服務組	資訊組	財會組	行政總務組
・新聞稿 ・媒體記者公關	・網路廣告 ・報紙廣告稿 ・廣告CF（電視）	・人員訓練 ・廠商聯絡 ・銷售業績達成	・結案報告 ・異業合作推動 ・對內廣宣品規劃 ・整體企劃案撰寫	・各項現場服務	・電腦作業程式變更 及修改、增加	・效益分析 ・行銷預算控制	・總務採購

Unit **8-18**
促銷活動應注意事項及年度大型促銷活動準備工作

一、促銷活動應注意事項

(一) 官網的配合

公司官方網站應做相對應的配合宣傳及配合作業事項，例如：中獎名單的公告等。

(二) 增加現場服務人員，加快速度

在促銷活動的前幾天，零售賣場可能會擠進一群人潮，此時現場的收銀機服務窗口人員及現場服務人員，可能必須加派一些人手支援，以避免顧客抱怨，影響口碑。

(三) 避免缺貨（廠商備貨要齊全）

對廠商而言，促銷期間應妥善預估可能增加的銷售量，務必做好備貨安排，隨時供貨給零售店，以免出現缺貨的缺失，引起顧客抱怨。

(四) 快速通知中獎名單

對於中獎名單及顧客通知或贈品寄送的速度，應該要盡快完成，要有信用。

(五) 異業合作協調好

對於與信用卡公司或其他異業合作的公司，應注意雙方合作協調的事情，勿使問題發生。

(六) 店頭行銷配合布置

對於廠商自己的連鎖直營店或連鎖加盟店或零售大賣場的廣宣招牌、海報、立牌、吊牌等，都應該在促銷活動日期之前，就要處理布置完成，對於店員的訓練或書面告知亦都要提前做好。

(七) 員工暫時停止休假

在促銷活動期間，廠商及零售賣場經營是總動員而停止休假。

二、年度大型促銷活動準備工作項目

在執行大型促銷活動的過程中，大致有以下準備工作項目要顧及：

1. 電視廣告CF製作。
2. 各種媒體預算及促銷活動預算的編列預估及控管。
3. 新聞記者會的召開規劃及連繫。
4. 公關媒體的報導及新聞稿準備。
5. DM宣傳品規劃、印製及寄發。
6. 大型海報、布條、旗幟、吊牌、立牌及設計與印製。
7. 紅利集點卡之配合。
8. IT資訊系統的調整配合。
9. 現場服務加強措施規劃及安排。

10.各門市店媒體通報刊物及活動通報刊物。

11.禮券、折價券、抵用券發送的人員工作區。

12.各贈品選擇及採購。

13.銀行信用卡免息分期付款及刷卡贈品的洽談與規劃。

14.異業結盟合作案的洽談及規劃。

15.營業時間延長規劃。

16.全員培訓了解及內部行銷加強。

17.停止休假通知。

18.抽獎活動的進行及公告。

19.官網（公司網站）的網路行銷規劃及準備宣達。

20.促銷活動期間業績目標的訂定、追蹤及研討因應對策。

21.相關協力廠商配合的洽談及要求。

22.其他重要事項：

(1)應評估各種促銷活動設計的誘因是否足夠？是否能引起消費者的驚奇？是否超越競爭對手？

(2)應做好各媒體廣宣預告活動，務必打響活動才行。

(3)應做好媒體公關發稿及呈報工作，塑造熱烈展開的氣氛。

(4)應逐日關注業績達成的狀況，隨時做好因應對策。

(5)當地各分店、各分館、各門市等應做好當地商圈內的廣告宣傳工作以及對會員顧客進行直效行銷工作。

公司在執行促銷活動時應注意事項

① 官網的配合

② 增加現場服務人員，加快服務速度

③ 避免缺貨（廠商備貨要齊全）

④ 快速通知中獎名單

⑤ 與異業合作協調好

⑥ 店頭布置要做好

⑦ 員工暫時停止休假

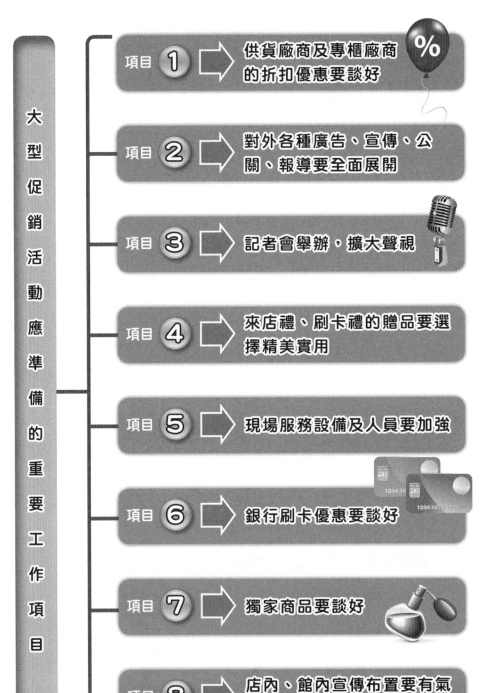

大型促銷活動應準備的重要工作項目

項目 ① ⇒ 供貨廠商及專櫃廠商的折扣優惠要談好

項目 ② ⇒ 對外各種廣告、宣傳、公關、報導要全面展開

項目 ③ ⇒ 記者會舉辦，擴大聲視

項目 ④ ⇒ 來店禮、刷卡禮的贈品要選擇精美實用

項目 ⑤ ⇒ 現場服務設備及人員要加強

項目 ⑥ ⇒ 銀行刷卡優惠要談好

項目 ⑦ ⇒ 獨家商品要談好

項目 ⑧ ⇒ 店內、館內宣傳布置要有氣氛

第 **9** 章

業務（營業）常識 與損益知識

●●●●●●●●●●●●●●●●●●●●●●●●●●●●●● 章節體系架構 ▼

Unit 9-1　POS銷售分析與銷售業績的比較分析

Unit 9-2　分析業績成長與衰退可能原因及來源

Unit 9-3　業務人員及行銷人員應該掌握好哪些數據管理

Unit 9-4　了解及分析公司是否賺錢：認識損益表

Unit 9-5　從損益表上看，分析公司為何虧錢及賺錢

Unit **9-1**
POS銷售分析與銷售業績的比較分析

一、經由POS銷售分析可以得知下列事項

1.整體當月業績好不好？

2.哪些品項賣得比較好，或比較差？

3.經由哪些行銷通路的銷售狀況比較好？

4.哪些地區、哪些縣市、哪些據點賣得比較好或比較差。

5.在促銷期時，會成長多少業績比例？

6.週一到週日，哪些天的業績比較好？或比較差？

7.新產品上市的銷售狀況如何？

8.哪些款式賣得比較好？

二、追根究柢：業績分析細節的15個面向

1.通路分析。

2.地區分析。

3.店別分析。

4.季節分析。

5.週間別分析。

6.品類、品項分析。

7.品牌別分析。

8.款式別分析。

9.每天24小時別分析（時間別）。

10.男、女客別分析。

11.年齡層別分析。

12.職業別分析。

13.新品、舊品分析。

14.包裝別不同分析。

15.口味別分析。

三、五大比較：銷售業績分析（每月／每季／每年）

(一) 時間點：每月、每季、每年。

(二) 分析重點（五大比較）

1.銷售實績與原先預算目標比較的達成率如何？

例：LV精品店原定本月預算目標做5億元，實績為6億元，即超過目標20%，績效良好。

2.銷售實績與去年同期實績相比較的成長率如何？

例：去年同月分為4億元，今年為6億元，成長2億元，績效良好。

3.銷售業績與競爭對手比較如何？

例：本公司當月業績為3億元，其他競爭對手均在2～3億元之間。

4.銷售業績與現況市占率如何？

例：在皮件精品中，本月市占率為20%，比上月15%又成長5%，績效良好。

5.銷售業績與整體同業市場成長比較如何？

例：整體市場成長10%，本公司成長20%，績效良好。

每日業績追蹤：POS系統

零售據點

- 全聯福利中心
- 家樂福
- 7-11
- 屈臣氏
- 新光三越百貨
- 直營店面
- 加盟店面

（隨時記錄）

店內POS系統（銷售資訊系統即時連線）

（同步傳回）

- 各加盟總部
- 總公司
- 製造商
- 進口商
- 總代理商（營業部、業務部）

註：POS：Point of Sales；銷售據點之資訊回饋系統

銷售業績分析的5大比較

每月、每年銷售業績比較

1.與預算目標比較

2.與去年同期比較

3.與現況市占率比較

4.與整體同業成長比較

5.與主力競爭對手業績比較

銷售檢討表單

銷售檢討表單（○○年6月）

產品別	1.本月分業績	2.本月分預算	3.=1/2 本月分達成率	4.去年6月分實績	5.與去年6月分增減	6.本月預估市占率	7.累積1~6月實績	8.累積1~6月達成率
1.○○產品	$	$	%	$	$	%	$	%
2.○○產品	$	$	%	$	$	%	$	%
3.○○產品	$	$	%	$	$	%	$	%
4.○○產品	$	$	%	$	$	%	$	%
5.○○產品	$	$	%	$	$	%	$	%

Unit **9-2**
分析業績成長與衰退可能原因及來源

一、業績衰退的12大可能原因

1. 新進入競爭者太多。
2. 價格破壞競爭太激烈。
3. 本公司新品上市偏少，產品力不足。
4. 本公司廣宣預算減少或不足。
5. 行業別整個部門在衰退。
6. 業務人員銷售戰力衰退。
7. 公司獎金制度不佳。
8. 公司通路普及不足。
9. 品牌老化問題。
10. 促銷活動太少，店頭活動太少。
11. 品牌忠誠度不降。
12. 經濟景氣問題。

二、業績成長的18個可能原因

1. 新品上市成功。
2. 新代言人成功。
3. 廣告宣傳成功。
4. 品牌打造成功。
5. 產品力佳。
6. 定價合理且彈性固定。
7. 品牌定位成功。
8. 通路布局成功。
9. 促銷活動成功。
10. 品牌年輕化。
11. 行銷預算充足。
12. 先占市場優勢。
13. 銷售人員組織戰鬥力強。
14. 服務力佳。
15. 會員卡實施成功。
16. 業績獎勵制度佳。
17. 行銷因應對策及時。
18. 企業形象良好。

三、業績績效管理機制的2個組合

(一)銷售預算目標	+	(二)業績獎勵制度
1. 每年底要制定下一年度1～12月的銷售業績預算。 2. 每個月要檢討當月業績達成的狀況如何？達不成原因為何？因應對策為何？		1. 達成業績預算之店別、個人別、團體別如何給予獎金？ 2. 獎金發放要次月即發，要及時。

業績不佳原因探討及詢問對象

業績不佳原因探討

1. 詢問專櫃銷售人員、直營門市店銷售人員意見

2. 詢問北、中、南分公司或營業所之業務人員

3. 詢問大型零售公司採購人員之意見

4. 詢問全國各縣市經銷商、經銷店老闆意見

5. 對消費者或會員的市調，了解消費者

業績衰退可能原因

1. 新進入競爭者太多

2. 價格破壞競爭太激烈

3. 經濟景氣低迷

4. 新產品上市太少，產品競爭力不足

5. 廣宣預算不足

6. 促銷活動力道不足

7. 業務人員銷售戰力衰退

8. 品牌漸趨老化

9. 整個產業步入飽和及衰退期

Unit 9-3
業務人員及行銷人員應該掌握好哪些數據管理

一、業務人員與行企人員的核心工作點

高度重視及掌握每天「數據管理」。

二、數據管理的內容

(一) 銷售業績數據

每日、每月、每週銷售數據掌握，數據分析及因應對策。

(二) 損益表數據

每月、每季、每半年、每年的損益（獲利或虧損數據的掌握、分析及因應對策）。

(三) 每日、每月來客數、客單價數據。

(四) 每半年／每年顧客滿意度市調報告數據。

(五) 品牌知名度、喜好度、好感度、忠誠度調查數據。

(六) 服務滿意度調查數據。

(七) 新品上市且成功數據。

(八) 整個產品組合銷售占比分析數據。

(九) 直營門市店、專櫃數量成長數據。

(十) 市占率變化數據。

(十一) 業績比去年成長或衰退數據。

(十二) 主力競爭對手各項數據的變化。

(十三) 整個市場與行業整體數據的變化。

三、日用消費品業務人員的工作內容

業務員　　➡　　零售商採購人員

(一) 新品上架洽談。

(二) 定價洽談。

(三) 促銷活動洽談。

(四) 陳列洽談。

(五) 出貨、退貨事宜。

(六) 結帳、請款事宜。

(七) 市場資訊蒐集事宜。

(八) 其他相關事宜。

營業人員應掌握哪些營運數據管理

1.每日、每週、每月銷售業績數據

2.每月損益表數據

3.每月來客數與客單價數據

4.每季顧客滿意度調查數據

5.市占率變化數據

6.競爭對手數據的變化

7.整體產業數據的變化

8.通路別銷售占比的變化數據

9.產品別銷售占比變化的數據

10.品牌知名度與喜愛度變化數據

11.顧客回購次數變化數據

行銷企劃＋業務：團結力量大

行銷企劃　　是頭腦

業務（營業）　是手腳

整體行銷才會成功！

Unit **9-4**
了解及分析公司是否賺錢：
認識損益表

一、每月損益表──看公司是否賺錢

項　目	金　額	百分比	
1.營業收入	$○○○○○	％	
2.營業成本	（$○○○○○）	％	（成本率）
3.營業毛利	$○○○○○	％	（毛利率）
4.營業費用	（$○○○○○）	％	（費用率）
5.營業損益（獲利或虧損）	$○○○○○	％	（淨利率）

二、營業收入

又稱為營收額或銷售收入，也是公司業績的來源。

營業收入＝銷售量×銷售單價

例：某飲料公司

每月銷售	100萬瓶	
×	20元	（每瓶價格）
	2,000萬元	營收額

例：某液晶電視機公司

每月銷售	5萬台	
×	1.5萬元	（每台價格）
	7.5億元	營收額

三、營業成本

(一) 製造業：製造成本＝營業成本

例：一瓶飲料的製造成本，包括：瓶子成本、水成本、果汁成本、加工製造成本、人工成本、貼標成本……。

(二) 服務業：進貨成本＝營業成本

例：王品牛排餐廳進貨成本，包括：牛排、配料、主廚薪水、現場服務人員成本……。

四、營業毛利

營業收入	$2,000,000元
－營業成本	1,700,000元
營業毛利	$ 300,000元

五、合理的毛利率

正常：30～40%之間（一般日用消費品）

高的：50～80%之間（例：名牌精品）

低的：15～20%之間（例：3C產品）

六、營業費用

營業費用又稱管銷費用（即管理費＋銷售費用）。

例：董事長、總經理薪水、辦公室租金、總公司幕僚人員薪水、業務人員薪水、健保費、國民年金費、加班費、交際費、水電費、書報費、廣告費、雜費……。

七、營業淨利

```
  營業毛利    $1,000,000元
－營業費用       900,000元
  營業淨利    $  100,000元（本月）（即獲利、賺錢）
```

八、合理的獲利率（淨利率）

正常：5～10%之間（一般日用消費品）

高的：15～30%（例：名牌精品）

低的：2～5%（例：零售業）

＜案例一＞

某食品飲料公司

項　　目	金　　額	百分比
1.營業收入	2億	100%
2.營業成本	（1.4億）	70%
3.營業毛利	6,000萬	30%
4.營業費用	（5,000萬）	25%
5.營業損益（獲利或虧損）	1,000萬	5%

當月獲利1,000萬元

＜案例二＞

某服飾連鎖店公司（進口商）

項　　目	金　　額	百分比
1.營業收入	1億	100%
2.營業成本	（7,000萬）	70%
3.營業毛利	3,000萬	30%
4.營業費用	（3,500萬）	25%
5.營業損益	－500萬	5%

當月虧損500萬元

Unit **9-5**
從損益表上看，分析公司為何虧錢及賺錢

一、從損益表上看為何虧損

4大可能原因，使公司當月或當年度虧損不賺錢：

(一) 營業收入不夠（銷售量不足）。

(二) 營業成本偏高（成本偏高）。

(二) 毛利不夠（毛利率偏高）。

(四) 營業費用偏高（費用偏高）。

二、營業收入為何不夠

(一) 產品競爭力不夠。

(二) 定價策略不對。

(三) 通路布置不足，據點不足。

(四) 廣宣不夠。

(五) 品牌知名度不夠。

(六) 行銷預算花太少。

(七) 市場競爭者太多。

(八) 門市地點不對。

(九) 品牌定價錯誤。

(十) 缺乏代言人。

(十一) 尚未形成規模經濟效益。

(十二) 不能真正滿足消費者需求。

(十三) 其他競爭力項目不足。

三、從損益表上看公司為何賺錢

4大可能原因，使公司當月或當年度獲利賺錢：

(一) 營業收入足夠（業績好、成長高）。

(二) 營業成本低（製造成本低）。

(三) 毛利足夠（毛利率足夠）。

(四) 營業費用低（費用率低）。

四、結語

| 產品研發部 | ＋ | 行銷企劃部 | ＋ | 業務部（營業部） |

3大部門促使及影響公司獲利賺錢

從損益表上看，公司為何會虧錢

1.營業收入不夠	3.營業毛利率偏低
2.營業成本偏高	4.營業費用偏高

虧錢

營業收入為何偏低

① 產品本身競爭力不足

② 定價策略不對

③ 通路上架不足

④ 廣宣不足、行銷預算不夠

⑤ 品牌知名度不足

⑥ 市場競爭者太多

⑦ 門市地點不佳

⑧ 定位不清楚

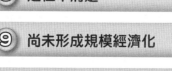

⑨ 尚未形成規模經濟化

⑩ 不能滿足消費者需求

國家圖書館出版品預行編目(CIP)資料

圖解通路經營與管理 / 戴國良著. －－三版.
－－臺北市：五南圖書出版股份有限公司，
2023.11
　面；　公分
ISBN 978-626-366-597-2 (平裝)
1.CST: 行銷學 2.CST: 行銷通路
496　　　　　　　　　112015112

1FW6

圖解通路經營與管理

作　　　者－戴國良

發　行　人－楊榮川

總　經　理－楊士清

總　編　輯－楊秀麗

主　　　編－侯家嵐

責 任 編 輯－吳瑀芳

文 字 校 對－張淑端

封 面 設 計－陳亭瑋

排 版 設 計－張淑貞

出　版　者－五南圖書出版股份有限公司

地　　　址：106臺北市大安區和平東路二段339號

電　　　話：(02)2705-5066　　傳　　真：(02)2706-6

網　　　址：https://www.wunan.com.tw

電 子 郵 件：wunan@wunan.com.tw

劃 撥 帳 號：01068953

戶　　　名：五南圖書出版股份有限公司

法 律 顧 問：林勝安律師

出 版 日 期：2016年7月初版一刷
　　　　　　2017年10月初版二刷
　　　　　　2019年12月二版一刷
　　　　　　2023年11月三版一刷

定　　　價：新臺幣450元

經典永恆・名著常在

五十週年的獻禮——經典名著文庫

五南，五十年了，半個世紀，人生旅程的一大半，走過來了。

思索著，邁向百年的未來歷程，能為知識界、文化學術界作些什麼？

在速食文化的生態下，有什麼值得讓人雋永品味的？

歷代經典・當今名著，經過時間的洗禮，千錘百鍊，流傳至今，光芒耀人；

不僅使我們能領悟前人的智慧，同時也增深加廣我們思考的深度與視野。

我們決心投入巨資，有計畫的系統梳選，成立「經典名著文庫」，

希望收入古今中外思想性的、充滿睿智與獨見的經典、名著。

這是一項理想性的、永續性的巨大出版工程。

不在意讀者的眾寡，只考慮它的學術價值，力求完整展現先哲思想的軌跡；

為知識界開啟一片智慧之窗，營造一座百花綻放的世界文明公園，

任君遨遊、取菁吸蜜、嘉惠學子！